国家示范性软件学院软件工程实训系列教程

软件工程实训项目案例Ⅱ
——Android移动应用开发篇

RUANJIAN GONGCHENG SHIXUN XIANGMU ANLI Ⅱ
——Android YIDONG YINGYONG KAIFA PIAN

主　编　熊庆宇　杨正益　吴映波
　　　　文俊浩　高　旻　喻国良

重庆大学出版社

内容提要

重庆大学软件学院在开展项目实训过程中，Android 相关项目受到了学生的欢迎，积累了大量的优秀项目案例。本书通过介绍 Android 相关技术，精选案例，完整展示 Android 技术及实训项目的实践过程及具体内容，帮助读者掌握 Android 开发技术，深入理解软件工程理论知识，更好地开展项目实训。本书共有 5 章，第 1 章介绍了实训过程，第 2 章介绍了 Android 开发技术基础，第 3—5 章分别介绍了智能语音控、手机个人健康管理系统和医药移动办公系统 3 个项目案例，详细展示了项目过程中的关键产出物。

本书可作为高等院校软件工程及相关本科专业的实训教学教材，也可作为 Android 移动应用开发技术学习资料，适合具有一定开发能力的读者熟悉软件开发过程、理解软件工程相关知识。

图书在版编目(CIP)数据

软件工程实训项目案例.2，Android 移动应用开发篇/
熊庆宇等主编.—重庆：重庆大学出版社，2014.4(2016.1 重印)
ISBN 978-7-5624-8003-7

Ⅰ.①软… Ⅱ.①熊… Ⅲ.①软件工程—案例 ②移动
终端—应用程序—程序设计 Ⅳ.①TP311.5 ②TN929.53

中国版本图书馆 CIP 数据核字(2014)第 023233 号

软件工程实训项目案例Ⅱ
——Android 移动应用开发篇
主 编 熊庆宇 杨正益 吴映波
文俊浩 高 旻 喻国良
策划编辑：彭 宁 何 梅
责任编辑：李定群 高鸿宽 版式设计：彭 宁 何 梅
责任校对：谢 芳 责任印制：赵 晟
*
重庆大学出版社出版发行
出版人：易树平
社址：重庆市沙坪坝区大学城西路 21 号
邮编：401331
电话：(023)88617190 88617185(中小学)
传真：(023)88617186 88617166
网址：http://www.cqup.com.cn
邮箱：fxk@cqup.com.cn (营销中心)
全国新华书店经销
重庆川渝彩色印务有限公司印刷
*
开本：889×1194 1/16 印张：17.5 字数：494 千
2014 年 4 月第 1 版 2016 年 1 月第 2 次印刷
ISBN 978-7-5624-8003-7 定价：43.00 元

前言

- 背景和现状

软件产业是国家战略性新兴产业之一,是国民经济和社会信息化的重要基础。近年来,国家大力支持和发展软件产业,软件产业在国民经济中越来越起到举足轻重的作用。软件产业的发展需要大量兼具软件技术和软件工程实践经验的软件人才。因此,为了实现面向产业、面向领域培养实用的软件专业人才的目标,软件专业人才的培养需要突破传统的软件技术人才培养的方式,学生除了要学习软件工程专业的基础理论和软件开发技术外,更加强调软件工程实践能力的培养,以适应我国软件产业对人才培养的需求,实现软件人才培养的跨越式发展。传统的软件专业教学按照软件工程知识体系设置课程,重点培养学生掌握扎实的软件基础理论和专业技术,教学模式主要是以知识点课堂教学为主,实验教学为辅。

目前大多数高等院校的课堂教学中都采用传统的讲授型教学方法,以知识点为主线讲解概念、原理和技术方法,期间会通过实例的讲解来加深对知识点的理解,最后会围绕知识点布置作业、实验或项目。这种以教师为中心的灌输式教学模式能较好地保证知识的系统性,但是实践性不强,教学枯燥,互动性较差,学生的积极性不高,不适宜对学生的软件工程实践能力的培养。实验教学作为辅助教学方式,尽管能够在一定程度上加深学生对知识点的理解,但实验内容多是对课堂内容进行验证或实现,学生机械地运行程序,对知识的理解浮于表面,这种实验方式也不能完全达到培养学生软件工程实践能力的目标。因此,在软件专业人才的培养过程中,作为对知识点课堂教学和实验教学模式的补充,有必要引入全新的软件工程实践教学模式——软件案例驱动教学模式。

案例教学模式源自哈佛商学院的“案例式教学”。案例是由一个或几个问题组成的内容完整、情节具体详细、具有一定代表性的典型实例,代表着某一类事务或现象的本质属性。所谓案例教学,就是在教师的指导下根据教学目的和要求,组织学生通过对案例的调查、阅读、思考、分析、讨论和交流等活动,交给学生分析问题和解决问题的方式和方法,进而提高他们分析问题和解决问题的能力,加深他们对基本概念和原理的理解。在软件教学中应用软件案例驱动的教学模式,是以教师为主导,以学生为主体,通过对一个或几个软件案例的剖析、讨论和实践,深入理解和掌握案例本身所反映的软件工程相关的基本原理、技术和方法，进而提高分析问题和解决问题的能力，实现软件开发全过程的软件工程实践方法的建立和实践能力的提高。

重庆大学是教育直属的全国重点大学，是国家211工程和985工程重点建设的大学。重庆大学软件学院成立于2001年，是国家发改委和教育部批准成立的35所国家示范性软件学院之一。几年来，学院积极探索新型办学理念和办学模式，秉承“质量是命脉、创新是动力、求实是关键、团队是保障”的办学宗旨，以培养多层次、实用型、复合型、国际性的软件工程人才为目标，注重办学特色，严格培养质量，在人才培养、队伍建设、学科建设、产学研合作、科学研究等方面取得了长足发展。学院在2004年获得重庆市教学成果一等奖等奖，2005年获得国家教学成果二等奖，2006年通过教育部国家示范性软件学院验收。

重庆大学软件学院在软件案例驱动教学模式培养软件产业所急需的实践型的软件专业人才的方面进行了大量有益探索。重庆大学软件学院与深圳市软酷网络科技有限公司合作，在长期的软件工程实践教学过程中积累了丰富的、面向不同领域的教学软件案例，并不断研究和提炼，形成项目实训案例，可供软件工程实践教学使用。深圳市软酷网络科技有限公司多年来致力于软件案例教学，开发实用的案例库教学管理平台，与国内多所软件学院合作开设软件案例教学方面的课程，并面向社会培训不同级别的软件开发人才，为培养实践型的软件工程人才进行了有益的尝试。重庆大学软件学院与深圳市软酷网络科技有限公司在项目实训与案例驱动教学方面经过了多年的合作，取得了较好的成效，也获得了学生的高度认可。Android平台以其开放性已逐渐成为移动端的主要平台之一，市场占有率非常高，也掀起了Android技术的学习高潮。在Android项目实践过程中，积累了较多的优秀项目案例。为配合软件案例驱动的教学，合作编写了项目实训案例系列教程。

- 编写目标和目的

软件工程实践案例系列教程为高校的软件工程教学提供了软件案例及教学指导。其目标是促进教学与工程实践相结合，不断沉淀教学成果，完善软件工程教学方法和课程体系。

本系列教程中的案例是Android应用项目案例中精选出来的，具有典型性和代表性，符合CMMI过程标准和案例编写规范，易于使用和方便学习，可用于高等院校软件工程专业的案例教学或实践教学，支持高校应用型、工程型的人才培养。同时，也可作为软件行业或不同应用领域中的软件项目实训教材，支持软件产业的人才的继续教育和培养。

- 案例选择

案例的选择是案例教材编写的关键。案例的选取应以激发学生的学习兴趣、提高学生的分析解决问题的能力和软件工程实践能力为出发点，根据知识点教学内容的需要，选取典型行业的典型应用的软件案例。案例选择的原则如下：

(1)生动实际

案例教材的案例来源于实际需求，贴近生活实际，生动有趣，可以激发学生的学习兴趣。

(2)领域背景

案例的选择尽量贴近软件行业的不同领域，具有典型性和代表性，这样更能贴近软件工程实践，使案例教学更好地满足实践教学的目标。

(3)难易适中

案例的选择要考虑学生的知识背景，难易适中的案例才会调动学生的学习兴趣，有利于学生进行深入学习，调动学习的主动性和积极性。

(4)覆盖面广

案例要能覆盖多个知识点，以便提高学生综合运用知识的能力，达到整合知识的目的。

案例教材的内容不是单纯的案例介绍，而是以案例教学为核心的整个教学过程的设计。每个案例的内容都按照软件工程过程进行组织，包括项目立项、项目计划、软件需求、软件设计、软件实现、软件测试等环节。

本书在《软件工程实训项目案例Ⅰ》的基础上，从 Android 系统工具、手机应用、移动互联网 3 个方面各选择了一个有代表性的优秀项目案例，基本满足上述原则，可以在后续的教程中再增加和更新案例内容。

本书由熊庆宇、杨正益、吴映波、文俊浩、高旻、喻国良主编。其中，熊庆宇负责第 1 章编写及全书统稿，杨正益、吴映波负责第 2 章、第 3 章编写，文俊浩、高旻、喻国良负责第 4 章、第 5 章编写。

本书策划得到了重庆大学教务处等相关部门的大力支持，也得到了重庆大学软件学院领导和相关老师的鼎力支持与帮助，符云清、黄勇、王成良、张毅、柳玲、陈林、雷跃明、谭会辛、徐玲、曾骏、陈远、马跃、张小洪、杨梦宁、熊敏、刘寄、王志平、王冬、陈欣、祝伟华、胡海波、洪明坚、桑军、蔡斌等老师也参与了本书策划与部分内容编写工作，在此一并表示感谢。

因篇幅限制，本书中仅收录了 3 个案例，还不能完全代表各个类别。由于作者水平有限，书中难免有错误，欢迎广大读者提出宝贵的意见。

编　者
2013 年 12 月

目录

第1章 软件工程项目实训简介

1.1 实训简介

实训教学是训练学生运用理论知识解决实际问题、提升已有技能和实践经验的重要过程，是学校教学工作的重要组成部分，相对于理论教学更具有直观性、综合性和实践性，在强化学生的素质教育和培养创新能力方面有着不可替代的作用。2010年6月，作为中国教育部落实《国家中长期教育改革和发展规划纲要(2010—2020年)》和《国家中长期人才发展规划纲要(2010—2020年)》的重大改革项目的"卓越工程师教育培养计划"正式制定，此计划的目标就是培养造就一大批创新能力强、适应经济社会发展需要的高质量各类型工程技术人才。在此背景下，工程项目实训更显示出其重要性。而对"以市场为导向，以培养具有国际竞争能力的多层次实用型软件人才为目标"的软件工程专业人才培养，实训环节更显得尤为重要。

重庆大学软件学院软酷工程实践是由重庆大学软件学院和软酷网络科技有限公司联合实施，在校园里共建工程实践基地，采用国际化软件开发方式和企业化管理模式，由软酷网络公司负责管理项目的研发过程，让学生体验企业软件项目开发的全过程，加强理论知识的综合运用，锻炼学生的实践能力，提升软件工程素养。

软酷工程实践将软件研发的专业课程结合到项目实践的过程中，以实际软件开发项目和企业规范的软件开发过程为主线，以项目开发和交付为目标，以技术方向和研究兴趣为导向，让学员参与到实际的软件项目开发中来，加深对需求分析、架构设计、编码测试、项目管理等方面的知识运用，巩固软件工程课程群的理论知识并应用于实践，加深学生对理论知识的理解和实践动手能力，提高技术水平和创新能力，并积累一定的实际项目开发和项目管理经验，最终帮助学生达到重庆大学软件学院的人才培养目标。

软酷工程实践采用以学生实际开发体验为主、企业导师重点讲授并全程指导为辅的CDIO(做中学、学中做)形式，使不同知识结构、不同软件开发动手实践能力、不同职业发展目标的学生都能够按照自己的基础和职业规划目标，在自己合适的软件工程角色中获得学习、体验、实践、提高的机会，实现与企业人才需求的无缝对接。

1.2 实训过程

软酷工程实践按照 CMMI 3 建立项目软件过程,以让学员能在规范的项目过程下开展实训,并熟悉项目研发生命周期(见图 1.1)。

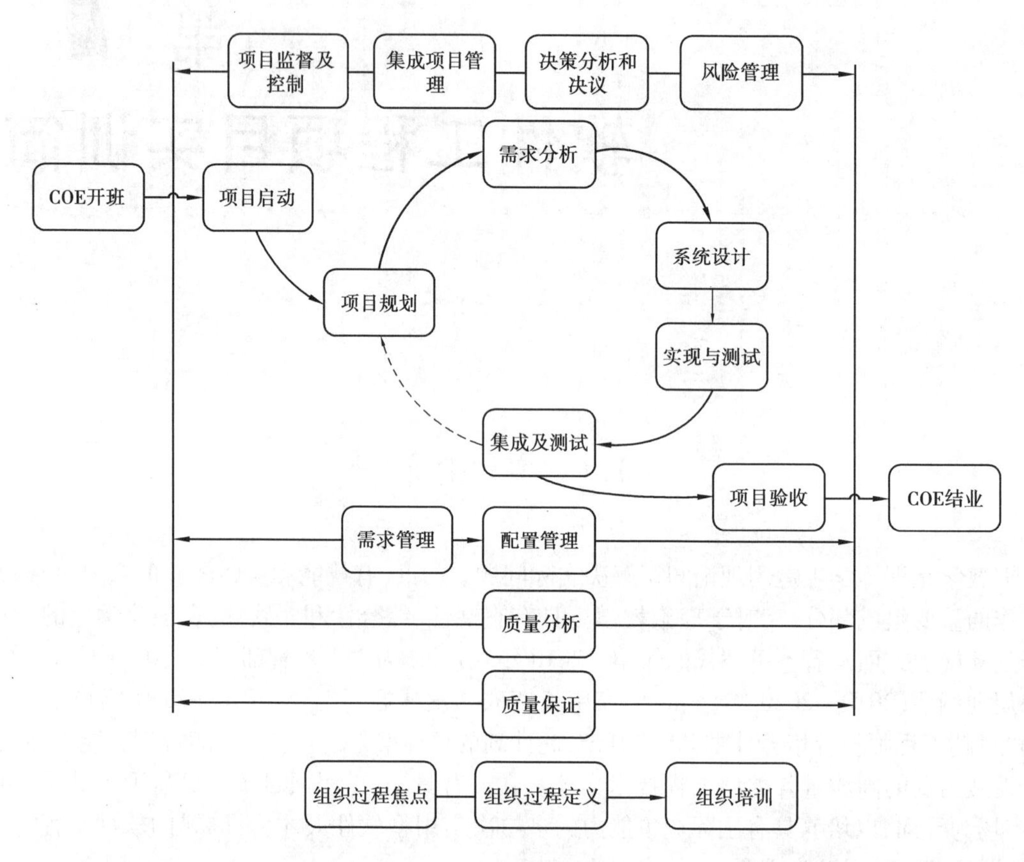

图 1.1

在项目开发小组中,一般不固定区分需求分析、系统设计、程序编码、测试、配置管理等角色,采用轮流和交叉的方式,让学员都有机会担任这些角色,获得多种角色的开发经验。

项目经理:负责项目的组织实施,制订项目计划,并进行跟踪管理。

开发人员(对项目经理及项目负责):

需求分析员:负责系统的需求获取和分析,并协助设计人员进行系统设计。

系统设计、架构设计:负责系统设计工作,并指导程序员进行系统的开发工作。

程序员:一般模块的详细设计、编码测试,并交叉进行模块的白盒测试。

数据库管理员:负责数据库的建立和数据库的维护工作。

测试人员:进行项目各阶段的测试工作,包括模块测试(白盒测试)、系统的需求测试、集成测试、系统测试等工作(对用户需求负责)。

配置管理员:负责项目的配置管理。

质量保证人员:由独立的小组进行。

1.2.1　需求分析及原型设计

项目需求分析是一个项目的开端，也是项目建设的基石。在以往建设失败的项目中，80%是由于需求分析的不明确而造成的。因此，对用户需求的把握程度是项目成功的关键因素之一。

需求是指明必须实现什么的规格说明。它描述了系统的行为、特性和属性，是在开发过程中对系统的约束。需求包括业务需求（反映了组织机构或客户对系统、产品高层次的目标要求）、用户需求（描述了用户使用产品必须要完成的任务）、功能需求（定义开发人员必须实现的软件功能，使用户利用系统能够完成他们的任务，从而满足了业务需求）、非功能性需求（描述系统展现给用户的行为和执行的操作等，它包括产品必须遵从的标准、规范和约束，操作界面的具体细节和构造上的限制）。

需求分析阶段可分为获取需求→分析需求→编写需求文档3个步骤。

（1）获取需求

➢了解项目所有用户类型以及潜在的类型。然后，根据用户的要求来确定系统的整体目标和系统的工作范围。

➢将需求细分为功能需求、非功能需求（如响应时间、平均无故障工作时间、自动恢复时间等）、环境限制、设计约束等类型。

➢确认需求获取的结果是否真实地反映了用户的意图。

（2）分析需求

➢以图形表示的方式描述系统的整体结构，包括系统的边界与接口。

➢通过原型、页面流或其他方式向用户提供可视化的界面，用户可对需求做出自己的评价。

➢系统可行性分析，需求实现的技术可行性、环境分析、费用分析、时间分析等。

➢以模型描述系统的功能项、数据实体、外部实体、实体之间的关系、实体之间的状态转换等方面的内容。

（3）编写需求文档

➢使用自然语言或形式化语言来描述。

➢添加图形的表述方式和模型表征的方式。

➢需包括用户的所有需求（功能性需求和非功能性需求）。

在很多情形下，分析需求是与获取需求并行的，主要通过建立模型的方式来描述需求，为客户、用户、开发方等不同参与方提供一个交流的渠道。这些模型是对需求的抽象，以可视化的方式提供一个易于沟通的桥梁。

用于需求建模的方法有很多种，最常用的包括用例图（Use Case）、实体关系图（ERD）和数据流图（DFD）3种方式。在面向对象分析的方法中通常使用Use Case来获取软件的需求。Use Case通过描述“系统”和“活动者”之间的交互来描述系统的行为。通过分解系统目标，Use Case描述活动者为了实现这些目标而执行的所有步骤。Use Case方法最主要的优点，在于它是用户导向的，用户可根据自己所对应的Use Case来不断细化自己的需求。此外，使用Use Case还可以方便地得到系统功能的测试用例。ERD方法用于描述系统实体间的对应关系，需求分析阶段使用ERD描述系统中实体的逻辑关系，在设计阶段则使用ERD描述物理表之间的关系。需求分析阶段使用ERD来描述现实世界中的对象。ERD只关注系统中数据间的关系，而缺乏对系统功能的描述。DFD作为结构化系统分析与设计的主要方法，尤其适用于MIS系统的表述。DFD使用4种基本元素来描述系统的行为，即过程、实体、数据流及数据存储。DFD方法直观易懂，使用者可以方便地得到系统的逻辑模型和物理模型，但是从DFD图中无法判断活动的时序关系。

在需求分析阶段，通常使用原型分析方法来帮助开发方进一步获取用户需求或让用户确认需求。开发方往往先向用户提供一个可视界面作为原型，并在界面上布置必要的元素以演示用户所需要的功能。可使用 DreamWare 等网页制作工具、HTML 语言、Axure-RP 等原型开发工具等快速形成用户界面,生成用户可视的页面流。原型的目的是获取需求。有时也使用原型的方式来验证关键技术或技术难点。对于技术原型,界面则往往被忽略掉。

对于 Android 项目而言,原型设计的重要性更为突出,甚至可以说,界面(美观 + 易用性)是移动应用的灵魂。

原型设计,绝不仅仅只是画几个界面,设计思路应遵循“用户导向 + 简易操作”原则:

➢要形成对人们希望的产品使用方式,以及人们为什么想用这种产品等问题的见解。

➢尊重用户知识水平、文化背景和生活习惯。

➢通过界面设计,让用户明白功能操作,并将作品本身的信息更加顺畅地传递给使用者。

➢通过界面给用户一种情感传递,使用户在接触作品时产生感情共鸣。

➢展望未来,要看到产品可能的样子,它们并不必然就像当前这样。

在需求分析和原型设计阶段,离不开各种各样功能强大的工具。常用需求分析和原型设计工具包括:

- Axure RP Pro

Axure RP 能帮助网站需求设计者,快捷而简便地创建基于目录组织的原型文档、功能说明、交互界面以及带注释的 wireframe 网页,并可自动生成用于演示的网页文件和 Word 文档,以提供演示与开发。

Axure RP 的特点是:快速创建带注释的 wireframe 文件,并可根据所设置的时间周期,软件自动保存文档,确保文件安全。在不写任何一条 html 与 JavaScript 语句的情况下,通过创建的文档以及相关条件和注释,一键生成 html prototype 演示。根据设计稿,一键生成一致而专业的 Word 版本的原型设计文档。

- StarUML

可绘制 9 款 UML 图:用例图、类图、序列图、状态图、活动图、通信图、模块图、部署图及复合结构图。

完全免费:StarUML 是一套开放源码的软件,不仅免费自由下载,连代码都免费开放。

多种格式影像文件:可导出 JPG,JPEG,BMP,EMF 和 WMF 等格式的影像文件。

语法检验:StarUML 遵守 UML 的语法规则,不支持违反语法的动作。

正反向工程:StarUML 可依据类图的内容生成 Java,C ++ ,C#代码,也能够读取 Java,C ++ ,C#代码反向生成类图。

- Visio

Microsoft Visio 可以建立流程图、组织图、时间表、营销图及其他更多图表,把特定的图表加入文件,让商业沟通变得更加清晰,令演示更加有趣。

- FreeMind 思维导图软件

FreeMind 是一实用的开源思维导图/心智(MindMap)软件。它可用来作为管理项目(包括子任务的管理、子任务的状态、时间记录及资源链接管理),笔记或知识库,文章写作或者头脑风暴,结构化的存储小型数据库,绘制思维导图,整理软件流程思路。

在需求分析阶段,有以下 4 点注意事项:

➢需求分析阶段关注的目标是“做什么”,而不是“怎么做”。

➢识别隐含需求(有可能是实现显式需求的前提条件)。

➢需求符合系统的整体目标。

➢保证需求项之间的一致性,解决需求项之间可能存在的冲突。

1.2.2　需求及原型评审

需求文档完成后,需要经过正式评审,以便作为下一阶段工作的基础。评审的目的是在缺陷泄漏到开发的下一阶段之前将其探查和标识出来,这有助于在问题扩大化、变得复杂难以处理之前将其纠正。需求评审通过对需求规格说明书进行技术评审来减少缺陷和提高质量。需求评审可通过以下两种方式进行:用户评审和同行评审。用户和开发方对于软件项目内容的描述是以需求规格说明书作为基础的;用户验收的标准则是依据需求规格说明书中的内容来制订,所以评审需求文档时用户的意见是第一位的。而同行评审的目的是在软件项目初期发现那些潜在的缺陷或错误,避免那些错误和缺陷遗漏到项目的后续阶段。

评审(不仅限于需求评审,也包括设计和其他类型的评审)的基本目的是:

➢在开发的较早阶段将缺陷探查出来。

➢验证工作产品符合预先设定的准则。

➢提供产品和评审过程的相关数据,包括对评审中能发现的缺陷数的预测能力。

评审(不仅限于需求评审,也包括设计和其他类型的评审)须遵循以下的基本原则:

➢评审是一个结构化的正式过程,有系统化的一系列检查单来帮助工作,并且参与者分别有不同的角色。

➢评审人员事先要经过准备工作,并在小组评审进行之前要明确他们自己工作的重点和个人已经发现的问题。

➢评审的工作重点是发现问题,而不是解决问题。

技术人员进行小组评审,项目负责人通常不参与软件工作产品的小组评审,但对评审结果要了解。但是对于项目管理文档,有经验的项目负责人要参与小组评审。

小组评审数据要记录下来,以供监控小组评审过程是否有效。

需求评审的重点包括:

以下基本问题是否得到解决?

➢功能:本软件有什么用途?

➢外部接口:此软件如何与人员、系统硬件、其他硬件及其他软件进行交互?

➢性能:不同软件功能都有什么样的速度、可用性、响应时间、恢复时间等?

➢属性:在正确性、可维护性、安全性等方面都有哪些事项要考虑?

➢是否指定了在需求规格说明书范围之外的任何需求?

➢不应说明任何设计或实施细节。

➢不应该对软件附加更多约束。

➢需求规格说明书是否合理地限制了有效设计的范围而不指定任何特定的设计?

➢需求规格说明书是否显示以下特征?

(1)**正确性**

• 需求规格说明书规定的所有需求是否都是软件应该满足的?

(2)**明确性**

• 每个需求是否都有一种且只有一种解释?

• 是否已使用客户的语言?

• 是否已使用图来补充自然语言说明?

(3)**完全性**

• 需求规格说明书是否包括所有的重要需求(无论其与功能、性能设计约束、属性有关还是与外部接口有关)?

- 是否已确定并指出所有可能情况的输入值的预期范围?
- 响应是否已同时包括在有效输入值和无效输入值中?
- 所有的图、表和图表是否都包括所有评测术语和评测单元的完整标注、引用和定义?
- 是否已解决或处理所有的未确定因素?

(4)**一致性**

- 此需求规格说明书是否与前景文档、用例模型和补充规约相一致?
- 它是否与更高层的规约相一致?
- 它是否保持内部一致,其中说明的个别需求的任何部分都不发生冲突?

(5)**排列需求的能力**

- 每个需求是否都已通过标识符来标注,以表明该特定需求的重要性或稳定性?
- 是否已标识出正确确定优先级的其他重要属性?

(6)**可核实性**

- 在需求规格说明书中说明的所有需求是否可被核实?
- 是否存在一定数量可节省成本的流程可供人员或机器用来检查软件产品是否满足需求?

(7)**可修改性**

- 需求规格说明书的结构和样式是否允许在保留结构和样式不变的情况下方便地对需求进行全面而统一的更改?
- 是否确定和最大限度地减少了冗余,并对其进行交叉引用?

(8)**可追踪性**

- 每个需求是否都有明确的标识符?
- 每个需求的来源是否确定?
- 是否通过显式引用早期的工件来维护向后可追踪性?
- 需求规格说明书产生的工件是否具有相当大的向前可追踪性?

1.2.3 概要设计及数据库详细设计

系统设计是在软件需求与编码之间架起一座桥梁,重点解决系统结构和需求向实现平坦过渡的问题。系统设计的主要任务是把需求分析得到的 DFD 转换为软件结构和数据结构,它包括计算机配置设计、系统模块结构设计、数据库和文件设计、代码设计以及系统可靠性与内部控制设计等内容。设计软件结构的具体任务是将一个复杂系统按功能进行模块划分、建立模块的层次结构及调用关系、确定模块间的接口及人机界面等。数据结构设计包括数据特征的描述、确定数据的结构特性以及数据库的设计。

一个完整的系统设计应包含以下内容:

➢任务:目标、环境、需求、局限。

➢总体设计:处理流程、总体结构与模块、功能与模块的关系。

➢接口设计:总体说明外部用户接口,软、硬件接口;内部模块间接口。

➢数据结构:逻辑结构、物理结构,与程序结构的关系。

➢模块设计:每个模块"做什么"、简要说明"怎么做"(输入、输出、处理逻辑、与其他模块的接口,与其他系统或硬件的接口),处在什么逻辑位置、物理位置。

➢运行设计:运行模块组合、控制、时间。

➢出错设计:出错信息、出错处理。

➢其他设计:安全性设计、可维护性设计、可扩展性设计。

详细阅读需求规格说明书,理解系统建设目标、业务现状、现有系统、客户需求的各功能说明是进行系统设计的前提。常规上,系统设计方法可分为结构化软件设计方法和面向对象软件设计方法。在此,重点介绍面向对象软件设计方法(OO设计方法)。

第一步是抽取建立领域的概念模型。在UML中表现为建立对象类图、活动图和交互图。对象类就是从对象中经过“察同”找出某组对象之间的共同特征而形成类:

➢对象与类的属性:数据结构。

➢对象与类的服务操作:操作的实现算法。

➢对象与类的各外部联系的实现结构。

➢设计策略:充分利用现有的类。

➢方法:继承、复用、演化。

活动图用于定义工作流,主要说明工作流的5W(Do What,Who Do,When Do,Where Do,Why Do)等问题,交互图把人员和业务联系在一起是为了理解交互过程,发现业务工作流中相互交互的各种角色。

第二步是构建完善系统结构。对系统进行分解,将大系统分解为若干子系统,子系统分解为若干软件组件,并说明子系统之间的静态和动态接口,每个子系统可以由用例模型、分析模型、设计模型、测试模型表示。软件系统结构的两种方式为层次、块状。

层次结构:系统、子系统、模块、组件(同一层之间具有独立性)。

块状结构:相互之间弱耦合。

系统的组成部分:问题论域(业务相关类和对象)、人机界面(窗口、菜单、按钮、命令等)、数据管理(数据管理方法、逻辑物理结构、操作对象类)、任务管理(任务协调和管理进程)。

第三步是利用“4+1”视图描述系统架构。用例视图及剧本;说明体系结构的设计视图;以模块形式组成包和层包含概要实现模型的实现视图;说明进程与线程及其架构、分配和相互交互关系的过程视图;说明系统在操作平台上的物理节点和其上的任务分配的配置视图。在RUP中还有可选的数据视图。

第四步是性能优化(速度、资源、内存)、模型清晰化、简单化。

数据库设计是系统设计中的重要环节,对于信息系统而言,数据库设计的好坏直接决定了系统的好坏。数据库设计又称数据库建模,是指对于一个给定的应用环境,构造最优的数据库模式,建立数据库及其应用系统,使之能够有效地存储数据,满足各种用户的应用需求(信息要求和处理要求)。它主要包括两部分内容,即确定最基本的数据结构,对约束建模。

(1)建立概念模型

根据应用的需求,画出能反映每个应用需求的E-R图,其中包括确定实体、属性和联系的类型。然后优化初始的E-R图,消除冗余和可能存在的矛盾。概念模型是对用户需求的客观反映,并不涉及具体的计算机软、硬件环境。因此,在这一阶段中必须将注意力集中在怎样表达出用户对信息的需求,而不考虑具体实现问题。

(2)建立数据模型

将E-R图转换成关系数据模型,实际上就是要将实体、实体的属性和实体之间的联系转换为关系模式。

(3)实施与维护数据库

完成数据模型的建立后,对字段进行命名,确定字段的类型和宽度,并利用数据库管理系统或数据库语言创建数据库结构、输入数据和运行等。

数据库设计应遵循以下原则:

➢标准化和规范化(如遵循3NF)。

➢数据驱动(采用数据驱动而非硬编码的方式)。

➢考虑各种变化(考虑哪些数据字段将来可能会发生变更)。

设计阶段常用工具包括:

- Rational Rose

它太过庞大,其优势可能在于强大的功能,包括代码生成,它能够直观地表现出需求分析和功能设计阶段的思路。

- EA(Enterprise Architect)

小巧、界面美观、操作方便是它的优点,功能上含了大部分设计上能够用的功能,是一款很不错的设计软件。缺点是代码生成功能,有了设计图之后,再按照设计图重构代码的确是一件令人头痛的事情。

- PowerDesigner

不可否认它是一款数据库设计必不可少的功能齐全的设计软件。PowerDesigner 是 Sybase 公司的 CASE 工具集,使用它可方便地对管理信息系统进行分析设计,它几乎包括了数据库模型设计的全过程。利用 PowerDesigner 可制作数据流程图、概念数据模型、物理数据模型,可生成多种客户端开发工具的应用程序,还可为数据仓库制作结构模型,也能对团队设备模型进行控制。

1.2.4 设计评审

设计文档完成后,需要经过正式评审,以便作为下一阶段工作的基础。评审的目的是在缺陷泄漏到开发的下一阶段之前将其探查和标识出来,这有助于在问题扩大化、变得复杂难以处理之前将其纠正。设计评审通过对系统设计说明书进行技术评审来减少缺陷和提高质量。设计评审通常采用同行评审,目的是为了在软件项目初期发现那些潜在的缺陷或错误,避免这些错误和缺陷遗漏到项目的后续阶段。

系统设计评审的重点包括:

➢系统设计是否正确描述了预期的系统行为和特征。

➢系统设计是否完全反映了需求。

➢系统设计是否完整。

➢系统设计是否为继续进行构造和测试提供了足够的基础。

数据库设计评审重点包括:

➢满足需求。

➢整体结构。

➢命名规范。

➢存储过程。

➢注释。

➢性能。

➢可移植性。

➢安全性。

1.2.5 编码

根据开发语言、开发模型、开发框架的不同,编码规范细则不尽相同,甚至不同软件公司也有着各自不同等级、不同层次要求的编码规范。但是,各式各样的编码规范之间存在差异的通常是执行细节,在总体标准上仍然是统一的。

执行编码规范的目的是为了提升代码的可读性和可维护性,减少出错概率。

标准意义上的编码规范应包含以下 8 个方面:

➢排版。
➢注释。
➢标识符命名。
➢变量与结构。
➢函数与过程。
➢程序效率。
➢质量保证。
➢代码编辑、编译、审查。

1.2.6　测试

软件测试是在将软件交付给客户之前所必须完成的重要步骤，是目前用来验证软件是否能够完成所期望的功能的唯一有效的方法。软件测试的目的是验证软件是否满足软件开发合同或项目开发计划、系统/子系统设计文档、SRS、软件设计说明和软件产品说明等规定的软件质量要求。软件测试是一种以受控的方式执行被测试的软件，以验证或者证明被测试的软件的行为或者功能符合设计该软件的目的或者说明规范。所谓受控的方式，应该包括正常条件和非正常条件，即故意地去促使错误的发生，也就是事情在不该出现的时候出现或者在应该出现的时候没有出现。

测试工作的起点是从需求阶段开始的。在需求阶段，就需要明确测试范围、测试内容、测试策略和测试通过准则，并根据项目周期和项目计划制订测试计划。测试计划完成后，根据测试策略和测试内容进行测试用例的设计，以便系统实现后进行全面测试。

测试用例设计的原则有基于测试需求的原则、基于测试方法的原则、兼顾测试充分性和效率的原则、测试执行的可再现性原则；每个测试用例应包括名称和标识、测试追踪、用例说明、测试的初始化要求、测试的输入、期望的测试结果、评价测试结果的准则、操作过程、前提和约束、测试终止条件。

(1)项目的内部测试

在开发人员将所开发的程序提交测试人员后，由测试人员组织测试，项目内部测试一般可分为以下3个阶段：

1)单元测试

单元测试集中在检查软件设计的最小单位——模块上，通过测试发现实现该模块的实际功能与定义该模块的功能说明不符合的情况，以及编码的错误。由于模块规模小、功能单一、逻辑简单，测试人员有可能通过模块说明书和源程序，清楚地了解该模块的I/O条件和模块的逻辑结构，采用结构测试(白盒法)的用例，尽可能达到彻底测试，然后辅之以功能测试(黑盒法)的用例，使之对任何合理和不合理的输入都能鉴别和响应。高可靠性的模块是组成可靠系统的坚实基础。

2)集成测试

集成测试是将模块按照设计要求组装起来同时进行测试，主要目标是发现与接口有关的问题。例如，数据穿过接口时可能丢失；一个模块与另一个模块可能有由于疏忽的问题而造成有害影响；把子功能组合起来可能不产生预期的主功能；个别看起来是可以接受的误差可能积累到不能接受的程度；全程数据结构可能有错误，等等。

3)系统测试

系统测试的目标是验证软件的功能和性能是否与需求规格说明书一致。

在测试整体完成后，测试负责人对项目的测试活动进行总结，编写测试报告，回顾项目过程中的测试活动，统计测试汇总数据，分析项目质量指标，评定项目质量等级。

经过上述的测试过程对软件进行测试后，软件基本满足开发的要求，测试宣告结束，经验收后，完成项目交付。

(2)常用的测试工具

随着项目规模的日益增大,借助测试工具,实现软件测试自动化和测试管理流程化是进入软件工程阶段后,测试技术发展的必由之路。常见的测试工具包含以下5种:

1)企业级自动化测试工具 WinRunner

WinRunner是一种企业级的功能测试工具,用于检测应用程序是否能够达到预期的功能及正常运行。通过自动录制、检测和回放用户的应用操作,WinRunner能够有效地帮助测试人员对复杂的企业级应用的不同发布版进行测试,提高测试人员的工作效率和质量,确保跨平台的、复杂的企业级应用无故障发布及长期稳定运行。

2)工业标准级负载测试工具 Loadrunner

LoadRunner是一种预测系统行为和性能的负载测试工具。通过以模拟上千万用户实施并发负载及实时性能监测的方式来确认和查找问题,LoadRunner能够对整个项目架构进行测试。使用LoadRunner,能最大限度地缩短测试时间,优化性能和加速应用系统的发布周期。

3)测试管理系统 TestDirector

TestDirector是业界第一个基于Web的测试管理系统。通过在一个整体的应用系统中集成了测试管理的各个部分,包括需求管理、测试计划、测试执行及错误跟踪等功能,TestDirector极大地加速了测试过程。

4)功能测试工具 Rational Robot

IBM Rational Robot是业界最顶尖的功能测试工具。它集成在测试人员的桌面IBM Rational TestManager上,在这里测试人员可以计划、组织、执行、管理和报告所有测试活动,包括手动测试报告。这种测试和管理的双重功能是自动化测试的理想开始。

5)单元测试工具 xUnit 系列

目前的最流行的单元测试工具是xUnit系列框架,常用的根据语言不同分为JUnit(java),CppUnit(C++),DUnit(Delphi),NUnit(.net),PhpUnit(Php)等。

1.2.7 评审交付

项目顺利通过验收是项目完成交付的标志。项目验收应根据软件开发方在整个软件开发过程中的表现,并根据《需求规格说明书》,制订验收标准,提交验收委员会。由验收委员会、软件监督、软件开发方参加的项目验收会,软件开发方以项目汇报、现场应用演示等方式汇报项目完成情况,验收委员会根据验收标准对项目进行评审,形成最终验收意见。

1.2.8 实训总结与汇报

软酷工程实践以CMMI项目研发流程为基础,采用项目驱动的方式,通过典型项目案例的开发,有机贯穿软件工程课程群的有关内容,最终按照流程规范完成项目交付,获得实际项目研发的锻炼,同时培养技术研究、创新的能力。提高学员对软件工程相关行业的实质性理解,真实地让学生面对并处理各自项目开发过程中潜在的风险,让每位学员从整体上提高软件工程的综合素质,增强就业竞争力。

软酷工程实践过程中,学员参与开发并完成一个真实项目,接触项目开发、测试、分析、设计和管理工具,感受CMMI软件开发流程和规范,对学生的编码能力、创新能力、团队协作能力、界面设计能力、学习和问题解决能力进行全方位的培养和锻炼。学生们可通过体验自己的创新和创造,最终达到了解软件开发流程、应用一门编程语言、接触一种编程框架,提升软件开发的整体素质,培养为工程型、复合型软件人才,增强就业竞争力的实训目标。

第 2 章 Android 移动应用开发基础

2.1 安装 Android 开发环境

在开始之前,需要先准备以下操作系统以及安装软件(见表 2.1)。

表 2.1

操作系统	Microsoft Windows XP/Vista,Mac,Linux 等
Java 安装软件	JDK1.6
IDE 集成平台	Eclipse,MyEclipse(Eclipse 的版本需要在 3.2 以上)
SDK	Android SDK 2.2 以上
ADT	Android Development Kit V20.0

2.1.1 安装 Java 开发环境

首先需要到 google 的官网上去下载 Java 的开发工具包,即 JDK 的安装程序。下载地址:http://www.oracle.com/technetwork/java/javase/downloads/index.html。在浏览器中,输入上述地址后进入 JDK 下载界面,即可下载 JDK 最新版本(见图 2.1)。

如果你需要下载 JDK 历史版本,单击"Previous Releases"链接即可(见图 2.2)。

本案例使用 JDK 6.0 的运行环境,故建议下载 Java SE 6.0,单击"Java SE 6.0"进入下载导航界面,根据计算机配置选择对应的安装版本。如 xp 系列 64 bit 的选择 jdk-6u45-windows-x64.exe 即可。

友情提示,目前在 Oracle 官网上下载相关软件时需要提供一个已注册账户。

JDK 下载成功后,双击安装,选择安装的磁盘目录。本案例使用安装的默认路径,即将 JDK 安装到 C:\Program Files\Java 目录下。JDK 安装完成后,还提示安装 JVM,即 Java 的运行环境(见图 2.3、图 2.4)。

图 2.1

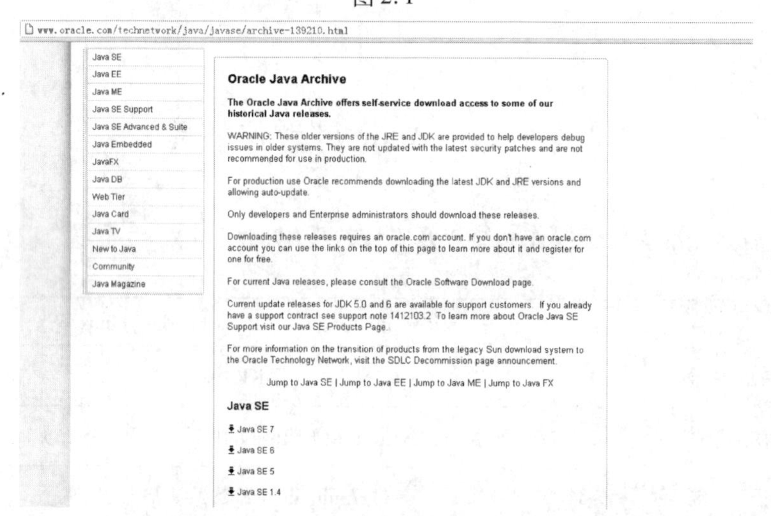

图 2.2

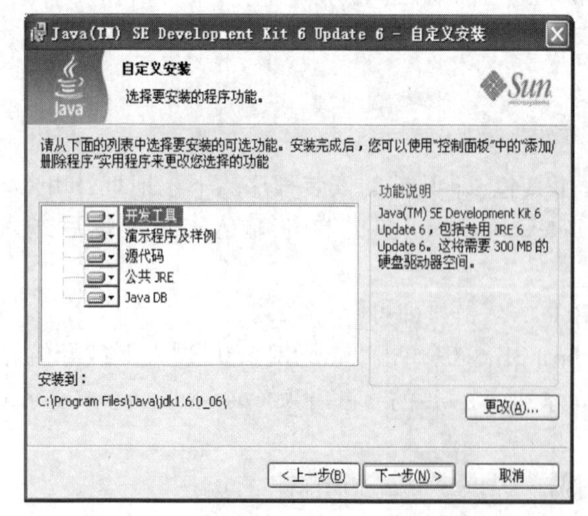

图 2.3

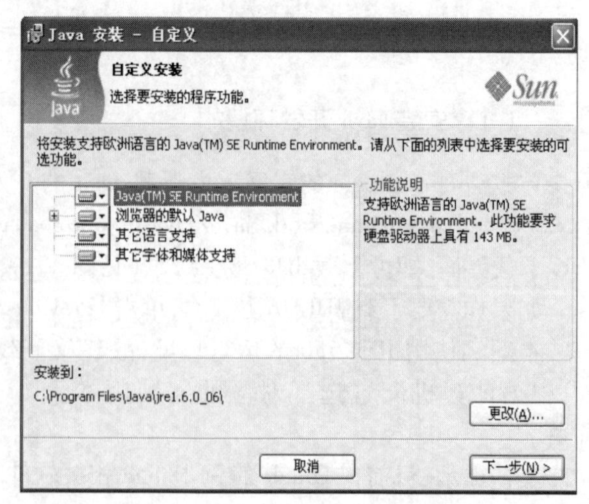

图 2.4

选择安装目录后，单击“下一步”按钮，即可完成 JDK 的安装。

JDK 安装完成后，还需要设计 Java 的环境变量。在“我的电脑”→“属性”→“高级”→“环境变量”中，配置 classpath，Java_home，path 即可。

Classpath：

Java_home：C：\Program Files\Java\jdk1. 6. 0_06

Path：C：\Program Files\Java\jdk1. 6. 0_06\bin。

2.1.2　安装 Eclipse

Eclipse 的官网下载地址 http：//www. eclipse. org/downloads/。

浏览器中输入上述地址选择下载 Eclipse IDE for Java Developers，151 MB，如图 2.5 所示。

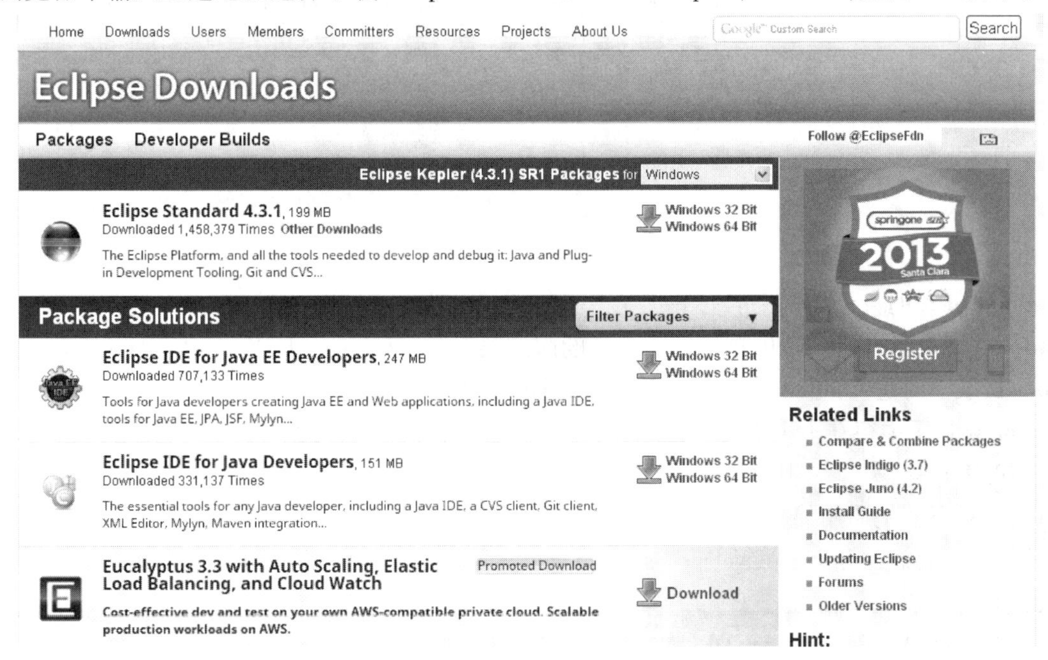

图 2.5

根据计算机配置选择 32 bit 或者 64 bit，选择后进行下载界面，单击“[China] Huazhong University of Science and Technology (http)”即可下载得到 eclipse-java-kepler-SR1-win32. zip。

解压 eclipse-java-kepler-SR1-win32. zip。单击“eclipse. exe”即可启动。

2.1.3　下载安装 SDK 及 ADT

在浏览器中输入 http：//developer. android. com/sdk/index. html#download 进入 Android 相应软件的下载页面。

单击“DOWNLOAD FOR OTHER PLATFORMS”下载 SDK。本案例中选择的是 Windows 32 & 64 bit android-sdk_r22. 3-windows. zip 108847452 bytes(见图 2.6)。

将下载得到的 android-sdk_r22. 3-windows. zip 解压到任意盘符(磁盘空间 >2 G)，就会发现刚下载得到的只是一个 SDK 的下载工具。

单击“SDK Manager. exe”，即可进行 SDK 各版本的下载。

安装完成后，查看“android-sdk-windows\platforms”，即可查看已下载好的版本。

在“android-sdk-windows\samples”各个对应版本目录下有该版本的演示示例，该示例可部署到 Eclipse中直接运行，是 Android 初学者不可多得的学习材料。

Platform	Package	Size	MD5 Checksum
Windows 32-bit	adt-bundle-windows-x86-20131030.zip	503599460 bytes	cd490a531ec24667354f6473e999b988
Windows 64-bit	adt-bundle-windows-x86_64-20131030.zip	503735416 bytes	ddddbb1b9028015779d68dde01f96b14
Mac OS X 64-bit	adt-bundle-mac-x86_64-20131030.zip	470386961 bytes	3e80e7a92b549029d91bdcf2ae82657f
Linux 32-bit	adt-bundle-linux-x86-20131030.zip	496876498 bytes	d389139ad9f59a43bdd34c94bc850509
Linux 64-bit	adt-bundle-linux-x86_64-20131030.zip	497171697 bytes	99b51a4f0526434b083701a896550b72

SDK Tools Only

Platform	Package	Size	MD5 Checksum
Windows 32 & 64-bit	android-sdk_r22.3-windows.zip	108847452 bytes	9f0fe8c8884d6aee2b298fee203c62dc
	installer_r22.3-windows.exe (Recommended)	88845794 bytes	ad50c4dd9e23cee65a1ed740ff3345fa
Mac OS X 32 & 64-bit	android-sdk_r22.3-macosx.zip	74893875 bytes	ecde88ca1f05955826697848fcb4a9e7
Linux 32 & 64-bit	android-sdk_r22.3-linux.tgz	100968558 bytes	6ae581a906d6420ad67176dff25a31cc

图 2.6

Android SDK 的目录结构说明如下：

add-one 目录下的是 Google 提供地图开发的库函数，支持基于 Google Map 的地图开发。

docs 目录下的是 Android SDK 的帮助文档，通过其目录下的 index. html 文件启动。

platforms 目录中存在多个子目录，分别用来保存各版本的 Android SDK 的库函数、外观样式、程序示例和辅助工具等。

tools 目录下的是通用的 Android 开发和调试工具。

在浏览器中，输入 http://developer. android. com/sdk/index. html#download 进入 Android 相应软件的下载页面。

单击“Setting Up an Existing IDE” 选择“installing the Eclipse Plugin”。单击“ADT-22. 3. 0. zip”，即可得到 ADT(见图 2.7)。

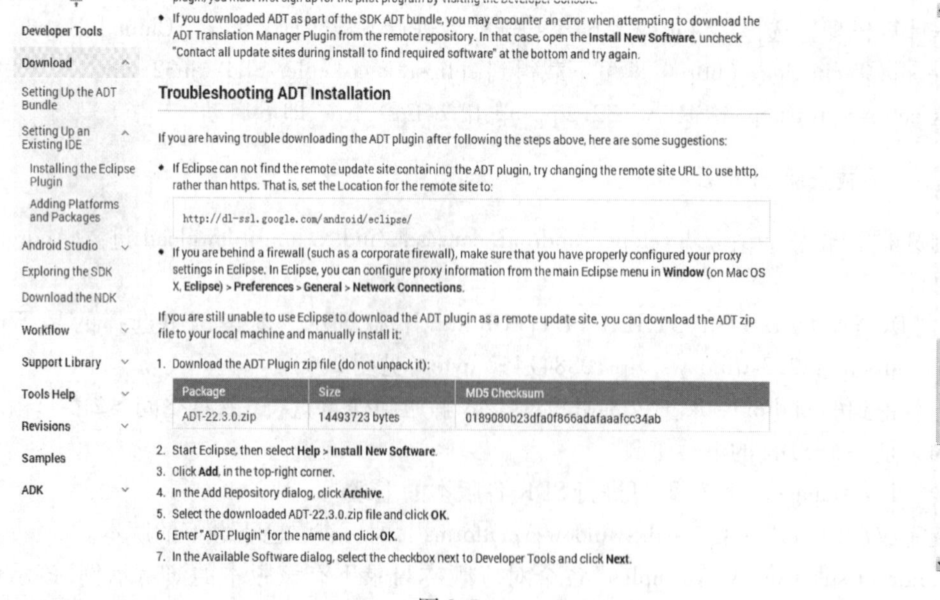

图 2.7

2.1.4　将 ADT 插件集成到 Eclipse 中

运行 Eclipse 选择"Help"→"install new Software"，单击"Add"按钮，再单击"Archive"按钮后找到已经下载好的 ADT-22.3.0.zip。

勾选"Developer Tools"，如图 2.8 所示。

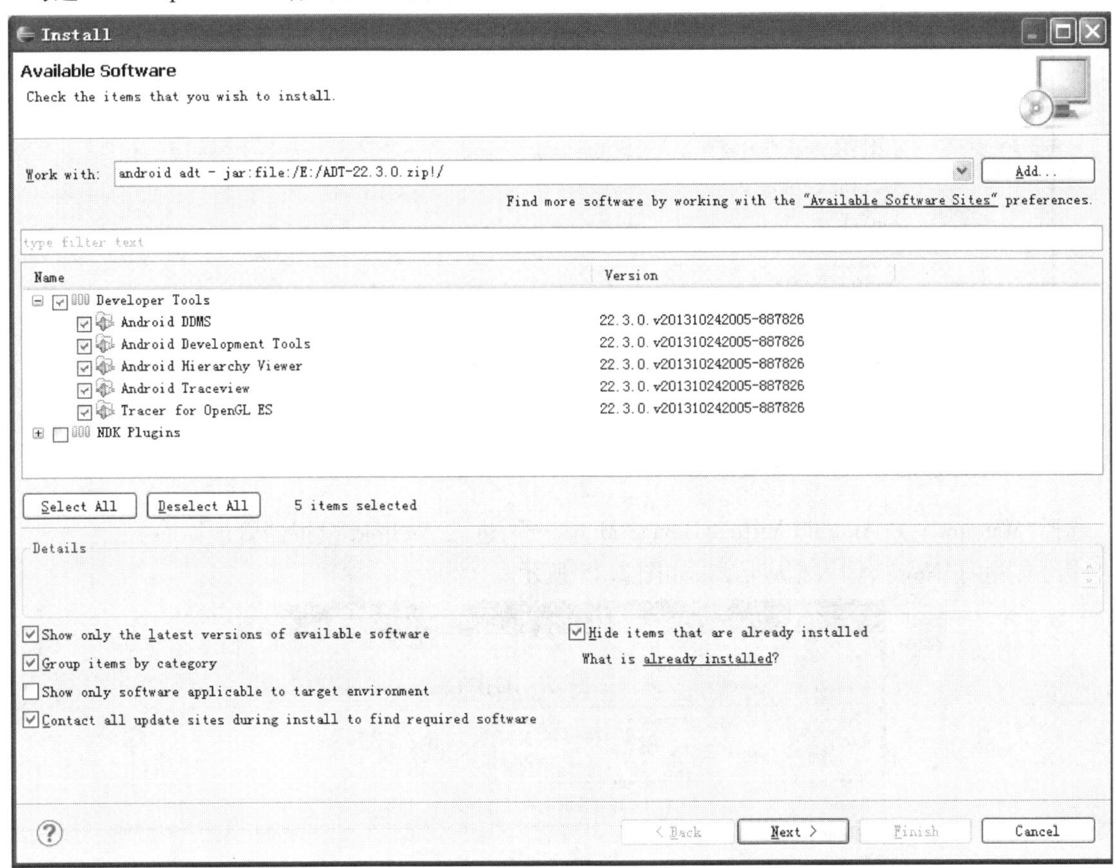

图 2.8

单击"next"按钮，即可进行 adt 插件的安装。安装完成后，Eclipse 需要重新启动。

Eclipse 重新启动后，选择"window"→"preferences"进入如图 2.9 所示的界面。若出现有"Android"菜单，即表示 Adt 已成功集成到 Eclipse 中了。

在 Eclipse 的主页面也可看到多了两个图标，分别管理 SDK 和模拟器，如图 2.9 所示。

图 2.9

2.1.5　将 Eclipse 与 Android 进行集成

运行 Eclipse 选择"window"→"Preferences"→"Android"。SDK Location 即为已下载的 Android SDK 的根目录。完成后需单击"Apply"按钮，出现已下载好的 Android 版本时，表明 Eclipse 已和 Android SDK 成功集成，如图 2.10 所示。

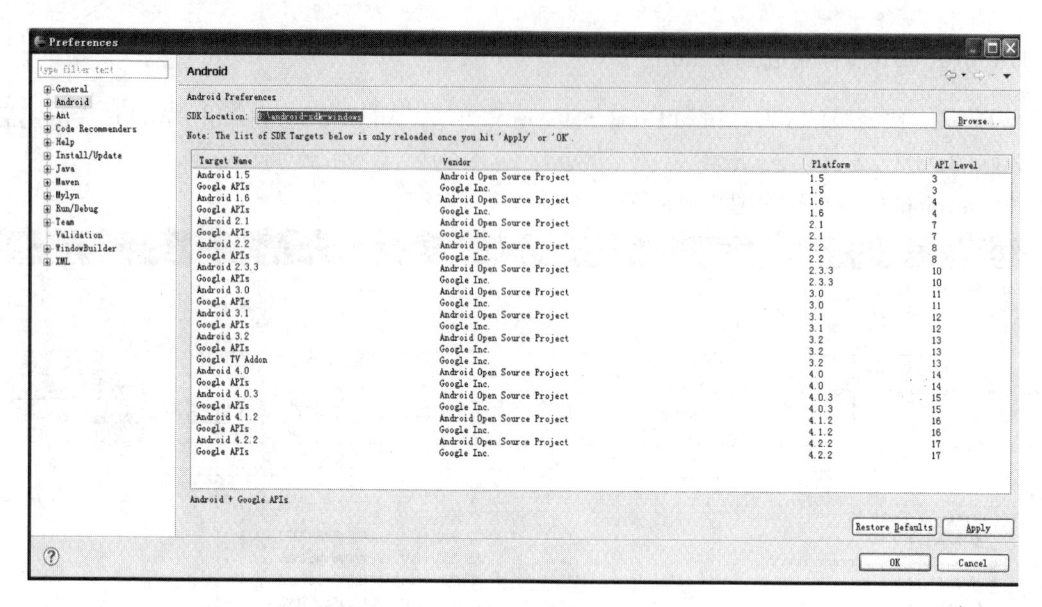

图 2.10

2.1.6 创建及启动 Android 模拟器

选择“Window”→“Android Virtual Device Manager”,进入 Android 模拟器管理界面。单击右侧的“New”,输入相应信息,如图 2.11 所示。

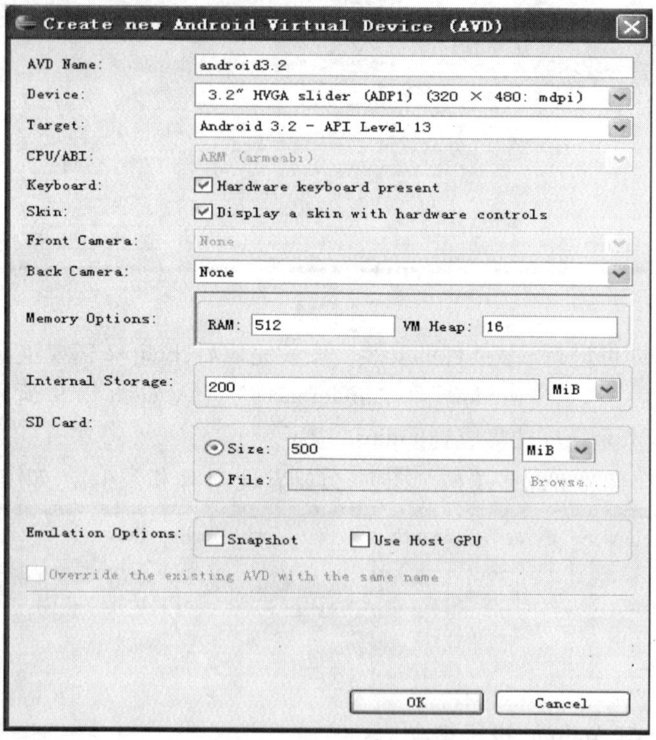

Create new Android Virtual Device (AVD)

AVD Name: android3.2

Device: 3.2" HVGA slider (ADP1) (320 × 480: mdpi)

Target: Android 3.2 - API Level 13

CPU/ABI: ARM (armeabi)

Keyboard: Hardware keyboard present

Skin: Display a skin with hardware controls

Front Camera: None

Back Camera: None

Memory Options: RAM: 512 VM Heap: 16

Internal Storage: 200 MiB

SD Card: Size: 500 MiB File: Browse...

Emulation Options: Snapshot Use Host GPU

Override the existing AVD with the same name

OK Cancel

图 2.11

创建时的模拟器各项参数说明如下:

AVD Name:自定义虚拟的名称,不能有空格或者其他非法字符,否则不能创建。

Target:选择要运行的 Android 版本,每个版本下都有两个包可供选择:一个是优化后的内核包,另一个是 google 原生态的。

Size：就是要模拟存储卡的大小，视个人需求而定，推荐 256 MB 以上，此处的 KiB 就是 KB，MiB 就是 MB。如果有用过的映像文件可直接使用。文件存在：:\Documents and Settings\Administrator\.android\avd\sdk2.2.avd\sdcard.img，如果分配太大则会占用更多的系统空间。如果有需要可以将其备份，以供以后直接使用，选择 File 直接载入即可。

Device：程序运行的模拟器。可根据自己的需要，如模拟器类型、分辨率等自行选择。

其他项建议使用系统默认配置。

模拟器创建成功后，即可在"Android Virtual Device Manager"中看到。

选中模拟器，可对模拟器进行修改、删除以及启动等操作。

单击"start"按钮可启动已选择的模拟器。

按"ctrl + F11"即可进行横竖屏切换。

2.2　Android 的项目结构

2.2.1　第一个 Android 项目(HelloWord)

在上一节中已带领大家完成了 Android 开发环境的搭建。这一节将建第一个 Android 项目。

在 Eclipse 中，新建项目时需指定一种应用程序类型，由于要完成的是 Android 应用的开发，因此需要选择构建 Android Project。在左侧鼠标右键选择"new"→"project"，展开 Android 菜单，选择"Android Application Project"，单击"next"按钮，进入项目设置向导界面(见图 2.12)。

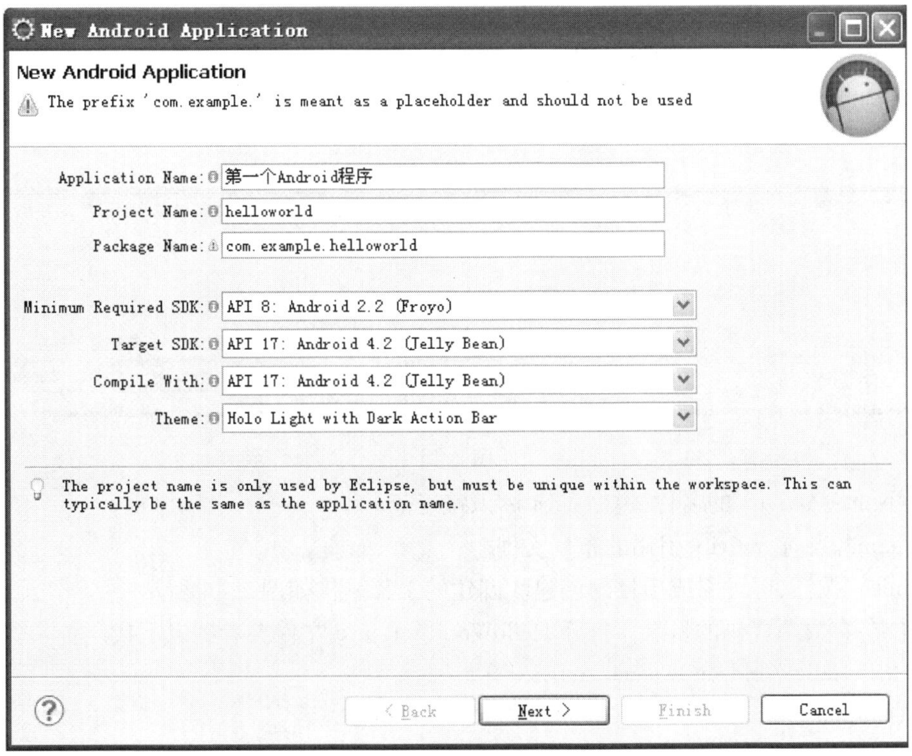

图 2.12

各项参数说明如下：

Application Name：应用程序名称，即 Android 程序在手机中显示的名称，显示在手机的顶部。

Package Name:包名称是包的命名空间,需遵循 Java 包的命名方法,由两个或多个标识符组成,中间用点隔开。为了包名称的唯一性,可采用反写电子邮件地址的方式。

Project Name:工程名。

Minimum Required SDK:本应用程序所支持 SDK 的最低版本。

Target SDK:程序的目标 SDK 版本。

Compile SDK:是程序的编译 SDK 版本，这个一般为默认或者同 Target SDK。

单击“next”按钮,可选择是否创建 Activity、应用图标以及工程存放路径等。本案例使用默认配置。

一直单击“next”按钮后,进入 Activity 的配置界面,如图 2.13 所示。

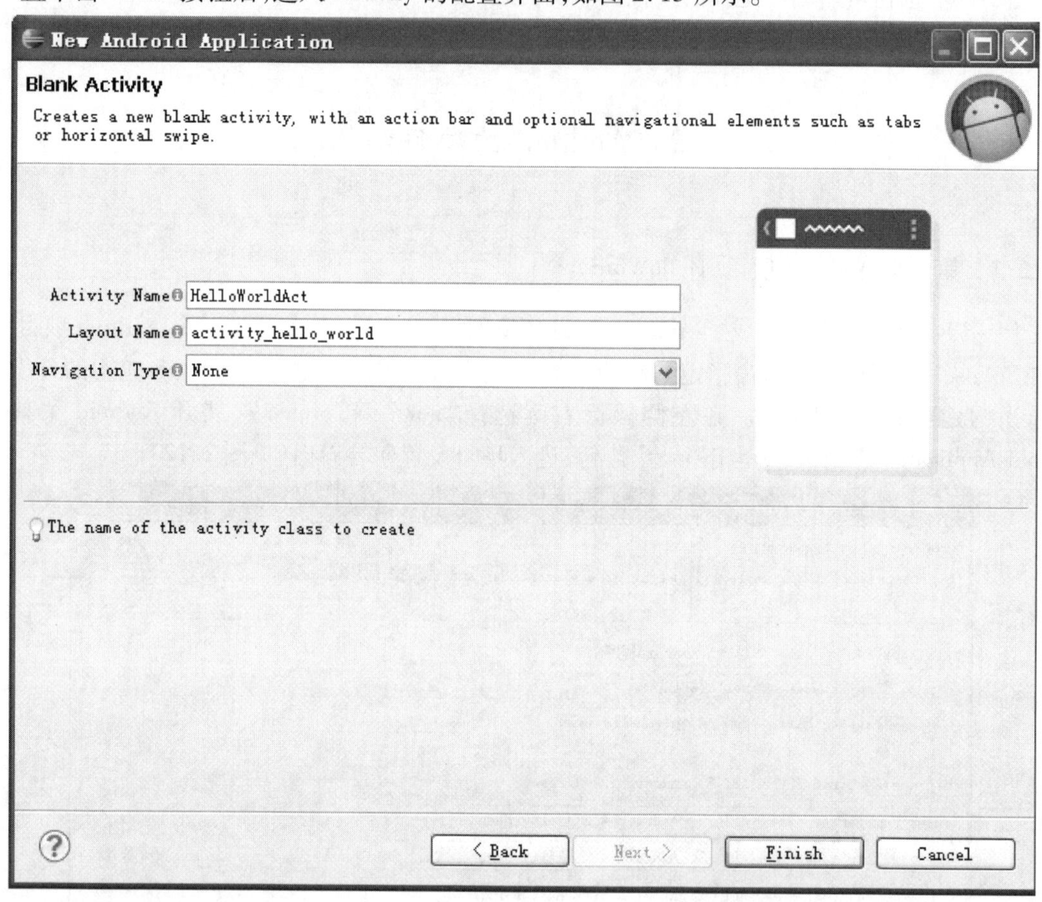

图 2.13

Activity Name:Activity 的名称,遵循 Java 标识符规范。

Layout Name:当前 Activity 引用的布局文件。

单击“finish”按钮,即可完成项目的创建。创建的工程结构如图 2.14 所示。

src 文件夹:存放源代码的目录。打开 HelloWorldAct. java 文件会看到以下代码:

```
public class HelloWorldAct extends Activity {
    @ Override
    protected void onCreate( Bundle savedInstanceState) {
        super. onCreate( savedInstanceState) ;
        setContentView( R. layout. activity_hello_world) ;
    }
```

```
    @ Override
    public boolean onCreateOptionsMenu( Menu menu) {
        // Inflate the menu; this adds items to the action bar if it is present.
        getMenuInflater( ). inflate( R. menu. hello_world, menu);
        return true;
    }
}
```

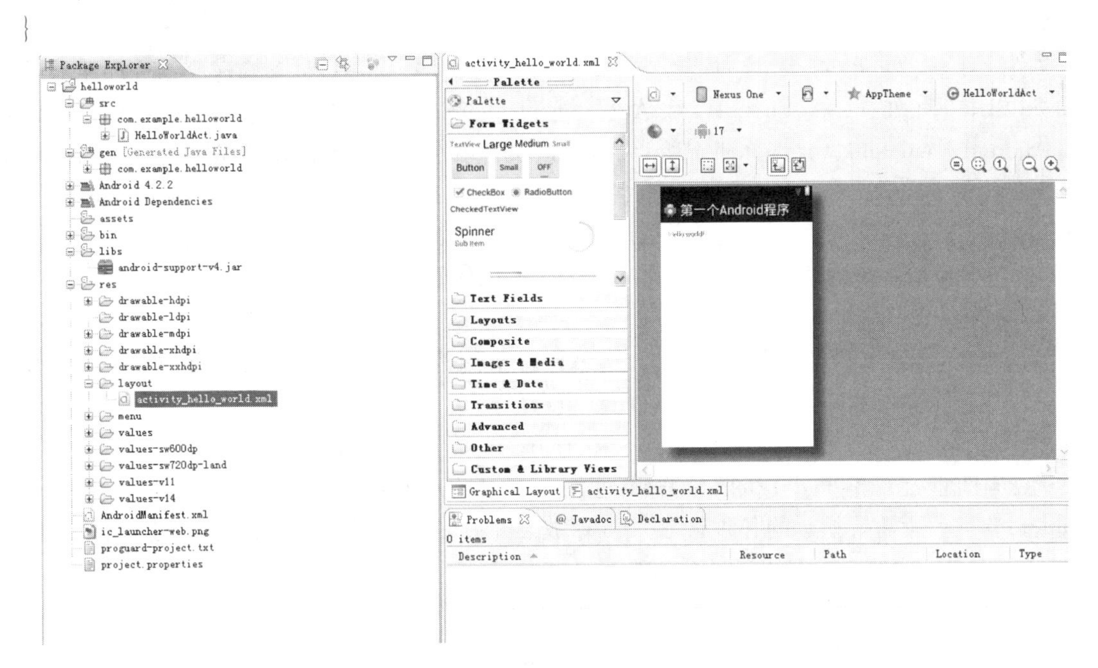

图2.14

可以知道,新建一个简单的helloworld项目,系统生成了一个HelloWorldAct. java文件,并导入了3个类android. app. Activity,android. os. Bundle,android. view. Menu,HelloWorld类继承自Activity且重写了onCreate方法及onCreateOptionsMenu方法。

android. app. Activity类:因为几乎所有的活动(activities)都是与用户交互的,所以Activity类关注创建窗口,你可用方法setContentView(View)将自己的UI放到里面。然而活动通常以全屏的方式展示给用户,也可以浮动窗口或嵌入在另外一个活动中。有以下两个方法是几乎所有的Activity子类都实现的。

onCreate(Bundle):初始化你的活动(Activity),如完成一些图形的绘制。最重要的是,在这个方法里你通常将用布局资源(layout resource)调用setContentView(int)方法定义你的UI和用findViewById(int)在你的UI中检索你需要编程的交互的小部件(widgets)。setContentView指定由哪个文件指定布局(main. xml),可将这个界面显示出来,然后进行相关操作,这样的操作会被包装成为一个意图,然后这个意图对应有相关的activity进行处理。

onPause( ):处理当离开你的活动时要做的事情。最重要的是,用户做的所有改变应该在这里提交(通常ContentProvider保存数据)。

android. os. Bundle类:从字符串值映射各种可打包的(Parcelable)类型(Bundle单词就是捆绑的意思,所有这个类很好理解和记忆)。如该类提供了公有方法——public boolean containKey(String key),如果给定的key包含在Bundle的映射中返回true,否则返回false。该类实现了Parceable和Cloneable接口,所以它具有这两者的特性。

• gen 文件夹

该文件夹下面有个 R. java 文件,R. java 是在建立项目时自动生成的,这个文件是只读模式的,不能更改。R. java 文件中定义了一个类——R,R 类中包含很多静态类,且静态类的名字都与 res 中的一个名字对应,即 R 类定义该项目所有资源的索引。

通过 R. java 可很快地查找需要的资源,另外编译器也会检查 R. java 列表中的资源是否被使用到,没有被使用到的资源不会编译进软件中,这样可减少应用在手机中占用的空间。

• Android X. X. X 文件夹

该文件夹下包含 android. jar 文件,这是一个 Java 归档文件。其中,包含构建应用程序所需的所有的 Android SDK 库(如 Views、Controls)和 APIs。通过 android. jar 将自己的应用程序绑定到 Android SDK 和 Android Emulator,这允许你使用所有 Android 的库和包,且使你的应用程序在适当的环境中调试。例如上面的 HelloWorldAct. java 源文件中使用到的 Activity. java,Bundle. java,Menu. java 等。

• Assets

Assets 包含应用系统需要使用到的诸如 mp3、视频类的文件。

• res 文件夹

资源目录,包含你项目中的资源文件,并将编译进应用程序。向此目录添加资源时,会被 R. java 自动记录。比较重要的目录有 drawabel,layout,values。

drawabel-XXX:包含一些你的应用程序可以用的图标文件(*. png,*. jpg)。

layout:界面布局文件(main. xml)与 WEB 应用中的 HTML 类同。

values:软件上所需要显示的各种文字。可存放多个 *. xml 文件,还可存放不同类型的数据,如 arrays. xml,colors. xml,dimens. xml,styles. xml。

• Default. properties

记录项目中所需要的环境信息,比如 Android 的版本等。

• AndroidManifest. xml

AndroidManifest. xml 是 Android 应用程序中最重要的文件之一。它是 Android 程序的全局配置文件,是每个 android 程序中必需的文件。它位于开发的应用程序的根目录下,描述了 package 中的全局数据,包括 package 中暴露的组件(activities,services 等),以及它们各自的实现类,各种能被处理的数据和启动位置等重要信息。

因此,该文件提供了 Android 系统所需要的关于该应用程序的必要信息,即在该应用程序的任何代码运行之前系统所必需拥有的信息。

< manifest > //根节点,描述了 package 中所有的内容

< uses-permission/ > //请求你的 package 正常运作所需赋予的安全许可。一个 manifest 能包含零个或更多此元素

< permission/ > //声明了安全许可来限制哪些程序能使用你的 package 中的组件和功能。一个 manifest 能包含零个或更多此元素

< instrumentation/ > //声明了用来测试此 package 或其他 package 指令组件的代码。一个 manifest 能包含零个或更多此元素

< uses-sdk/ > //指定当前应用程序兼容的最低 sdk 版本号

< application > //包含 package 中 application 级别组件声明的根节点。此元素也可包含 application 中全局和默认的属性,如标签、icon、主题、必要的权限等。一个 manifest 能包含零个或一个此元素(不允许多余一个)

< activity > //用来与用户交互的主要工具。当用户打开一个应用程序的初始页面时一个 activity,大部分被使用到的其他页面也由不同的 activity 所实

现并声明在另外的 activity 标记中
<service> //Service 是能在后台运行任意时间的组件
<receiver> //IntentReceiver 能使你的 application 获得数据的改变或者发生的操作,即使它当前不在运行

2.2.2 运行 Helloworld

选中所要运行的工程,单击右键选择"run as"→"Android Application"。
其运行结果如图 2.15 所示。

图 2.15

现在简要描述一下本案例的执行过程:

Android 应用程序在启动的时候会加载 AndroidManifest.xml,检查应用程序权限以及所申明的 Activity。根据 Activity 所要完成的功能的不同,程序员可以每个 Activity 配置相应的 intent-filter 用以执行相应的动作,具体指的就是 intent-filter 中的 action。主要有以下常用 Action:

- 标准的 Activity Actions

ACTION_MAIN:作为一个主要的进入口,而并不期望去接收数据。

ACTION_VIEW:向用户显示数据。

ACTION_ATTACH_DATA:别用于指定一些数据应该附属于一些其他的地方,例如,图片数据应该附属于联系人。

ACTION_EDIT:访问已给的数据,提供明确的可编辑。

ACTION_PICK:从数据中选择一个子项目,并返回你所选中的项目。

ACTION_CHOOSER:显示一个 activity 选择器,允许用户在进程之前选择它们想要的。

ACTION_GET_CONTENT:允许用户选择特殊种类的数据,并返回(特殊种类的数据:照一张相片或录一段音)。

ACTION_DIAL:拨打一个指定的号码,显示一个带有号码的用户界面,允许用户去启动呼叫。

ACTION_CALL:根据指定的数据执行一次呼叫(ACTION_CALL 在应用中启动一次呼叫有缺陷,多数应用 ACTION_DIAL,ACTION_CALL 不能用在紧急呼叫上,紧急呼叫可以用 ACTION_DIAL 来实现)。

ACTION_SEND:传递数据,被传送的数据没有指定接收的。

- action 请求用户发数据

ACTION_SENDTO:发送一跳信息到指定的某人。

ACTION_ANSWER:处理一个打进电话呼叫。

ACTION_INSERT:插入一条空项目到已给的容器。

ACTION_DELETE:从容器中删除已给的数据。

ACTION_RUN:运行数据,无论怎么。

ACTION_SYNC:同步执行一个数据。

ACTION_PICK_ACTIVITY:为已知的 Intent 选择一个 Activity,返回别选中的类。

ACTION_SEARCH:执行一次搜索。

ACTION_WEB_SEARCH:执行一次 web 搜索。

ACTION_FACTORY_TEST:工场测试的主要进入点,标准的广播 Actions。

ACTION_TIME_TICK:当前时间改变,每分钟都发送,不能通过组件声明来接收,只有通过 Context. registerReceiver( )方法来注册。

ACTION_TIME_CHANGED:时间被设置。

ACTION_TIMEZONE_CHANGED:时间区改变。

ACTION_BOOT_COMPLETED:系统完成启动后,一次广播。

ACTION_PACKAGE_ADDED:一个新应用包已经安装在设备上,数据包括包名(最新安装的包程序不能接收到这个广播)。

ACTION_PACKAGE_CHANGED:一个已存在的应用程序包已经改变,包括包名。

ACTION_PACKAGE_REMOVED:一个已存在的应用程序包已经从设备上移除,包括包名(正在被安装的包程序不能接收到这个广播)。

ACTION_PACKAGE_RESTARTED:用户重新开始一个包,包的所有进程将被杀死,所有与其联系的运行时间状态应该被移除,包括包名(重新开始包程序不能接收到这个广播)。

ACTION_PACKAGE_DATA_CLEARED:用户已经清楚一个包的数据,包括包名(清除包程序不能接收到这个广播)。

ACTION_BATTERY_CHANGED:电池的充电状态、电荷级别改变,不能通过组建声明接收这个广播,只有通过 Context. registerReceiver( )注册。

ACTION_UID_REMOVED:一个用户 ID 已经从系统中移除。

在 Android 项目的 AndroidManifest. xml 中若有 Actity 的 < intent-filter > 的 Action name 为"android. intent. action. MAIN",程序启动后会首先加载该 Activity。就本案例来说,在 AndroidManifest. xml 中 HelloWorldA 的 < intent-filter > 的 Action name 的名称为"android. intent. action. MAIN"。启动后会首先加载 com. example. helloworld. HelloWorldAct 类,进而调用 HelloWorldAct. java 类中的 onCreate(Bundle savedInstanceState)方法。

```
@ Override
protected void onCreate( Bundle savedInstanceState) {
    super. onCreate( savedInstanceState) ;
    setContentView( R. layout. activity_hello_world) ;
}
```

setContentView(int layoutResID),加载"layoutResID"所对应的布局文件并显示到手机屏幕。R. java类是 ADT 自动生成的。Res 目录下的图片、用户布局文件、字符串等都会以常量的形式出现在 R. java 类中。常量的名称为对应的图片、布局文件、字符串的名称。需要说明的是,Res 下的图片、文件名以及字符串等名称中只能含有 a-z,0-9,_. 等符号。否则,R. java 不能正常更新导致程序出错。这里的 R. layout. activity_hello_world 对应的是 res/layout 目录下的 activity_hello_world. xml 文件。该文件内容如下：

```
<RelativeLayout xmlns:android = "http://schemas.android.com/apk/res/android"
    xmlns:tools = "http://schemas.android.com/tools"
    android:layout_width = "match_parent"
    android:layout_height = "match_parent"
    android:paddingBottom = "@dimen/activity_vertical_margin"
    android:paddingLeft = "@dimen/activity_horizontal_margin"
    android:paddingRight = "@dimen/activity_horizontal_margin"
    android:paddingTop = "@dimen/activity_vertical_margin"
    tools:context = ".HelloWorldAct"  >
     <TextView
        android:layout_width = "wrap_content"
        android:layout_height = "wrap_content"
        android:text = "@string/hello_world"  />
</RelativeLayout>
```

RelativeLayout：相对布局。在这个布局里面只有一个 TextView 控件。

android：text = "@ string/hello_world" 表述的是 TextView（文本控件）所要显示的内容。该内容是一个字符串，可在 res/values/strings. xml 中查询得到，文本显示的内容为"Hello world！"。Strings. xml 内容如下：

```
<? xml version = "1.0"  encoding = "utf-8"?  >
<resources >
    <string name = "app_name" >第一个 Android 程序 </string >
    <string name = "action_settings" >Settings </string >
    <string name = "hello_world" >Hello world!  </string >
</resources >
```

2.2.3 Android 程序的调试

DDMS 的全称是 Dalvik Debug Monitor Service，它为我们提供如：为测试设备截屏，针对特定的进程查看正在运行的线程，以及堆信息、Logcat、广播状态信息、模拟电话呼叫、接收 SMS、虚拟地理坐标，等等。DDMS 为 IDE 和 emultor 及真正的 Android 设备架起了一座桥梁。开发人员可通过 DDMS 看到目标机器上运行的进程/现成状态，可以 Android 的屏幕到开发机上，可以看进程的 heap 信息，可以查看 logcat 信息，可以查看进程分配内存情况，可以像目标机发送短信以及打电话，可以像 Android 开发发送地理位置信息，可以像 GDB 一样 attach 某一个进程调试。SDKùtools 目录下提供了 ddms 的完整版，直接双击 ddms. bat 运行即可。下面以 Eclipse 的 DDMS perspective 为例简单介绍 DDMS 的功能。

与 java 的 debug perspective 一样，安装好 adt 后会有一个 DDMS 的 perspective，打开即可。

单击后进入 DDMS 的管理界面，如图 2.16 所示。

比较重要的主要有 Devices，File Explorer，LogCat 等。

Devices：可以查看设备的进程、端口号等信息。

File Explorer：当前模拟器的文件管理界面。该文件系统和真机中的文件系统是一模一样的。

应用程序从 IDE 中执行运行命令到模拟器中显示程序结果的过程中，还有一步将".apk"文件上传到模拟器中安装的过程（见图 2.17）。

上传的 helloworld. apk 文件可以在 data/app 目录中找到。

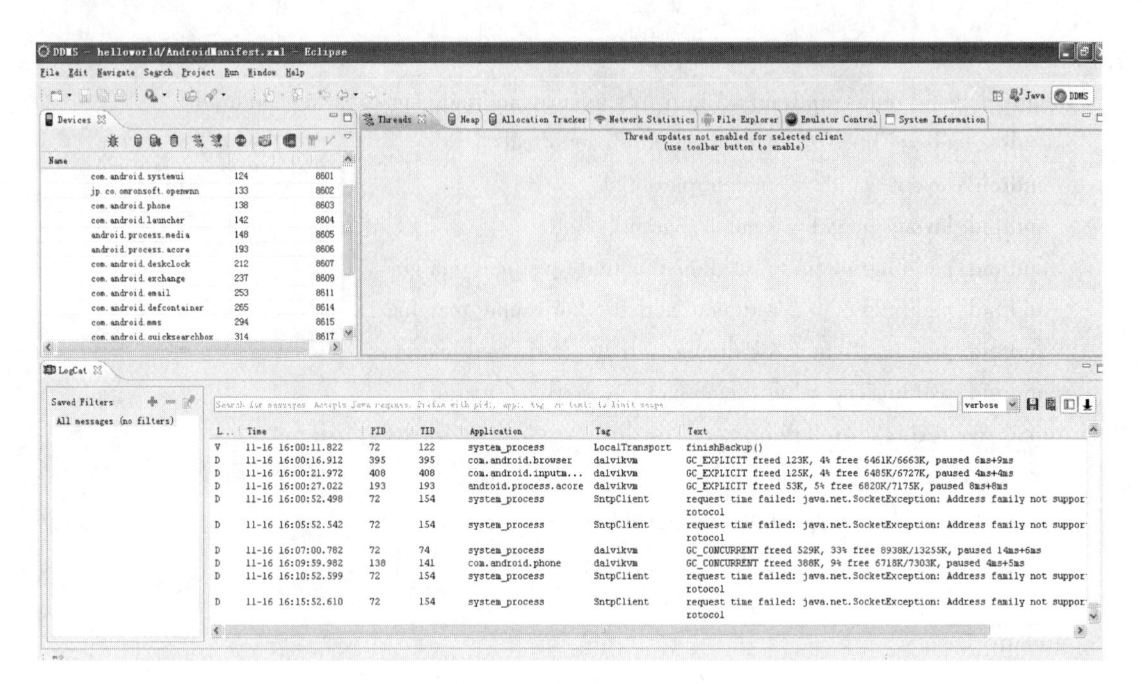

图2.16

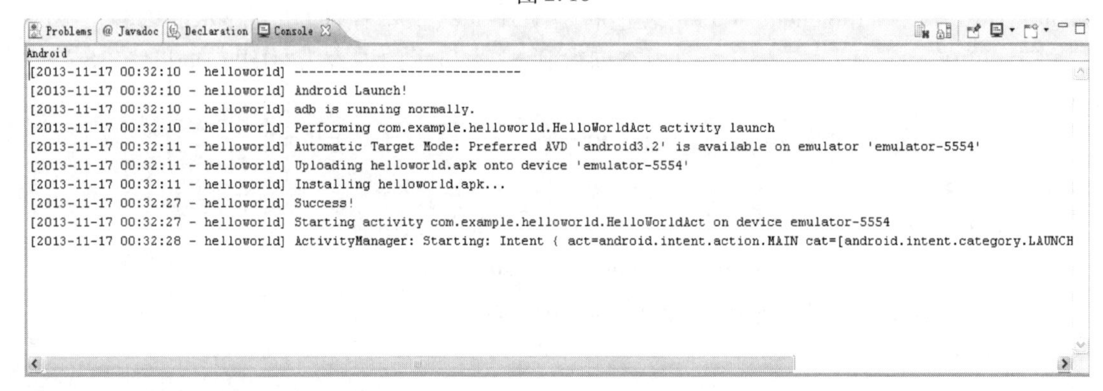

图2.17

LogCat:Android 的日志管理界面如图2.18所示。

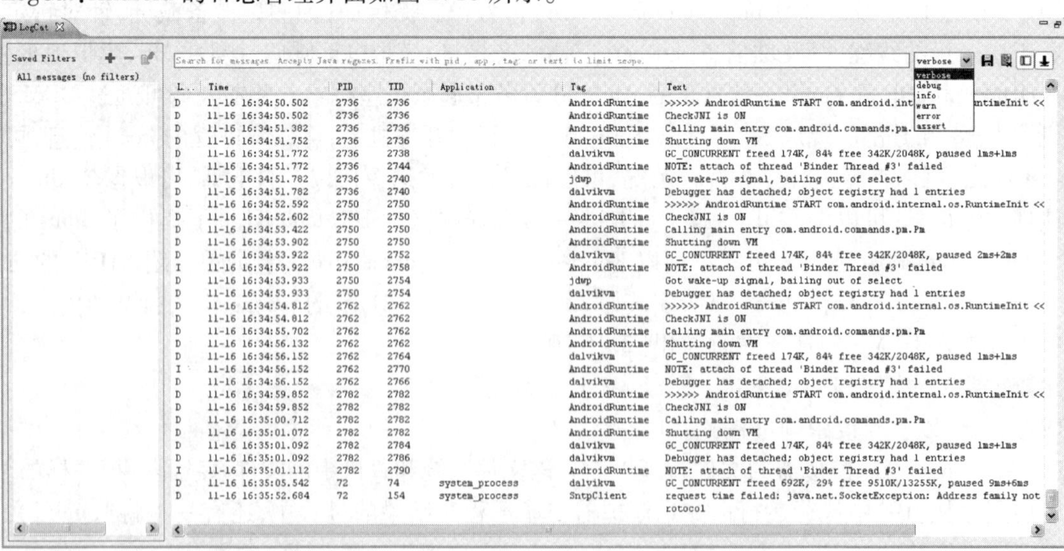

图2.18

由图2.18可知,LogCat中的每一条记录都含有level,time,pid,tid,Tag,text等部分。

Level:表示信息的种类,分为Verbose,Debug,Info,Warn,Erro,assert 6种,前5种最为常见。

Verbose:显示全部信息。

Debug:显示调试信息。

Info:显示一般信息。

Warn:显示警告信息。

Error:显示错误信息。

可通过单击LogCat上面的下拉选项选择所需要输出的日志种类。例如,选择了Warn,那就只有警告信息和错误信息可以显示出来了。

Time:表示执行的时间,这个信息对于学习生命周期,分析程序运行的先后顺序特别有用。

Pid表示程序运行时的进程号。

Tag标签通常表示系统中的一些进程名,如运行helloworld程序的话,就会看到activitymanager在运行。

Text表示进程运行时的一些具体信息,如运行helloworld程序的话,就会看到starting activity…helloWorld的字样。

经过上面一番介绍,相信大家对Android的调试有了一定的了解,现在将helloworld程序添加一些测试信息,帮助大家理解和熟练掌握。

在HelloWorldAct.java的onCreate()中添加相应的测试信息。

```
@Override
protected void onCreate(Bundle savedInstanceState) {
   Log.d("com.broadengate", "test first project Helloworld!");
   Log.d("com.broadengate", "begin!");
   Log.i("com.broadengate", "info is show");
   Log.d("com.broadengate", "debug is show");
   Log.w("com.broadengate", "warn is show");
   Log.e("com.broadengate", "error is show");
    super.onCreate(savedInstanceState);
    setContentView(R.layout.activity_hello_world);
}
@Override
public boolean onCreateOptionsMenu(Menu menu) {
      // Inflate the menu; this adds items to the action bar if it is present.
      getMenuInflater().inflate(R.menu.hello_world, menu);
      return true;
}
```

重新运行项目,查看LogCat,如图2.19所示。

选择"info"等选项可以看到相应的信息。

很多同学都习惯使用System.out.println(),在LogCat的日志管理里面提供了用户自定义过滤器的设置。我们仍在HelloWorldAct.java的onCreate()中添加相应的测试信息。

```
@Override
protected void onCreate(Bundle savedInstanceState) {
   Log.d("com.broadengate", "test first project Helloworld!");
```

```
Log.d("com.broadengate", "begin!");
Log.i("com.broadengate", "info is show");
Log.d("com.broadengate", "debug is show");
Log.w("com.broadengate", "warn is show");
Log.e("com.broadengate", "error is show");
System.out.println("System begin");
System.out.println("System is show!");
  super.onCreate(savedInstanceState);
  setContentView(R.layout.activity_hello_world);
}
```

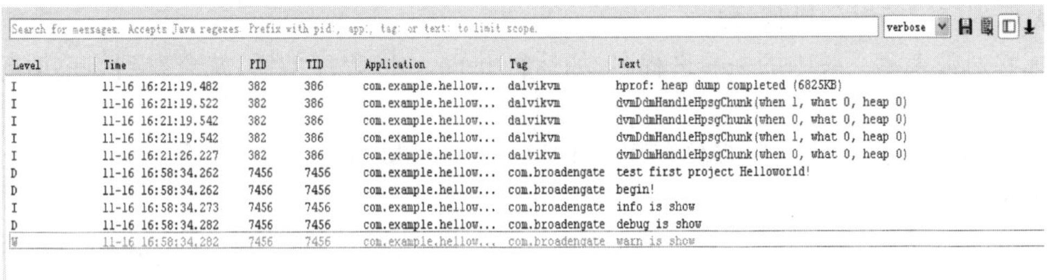

Search for messages. Accepts Java regexes. Prefix with pid:, app:, tag: or text: to limit scope. verbose

Level	Time	PID	TID	Application	Tag	Text
I	11-16 16:21:19.482	382	386	com.example.hellow...	dalvikvm	hprof: heap dump completed (6825KB)
I	11-16 16:21:19.522	382	386	com.example.hellow...	dalvikvm	dvmDdmHandleHpsgChunk(when 1, what 0, heap 0)
I	11-16 16:21:19.542	382	386	com.example.hellow...	dalvikvm	dvmDdmHandleHpsgChunk(when 0, what 0, heap 0)
I	11-16 16:21:19.542	382	386	com.example.hellow...	dalvikvm	dvmDdmHandleHpsgChunk(when 1, what 0, heap 0)
I	11-16 16:21:26.227	382	386	com.example.hellow...	dalvikvm	dvmDdmHandleHpsgChunk(when 0, what 0, heap 0)
D	11-16 16:58:34.262	7456	7456	com.example.hellow...	com.broadengate	test first project Helloworld!
D	11-16 16:58:34.262	7456	7456	com.example.hellow...	com.broadengate	begin!
I	11-16 16:58:34.273	7456	7456	com.example.hellow...	com.broadengate	info is show
D	11-16 16:58:34.282	7456	7456	com.example.hellow...	com.broadengate	debug is show
W	11-16 16:58:34.282	7456	7456	com.example.hellow...	com.broadengate	warn is show

图 2.19

重新运行,如图 2.20 所示。

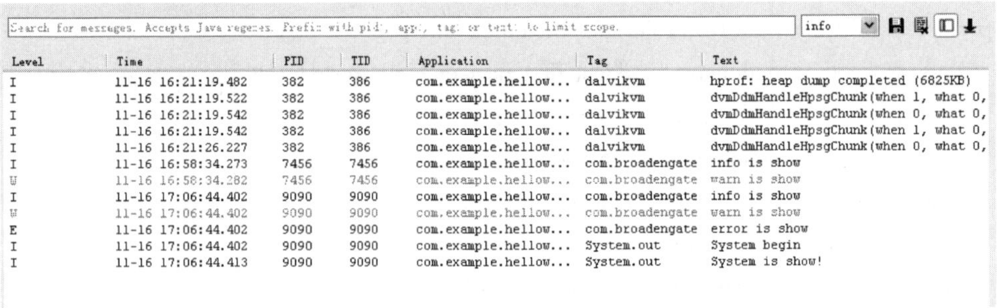

Search for messages. Accepts Java regexes. Prefix with pid:, app:, tag: or text: to limit scope. info

Level	Time	PID	TID	Application	Tag	Text
I	11-16 16:21:19.482	382	386	com.example.hellow...	dalvikvm	hprof: heap dump completed (6825KB)
I	11-16 16:21:19.522	382	386	com.example.hellow...	dalvikvm	dvmDdmHandleHpsgChunk(when 1, what 0,
I	11-16 16:21:19.542	382	386	com.example.hellow...	dalvikvm	dvmDdmHandleHpsgChunk(when 0, what 0,
I	11-16 16:21:19.542	382	386	com.example.hellow...	dalvikvm	dvmDdmHandleHpsgChunk(when 1, what 0,
I	11-16 16:21:26.227	382	386	com.example.hellow...	dalvikvm	dvmDdmHandleHpsgChunk(when 0, what 0,
I	11-16 16:58:34.273	7456	7456	com.example.hellow...	com.broadengate	info is show
W	11-16 16:58:34.282	7456	7456	com.example.hellow...	com.broadengate	warn is show
I	11-16 17:06:44.402	9090	9090	com.example.hellow...	com.broadengate	info is show
W	11-16 17:06:44.402	9090	9090	com.example.hellow...	com.broadengate	warn is show
E	11-16 17:06:44.402	9090	9090	com.example.hellow...	com.broadengate	error is show
I	11-16 17:06:44.402	9090	9090	com.example.hellow...	System.out	System begin
I	11-16 17:06:44.413	9090	9090	com.example.hellow...	System.out	System is show!

图 2.20

如果存在大量的日志信息的话,想查看 System.out 打印的信息确实不方便,可以自定义日志过滤器。单击图 2.21 中的绿色的"+",为你的过滤器起一个 Name 以及配置过滤的规则。可以根据信息的 Tag,Text,Pid 及 Application 的名称等条件来过滤(见图 2.21)。

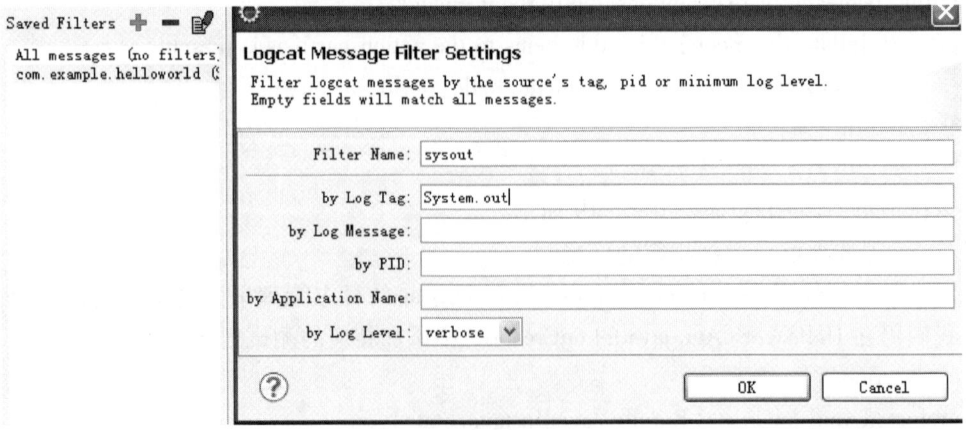

Saved Filters
All messages (no filters)
com.example.helloworld

Logcat Message Filter Settings
Filter logcat messages by the source's tag, pid or minimum log level.
Empty fields will match all messages.
Filter Name: sysout
by Log Tag: System.out
by Log Message:
by PID:
by Application Name:
by Log Level: verbose
OK Cancel

图 2.21

单击“Ok”按钮，即可得到所需要显示的调试信息（见图2.22）。

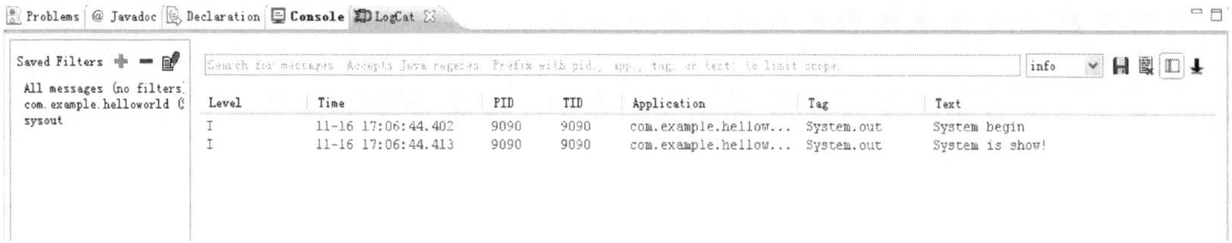

图2.22

2.3 Android控件及布局

目前人们学习以及日常生活中使用的Android应用程序的人机交互界面其实是由很多的Android的UI控件来组成的。例如，在前面我们写过的helloworld项目，在模拟器中输出的“HelloWorld”其实就是一个文本控件（TextView）。本章节将对Android提供的一些基本组件进行介绍。

2.3.1 简单控件

（1）TextView（**文本框**）

在Android中，TextView主要用于在屏幕上显示文本。与Java中的文本框组件不同，TextView相当于Java中的标签（JLable）。TextView可支持多行文本输出，此外在TextView中也可显示带图片的文本内容。

在Android中，可使用两种方式向屏幕中添加文本框：通过在布局文件中使用<TextView>进行添加；在.java文件通过new对象得到。

通过<TextView>在XML布局文件中添加文本框。

其基本的语法格式如下：

```
<TextView
  属性列表
>
</TextView>
```

TextView支持的常用XML属性如下：

Android:autoLink：用于指定是否将指定格式的文本转换为可单击的超链接形式，其属性值有none，web，email，map和all。

Android:drawableBottom：用于在文本框内文本的底端绘制指定图像，该图像可以是放在res/drawable目录下的图片，通过“@drawable/文件名”来设置。

Android:drawableLeft：用于在文本框内文本的左侧绘制指定图像，该图像可以是放在res/drawable目录下的图片，通过“@drawable/文件名”来设置。

Android:drawableRight：用于在文本框内文本的右侧绘制指定图像，该图像可以是放在res/drawable目录下的图片，通过“@drawable/文件名”来设置。

Android:drawableTop：用于在文本框内文本的顶端绘制指定图像，该图像可以是放在res/drawable目录下的图片，通过“@drawable/文件名”来设置。

Android:gravity：用于设置文本框内文本的对齐方式，可选值有top，bottom，left，right，center_vertical,fill_vertical,center_horizontal,fill_horizontal,center,fill,clip_vertical 和 clip_horizontal 等。这些值也可同时指定,各属性值之间用竖线隔开。

Android:hint:用于设置文本框内容为空时,默认显示的提示文本。

Android:inputType:用于指定当前文本框显示内容的文本类型,可选值有 textPassword,text EmailAddress,phone 和 data 等,可同时指定多个,使用“|”分隔。

Android:singleLine:用于指定该文本框是否为单行模式,其属性值为“true”或“false”。

Android:text:用于指定该文本中显示的文本内容,可直接在该属性值中指定,也可通过在 strings.xml 文件中定义文本常量的方式指定。

Android:textColor:用于设置文本框内文本的颜色,其属性值可以是#rgb,#argb,#rrggbb 等。

Android:textSize:用于设置文本框内文本的字体大小。

Android:width:用于指定文本的宽度,以像素为单位。

Android:heigth:用于指定文本的高度,以像素为单位。

下面给出一个通过 XML 布局文件添加文本框的实例。

- 布局文件 main. xml

```
<? xml version = "1.0" encoding = "utf - 8"? >
<TextView
    android:layout_width = "fill_parent"
    android:layout_height = "wrap_content"
    android:text = "Hello,这就是我"
    />
```

- 源文件 Textview_exampleActivity. java

```
public void onCreate(Bundle savedInstanceState)
{
    super. onCreate(savedInstanceState);
    setContentView(R. layout. main);
    /* * 在程序中创建 TextView */
    TextView textView = new TextView(this);
    textView. setText("Hello,这就是我");
    setContentView(textView);
}
```

其运行结果如图 2.23 所示。

图 2.23

在.java 文件通过 new 对象的方式实现的 TextView。

- 布局文件 main.xml

```
<? xml version = "1.0" encoding = "utf-8"? >
<LinearLayout xmlns:android = "http://schemas.android.com/apk/res/android"
    android:layout_width = "fill_parent"
    android:layout_height = "fill_parent"
    android:orientation = "vertical" >
</LinearLayout>
```

- 源文件 Textview_exampleActivity.java

```
    /** 在程序中创建 TextView */
      TextView textView = new TextView(this);
      textView.setText("Hello,这就是我");
      setContentView(textView);
```

其运行结果如图 2.24 所示。

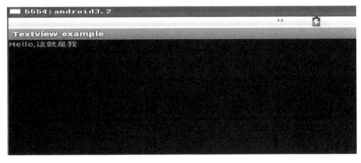

图 2.24

通过两种方式产生的 TextView 显示的结果是相同的。在实际的开发过程中,一般采用 XMl 布局的方式来实现。

(2)EditText(**编辑框**)

在 Android 中,EditText 主要用于在屏幕上显示文本输入框,这与 Java 中的文本框组件功能类似。Android 中的 EditText 可输入单行文本,也可输入多行文本,还可输入指定格式的文本(如密码、电话号码、E-mail 等)。

EditText 使用的基本语法格式如下:

```
<EditText
    属性列表
> </EditText>
```

EditText 类是 TextView 类的子类,因此 TextView 的 XML 也同样适用于 EditText。

在屏幕中添加 EditText 后,还需要获取 EditText 中输入的内容,可通过调用其提供的 getText()方法来实现。

例如,main.xml 中有这样的一个 EditText 控件:

```
    <EditText
        android:id = "@ + id/edit"
```

```
        android:layout_width = "fill_parent"
        android:layout_height = "wrap_content"
        android:singleLine = "true"
        android:drawableLeft = "@drawable/ic_launcher"
        android:text = "@string/hello" />
```

其中,android:id 是这个 EditText 控件的 ID。想要获取该控件的内容,先必须通过控件的 Id 来获取该控件的对象。获得控件对象可通过 Activity 提供的 findViewById(int)方法来实现。

- 源文件 Edittext_exampleActivity. java

```
    @Override
    public void onCreate(Bundle savedInstanceState)
    {
        super.onCreate(savedInstanceState);
        setContentView(R.layout.main);
        findView();
    }
  private void findView()
  {
        //TODO Auto-generated method stub
        editText = (EditText) findViewById(R.id.edit);
        Log.d("-------------", editText.getText().toString());
  }
```

findView()方法总通过 indViewById(R. id. edit)来得到 EditText 组件。其后通过调用 getText()得到其内容。

其运行结果如图 2.25 所示。

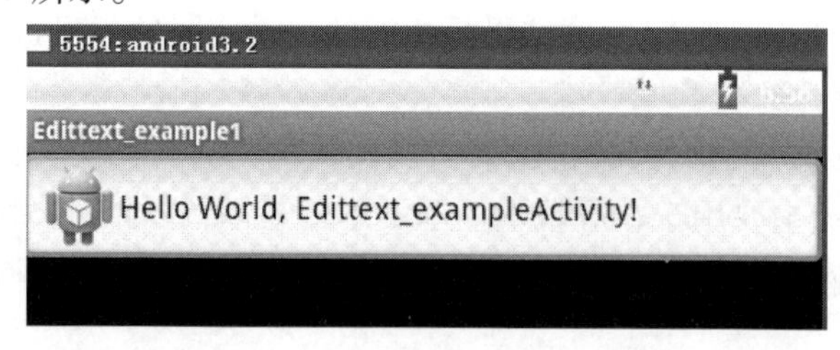

图 2.25

日志输出界面如图 2.26 所示。

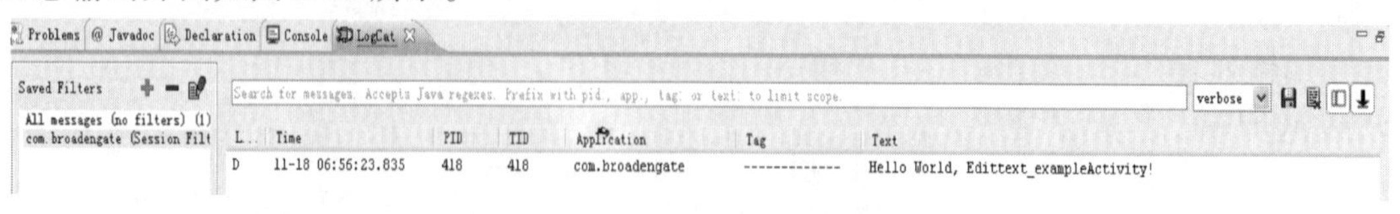

图 2.26

(3) Button(**按钮**)

Button 组件用于在 UI 界面上生成一个可以单击的按钮。当用户单击按钮时,将会触发一个 OnClick事件,可通过为按钮添加单击事件监听指定所要触发的动作。

Button 控件的基本语法格式如下:

```
<Button
```

```
  控件属性
> </Button >
```

点击事件的基本语法格式如下：

```
Button 对象. setOnClickListener( new OnClickListener( ) {
                @ Override
                public void onClick( View v) {
                }
            } );
```

上述 Button 单击事件的完成是通过匿名内部类的方式来实现的。在今后的学习和工作中,这样的方式会非常常见。

下面给出一个关于 Button 用法的例子。

- 布局文件 main. xml

```
<? xml version = "1.0"  encoding = "utf - 8"?  >
    < EditText
        android:id = "@  + id/EditText01"
        android:layout_width = "fill_parent"
        android:layout_height = "wrap_content"
        android:singleLine = "false" >
  </EditText >
  < Button
        android:text = "点击"
        android:id = "@  + id/Button01"
        android:textSize = "35dip"
        android:layout_width = "wrap_content"
        android:layout_height = "wrap_content" >
  </Button >
```

- 源文件 Button_exampleActivity. java

```
private void addListenerEvent( ) {
    // TODO Auto-generated method stub
    but. setOnClickListener( new OnClickListener( ) {
        @ Override
        public void onClick( View v) {
            et. setText( "你点击了按钮!" );
            Toast. makeText( Button_exampleActivity. this, "点击了按钮!", Toast. LENGTH_
SHORT). show( );
        }
    } );
}
```

单击按钮后的界面,如图 2.27 所示。

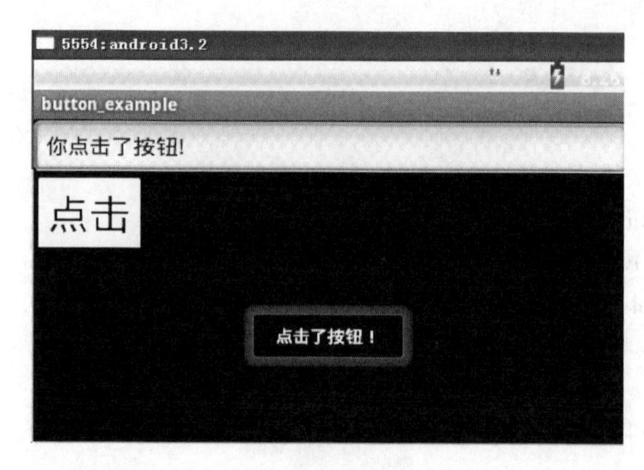

图 2.27

(4)RadioButton(**单选按钮**)

在默认情况下,单选按钮显示为一个圆形图标,并且在该图标旁边放置一些说明性文字,在程序中,一般将多个单选按钮放置在按钮组中,使这些单选按钮表现出某种功能。当用户选中某个单选按钮后,按钮中的其他组件将被自动取消选中状态。RadioButton 类是 Button 类的子类,可直接使用Button所支持的各种属性。

RadioButton 的基本语法格式如下:

```
<RadioButton
控件属性>
<RadioButton>
```

其中,有一项属性 android:checked 用于指定选中的状态,属性值为 true 时,表示选中。属性值为 false 时,表示取消选中,默认为 false。

一般情况下,RadioButton 需要与 RadioGroup 组件一起使用,组成一个单选按钮组。基本语法格式如下:

```
<RadioGroup
      控件属性
    <RadioButton
      控件属性
    </RadioButton>
    <RadioButton
      控件属性
    </RadioButton>
</RadioGroup>
```

下面用一个例子来讲述 RadioButton 控件的使用。

• 布局文件 main.xml

```
<? xml version = "1.0"  encoding = "utf-8"?  >
        <RadioGroup
            android:id = "@ +id/RadioGroup01"
            android:orientation = "vertical"
            android:layout_width = "wrap_content"
```

```
        android:layout_height = "wrap_content" >
        < RadioButton
            android:text = "@ string/male"
            android:id = "@ + id/male"
            android:checked = "true"
            android:layout_width = "wrap_content"
            android:layout_height = "wrap_content" >
        </RadioButton >
        < RadioButton
            android:text = "@ string/female"
            android:id = "@ + id/female"
            android:layout_width = "wrap_content"
            android:layout_height = "wrap_content" >
        </RadioButton >
    </RadioGroup >
```

• 源文件 RadioButton_example2Activity. java

```
    private void addListennerEvent( ) {
      //TODO Auto-generated method stub
      rg. setOnCheckedChangeListener( new RadioGroup. OnCheckedChangeListener( ) {

          @ Override
          public void onCheckedChanged( RadioGroup group, int checkedId) {
              //TODO Auto-generated method stub
              if( rb. getId( ) == checkedId) {
                  Toast. makeText ( RadioButton _ example2Activity. this, rb. getText ( ), Toast.
LENGTH_LONG). show( ) ;
                  et. setText( "" ) ;
                  et. setText( str + rb. getText( ). toString( ) ) ;
              } else {
                  Toast. makeText ( RadioButton _ example2Activity. this, rbf. getText ( ), Toast.
LENGTH_LONG). show( ) ;
                  et. setText( "" ) ;
                  et. setText( str + rbf. getText( ). toString( ) ) ;
          } } } ) ; }
```

单击单选框后,其结果如图 2.28 所示。

(5) checkBox(**多选框**)

在默认情况下,多选框显示为一个方块图标,并且在该图标旁边放置一些说明性文字。与单选按钮唯一不同的是,多选框可进行多项设置,每一个多选框都提供“选中”和“不选中”两种状态。

checkBox 的基本语法格式如下:

```
< CheckBox
```

图 2.28

```
   控件属性
> </checkBox>
```

判断多选框是否被选中,可调用 isChecked()方法来判断。

下面通过一个例子来讲述 CheckBox 控件的使用。

- 布局文件 main.xml

```
<? xml version = "1.0" encoding = "utf - 8"? >
        <EditText
            android:id = "@ +id/EditText01"
            android:layout_width = "fill_parent"
            android:layout_height = "wrap_content"
            android:singleLine = "false" >
        </EditText>
        <CheckBox
            android:text = "唱歌"
            android:id = "@ +id/CheckBox01"
            android:textSize = "35dip"
            android:layout_width = "wrap_content"
            android:layout_height = "wrap_content" >
        </CheckBox>
        <CheckBox
            android:text = "游泳"
            android:id = "@ +id/CheckBox02"
            android:textSize = "35dip"
            android:layout_width = "wrap_content"
            android:layout_height = "wrap_content" >
        </CheckBox>
        <CheckBox
            android:text = "写安卓程序"
            android:id = "@ +id/CheckBox03"
```

```
        android:textSize = "35dip"
        android:layout_width = "wrap_content"
        android:layout_height = "wrap_content" >
    </CheckBox >
    < Button
        android:text = "确定"
        android:id = "@ + id/Button01"
        android:textSize = "35dip"
        android:layout_width = "wrap_content"
        android:layout_height = "wrap_content" >
    </Button >
```

● 源文件 CheckBox_exampleActivity. java

```
    private void addListenerEvent( ) {
        // TODO Auto-generated method stub
        but. setOnClickListener( new OnClickListener( ) {
            @ Override
            public void onClick( View v) {
                result = "你的选择为:";
                et. setText( "" );
                if( cb1. isChecked( ) ) {
                    result += "唱歌";
                } if( cb2. isChecked( ) ) {
                    result += "游泳";
                } if( cb3. isChecked( ) ) {
                    result += "写安卓程序\n";}
                et. setText( result. toString( ). trim( ) );    }} );
    }
```

选择多选框,其运行结果如图 2.29 所示。

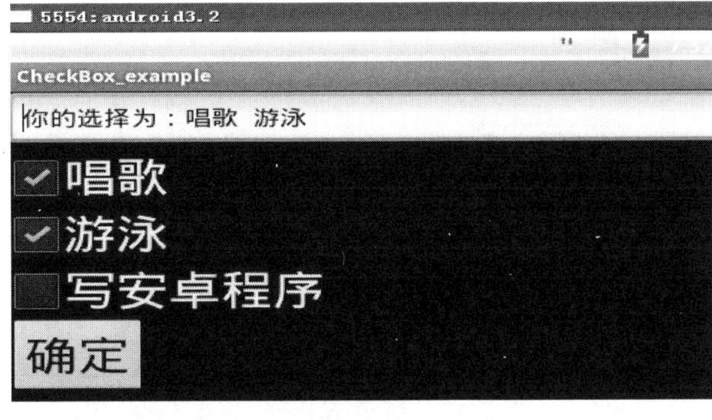

图 2.29

(6) ImageView(**图像视图**)

ImageView 主要用户在屏幕中显示任何 Drawable 对象,通常用来显示图片。

ImageView 的基本语法格式如下：

```
<ImageView
  控件属性
> </ImageView>
```

ImageView 所支持的常见 XML 属性如下：

Android:adjustBounds:用于设置 ImageView 是否调整自己的边界来保持所显示图片的长宽比。

AndroidL:maxHeigh:设置 imageView 的最大高度，需要设置 Android:adjustBounds 的属性为 true。

AndroidL:maxWidth:设置 imageView 的最大宽度，需要设置 Android:adjustBounds 的属性为 true。

Android:scaleType:设置所显示的图片如何缩放或移动以适应 ImageView 的大小，其属性值可以是 matrix(使用 matrix 方式进行缩放)、fitXY(对图片横向、纵向独立缩放，缩放后图片纵横比可能会被改变)、fitStart(保持纵横比缩放，缩放后图片显示在 ImageView 的左上角)、fitCenter(保持纵横比缩放，缩放后图片显示在 ImageView 的中央)、center(把图像放在 ImageView 的中间，但不进行任何缩放)。

Android:src 用于设置 ImageView 所显示的 Drawable 对象的 ID。

Android:tint 用于为图片着色，其属性值可以是#rgb,#argb,#rrggbb 或#aarrggbb 等表示的颜色值。

下面通过一个例子来讲述 IamgeView 的用法。

- 布局文件 main. xml

```
<? xml version = "1.0"  encoding = "utf - 8"?  >
        <ImageView
            android:src = "@ drawable/fengjing"
            android:id = "@ +id/iamgeview01"
            其他属性...
            />
            <ImageView
            android:src = "@ drawable/fengjing"
            android:id = "@ +id/iamgeview02"
            android:adjustViewBounds = "true"
其他属性...
            />
```

加载布局文件后，运行结果如图 2.30 所示。

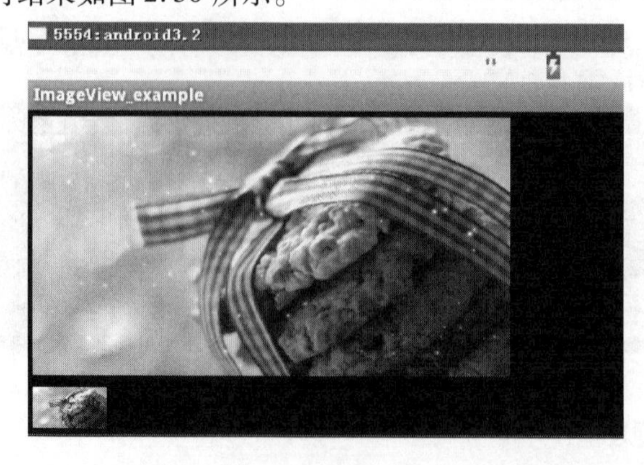

图 2.30

(7) Spinner(**列表选择框**)

Android 中提供的 Spinner(列表选择框)相当于在网页中常见的下拉列表框,通常用于提供一系列可选择的列表项提供给用户进行选择。

Spinner 的基本语法格式如下:

```
<Spinner
控件属性
></Spinner>
```

Spinner 的选项被选中时也需要完成事件监听。监听格式如下:

```
Spinner 对象.setOnItemSelectedListener(new OnItemSelectedListener(){
            //@Override
            public void onItemSelected(AdapterView<?> arg0, View arg1,
                    int arg2, long arg3){//重写选项被选中事件的处理方法
            }
            //@Override
            public void onNothingSelected(AdapterView<?> arg0){}
            }
        );
```

下面用一个例子来讲述 Spinner 控件的用法。

● 布局文件 main.xml

```
<?xml version="1.0" encoding="utf-8"?>
  <Spinner
    android:id="@+id/Spinner01"
    android:layout_width="fill_parent"
    android:layout_height="wrap_content">
  </Spinner>
```

● 源文件 Spinner_exampleActivity.java

```
public class Spinner_exampleActivity extends Activity {
    //private final static int WRAP_CONTENT = -2;//表示 WRAP_CONTENT 的常量
    //所有资源图片(足球、篮球、排球)id 的数组
    private int[]
drawableIds = {R.drawable.football,R.drawable.basketball,R.drawable.volleyball};
    //所有资源字符串(足球、篮球、排球)id 的数组
    private int[] msgIds = {R.string.zq,R.string.lq,R.string.pq};
    private Spinner sp;
    private BaseAdapter ba;

    @Override
    public void onCreate(Bundle savedInstanceState) {
        super.onCreate(savedInstanceState);
```

```
        setContentView(R.layout.main);
        findView();
        addListenerEvent();
    }

    private void addListenerEvent() {
        // TODO Auto-generated method stub
        //设置选项选中的监听器
        sp.setOnItemSelectedListener(new OnItemSelectedListener() {
            //@Override
public void onItemSelected(AdapterView<?> arg0, View arg1,
                int arg2, long arg3) {
//重写选项被选中事件的处理方法
            TextView tv = (TextView)findViewById(R.id.TextView01);
//获取主界面 TextView
LinearLayout ll = (LinearLayout)arg1;
//获取当前选中选项对应的 LinearLayout
TextView tvn = (TextView)ll.getChildAt(1);//获取其中的 TextView
StringBuilder sb = new StringBuilder();//用 StringBuilder 动态生成信息
            sb.append(getResources().getText(R.string.ys));
            sb.append(":");
            sb.append(tvn.getText());
            tv.setText(sb.toString());//信息设置进主界面 TextView
        }
        //@Override
        public void onNothingSelected(AdapterView<?> arg0) { }
        }
        );
    }

    private void findView() {
        //TODO Auto-generated method stub
        //初始化 Spinner
        sp = (Spinner)this.findViewById(R.id.Spinner01);
        //为 Spinner 准备内容适配器
        ba = new BaseAdapter() {
            //@Override
            public int getCount() {
                return 3;//总共 3 个选项
            }
                //省略了其他方法
            @Override
```

```
                public View getView(int arg0, View arg1, ViewGroup arg2) {
                    //具体实现
                }; 
            sp.setAdapter(ba);//为 Spinner 设置内容适配器
        }
}
```

单击篮球选项,结果如图 2.31 所示。

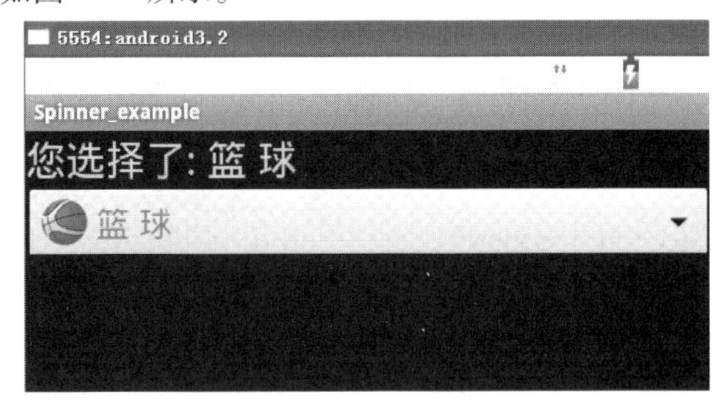

图 2.31

(8)ListView(**列表视图**)

ListView 是 Android 中最常用的一种视图组件,它以垂直列表的形式列出需要显示的列表项。在实际开发过程中,可直接使用 ListView 组件来创建,也可让 Activity 集成 ListView 的方式来实现。两种方式并没有高下之分,运行的结果也是完全一样。本案例只讲述使用 ListView 的组件来创建的方式。

其基本语法格式如下:

```
<ListView
控件属性
> </ListView>
```

ListView 支持的常用 XML 属性如下:

Android:divider:用于为列表视图设置分隔条,既可用颜色分隔,也可使用 Drawable 资源进行分隔。

Android:dividerHeright:用于设置分隔条的高度。

Android:entries:用于通过数组资源为 ListView 指定列表项。

Android:footerDividersEnabled:用于设置是否在 footer View 之前绘制分隔条,默认值为 true,设置为 false 时,表示不绘制。使用该属性时,需要通过 ListView 组件提供的 addFooterView( )方法为 ListView设置 footer View。

Android:headerDividersEnabled:用于设置是否在 header View 之后绘制分隔条,默认值为 true,设置为 false 时,表示不绘制。使用该属性时,需要通过 ListView 组件提供的 addHeaderView( )方法为 ListView设置 header View。

下面通过一个例子来讲述 ListView 的用法。

- 布局文件 main.xml

```
<? xml version = "1.0" encoding = "utf-8"? >
<LinearLayout xmlns:Android = "http://schemas.Android.com/apk/res/Android"
```

```
        android:layout_width = "fill_parent"
        android:layout_height = "fill_parent"
        android:orientation = "vertical"  >
<TextView
            android:id = "@ +id/TextView01"
            android:layout_width = "fill_parent"
            android:layout_height = "wrap_content"
            android:textSize = "24dip"
            android:textColor = "@ color/white"
            android:text = "@ string/hello"
        />
        <ListView
            android:id = "@ +id/ListView"
            android:layout_width = "fill_parent"
            android:layout_height = "wrap_content"
            android:choiceMode = "singleChoice"
        >
        </ListView >
</LinearLayout >
```

• 源文件 ListView_exampleActivity. java

声明 ListView 对象、ListView 的适配器、ListView 中显示的文本信息和图片信息

```
private ListView listView;
private BaseAdapter listViewAdapter;
private int[ ] drawableIds =
{R. drawable. andy,R. drawable. bill,R. drawable. edgar,R. drawable. torvalds,R. drawable. turing};
            //所有资源字符串(andy,bill,edgar,torvalds,turing)id 的数组
private int[ ]
msgIds = {R. string. andy,R. string. bill,R. string. edgar,R. string. torvalds,R. string. turing};
```

初始化 ListView 的适配器

```
private void loadListViewAdapter( ) {
        //TODO Auto-generated method stub
        listViewAdapter = new BaseAdapter( ) {
          @ Override
          public int getCount( ) {
            return 5;
          }
          //省略了其他方法
          @ Override
          public View getView(int arg0, View arg1, ViewGroup arg2) {
            / *
```

```
        * 动态生成每个下拉项对应的 View,每个下拉项 View 由 LinearLayout
        * 中包含一个 ImageView 及一个 TextView 构成
        */
        //具体实现
      };
      listView. setAdapter(listViewAdapter);
  }
```

为 ListView 的 Item 添加滑动事件以及点击事件

```
private void addListenerEvent() {
    //TODO Auto-generated method stub
    //设置选项选中的监听器
listView. setOnItemSelectedListener(new OnItemSelectedListener() {
        //@ Override
        public void onItemSelected(AdapterView<?> arg0, View arg1,
          int arg2, long arg3) {
//重写选项被选中事件的处理方法
            //具体实现
        }
        //@ Override
        public void onNothingSelected(AdapterView<?> arg0) { }
        }
    );
    //设置选项被单击的监听器
    listView. setOnItemClickListener(new OnItemClickListener() {
      //@ Override
public void onItemClick(AdapterView<?> arg0, View arg1, int arg2,
          long arg3) {//重写选项被单击事件的处理方法
        //具体实现
  }
```

其运行结果如图 2.32 所示。

图 2.32

2.3.2 高级控件

(1)ProgressBar(进度条)

当一个应用在后台执行时,前台界面不会有任何,这时用户根本不知道程序是否在执行以及执行进度等,因此需要使用进度条来提示程序执行的进度。在 Android 中,进度条(ProgressBar)用于向用户显示某个耗时操作完成的百分比。

其基本语法格式如下:

```
  < ProgressBar
    属性列表
>
</ ProgressBar >
```

ProgressBar 组件支持的 XML 属性如下:

android:max　　用于设置进度条的最大值

android:progress　　用于指定进度条已完成的进度值

android:progressDrawable　　用于设置进度条轨道的绘制形式

下面通过一个例子来讲述 ProgressBar 的用法。

● 布局文件 main. xml

```
<? xml version = "1.0" encoding = "utf -8"?  >
     <! -- style = "? Android:attr/progressBarStyleHorizontal" -->
     <ProgressBar Android:id = "@ +id/p00_progress"
     style = "? Android:attr/progressBarStyle"
     android:layout_width = "wrap_content"
     android:layout_height = "wrap_content"
     android:visibility = "gone"
     />
```

● 源文件 ProgressBar_exampleActivity. java

```
     private void addListennerEvent() {
        // TODO Auto-generated method stub
        bok. setOnClickListener(new Button. OnClickListener() {
           @ Override
           public void onClick(View v) {
               progressBar. setVisibility(View. VISIBLE);
               new Thread() {
                   public void run() {
                        try {
                            init();
                            Thread. sleep(100);

                        } catch (Exception e) {
                            e. printStackTrace();
```

```
                    }
                }
            }.start();
        }
    });
}
private class ClientGUIHandler extends Handler{
    public void handleMessage(Message msg) {
        super.handleMessage(msg);
        int value = msg.getData().getInt("Value");
        String text = msg.getData().getString("Text");
        ProgressBar_exampleActivity.this.setProgressValue(value);
        ProgressBar_exampleActivity.this.setProgressText(text);

    }
}
@SuppressWarnings("unused")
private void sendMessage(int value,String text){
    Message msg = new Message();
    Bundle bun = new Bundle();
    bun.putInt("Value", value);
    bun.putString("Text", text);
    msg.setData(bun);
    hd.sendMessage(msg);
}
```

其运行结果(旋转类型进度条)如图 2.33 所示。

图 2.33

将 main.xml 中的进度条样式调整如下:

```
<ProgressBar android:id="@+id/p00_progress"
    style="?android:attr/progressBarStyleHorizontal"
    android:layout_width="fill_parent"
    android:layout_height="wrap_content"
    android:visibility="gone"
    />
```

其运行结果(水平进度条)如图 2.34 所示。

图 2.34

(2)Seek Bar(**拖动条**)

拖动条与进度条类似,所不同的是,拖动条允许用户拖动滑块来改变值,通常用于实现对某种数值的调节。例如,调节图片的透明度或是音量等。

在 Android 中,如果想在屏幕中添加拖动条,可在 XML 布局中通过 <SeekBar> 标记添加。其基本语法格式如下:

```
<SeekBar
        android:layout_height = "wrap_content"
        android:id = "@ +id/seekBar1"
        android:layout_width = "match_parent" >
</SeekBar>
```

SeekBar 组件允许用户改变滑块的外观,这可以使用 android:thumb 属性实现,该属性的属性值为一个 Drawable 对象,该 Drawable 对象将作为自定义滑块。

由于拖动条可以被用户控制,所以需要为其添加 OnSeekBarChangeListener 监听器,基本代码如下:

```
Seekbar. setOnSeekBarChangeListener( new OnSeekBarChangeListener( ) {
        @ Override
        public void onStopTrackingTouch( SeekBar seekBar) {
                //要执行的代码
        }
        @ Overoid
        public void onStopTrackingTouch( SeekBar seekBar) {
            //要执行的代码
        }
        @ Overoid
        public void onProgressChanged( SeekBar seekBar, int progress, Boolean fromUser) {
                //要执行的代码
        }
});
```

下面通过一个例子来讲述拖动条的用法。

- 布局文件 main. xml

```
<? xml version = "1.0" encoding = "utf -8"? >
     <SeekBar
          android:id = "@ +id/SeekBar01"
```

```
        android:layout_width = "fill_parent"
        android:layout_height = "wrap_content" >
    </SeekBar>
```

- 源代码 SeekBar_exampleActivity. java

```
    private void addListennerEvent() {
      //普通拖拉条被拉动的处理代码
      sb.setOnSeekBarChangeListener(new SeekBar.OnSeekBarChangeListener() {
        @Override
      public void onProgressChanged(SeekBar seekBar, int progress,
                boolean fromUser) {
            tv.setText("音量大小:" + (int)sb.getProgress());
        }
        @Override
        public void onStartTrackingTouch(SeekBar seekBar) {}
        @Override
        public void onStopTrackingTouch(SeekBar seekBar) {}
        } );}
```

其运行结果如图 2.35 所示。

图 2.35

(3) RantingBar(**星级评分条**)

星级评分条与拖动条类似,都允许用户拖动来改变进度,所不同的是,星级评分条通过星星图案表示进度。通常情况下,使用星级评分条多某一事物的支持度或对某种服务的满意程度等。例如,淘宝网中队卖家的好评度,就是通过星级评分条实现的。

其基本语法格式如下:

```
<RantingBar
        属性列表
>
</ RantingBar>
```

RantingBar 组件支持的 XMl 属性如下:

android:isIndicator	用于指定星级评分条是否允许用户改变,true 为不允许改变
android:numStars	用于指定该星级评分条总共有多少个星
android:rating	用于指定该星级评分条默认的星级
android:stepSize	用于指定每次最少改变多少个星级,默认为 0.5 个

星级评分条还提供了以下3个比较常用的方法:

getRating()方法:用于获取等级,表示选中了几颗星。

getStepSize():用于获取每次最少要改变多少个星级。

getProgress()方法:用于获取进度,获取到的进度值为getRating()方法的返回值与getStepSize()方法返回值之积。

下面根据一个例子来讲述星级评分条的用法。

● 布局文件 main.xml

```
<? xml version = "1.0" encoding = "utf-8"? >
    <RatingBar
        android:id = "@ +id/RatingBar01"
        android:layout_width = "wrap_content"
        android:layout_height = "wrap_content" >
    </RatingBar>
```

● 源文件 RatingBar_exampleActivity.java

```
    private void addListenerEvent() {
        //TODO Auto-generated method stub
rb.setOnRatingBarChangeListener(new RatingBar.OnRatingBarChangeListener() {
    public void onRatingChanged(RatingBar ratingBar, float rating,boolean fromUser) {
            tv.setText("您的打分为:" + (float)rb.getRating() + "分");
        }});}
```

其运行结果如图2.36所示。

图2.36

(4) GridView(**网格视图**)

GridView是按照行、列分布的方式来显示多个组件,通常用于显示图片或是图标等。

其基本语法如下:

```
< GridView
    属性列表
>
</ GridView>
```

android:column Width	用户与设置列的宽度
android:gravity	用于设置对齐方式
android:horizontalSpacing	用于设置个元素之间的水平间距
android:numColumns	用于设置列数,其属性值通常为大于1的值,如果只有一列,那么最好使用ListView实现

android:stretchMode	用于实现拉伸模式,其中属性值可以是 none(不拉伸)、spacingWidth(仅拉伸元素之间的间距)、columnWidth(仅拉伸表格元素本身)或 spacingWidthUniform(表格元素本身、元素之间的间距一起拉伸)
android:verticalSpacing	用于设置各元素之间的垂直间距

GridView 与 ListView 类似,都需要通过 Adapter 来提供要显示的数据。在使用 GridView 组件时,通常使用 SimpleAdapter 或者 BaseAdapter 类为 GridView 组件提供数据。

下面根据一个例子来讲述 GridView 的用法。

- 布局文件 main. xml

```
<?xml version="1.0" encoding="utf-8"?>
    <GridView
    android:id="@+id/GridView01"
    android:layout_width="fill_parent"
    android:layout_height="fill_parent"
    android:verticalSpacing="5dip"
    android:horizontalSpacing="5dip"
    android:stretchMode="columnWidth"
    >
    </GridView>
```

Grild_row. xml

```
<?xml version="1.0" encoding="utf-8"?>
    <ImageView
        android:id="@+id/ImageView01"
        android:scaleType="fitXY"
        android:layout_width="100dip"
        android:layout_height="98dip"
>
</ImageView>
<TextView
    android:id="@+id/TextView02"
    android:layout_width="100dip"
    android:layout_height="wrap_content"
    android:textColor="@color/white"
    android:textSize="24dip"
    android:paddingLeft="5dip"
>
</TextView>
<TextView
    android:id="@+id/TextView03"
    android:layout_width="wrap_content"
    android:layout_height="wrap_content"
```

```
        android:textColor="@color/white"
        android:textSize="24dip"
        android:paddingLeft="5dip"
    >
    </TextView>
```

• 源文件 GridView_exampleActivity. java

```
public class GridView_exampleActivity extends Activity {
        //所有资源图片(andy,bill,edgar,torvalds,turing)id 的数组
        private int[] drawableIds =
{R.drawable.andy,R.drawable.bill,R.drawable.edgar,R.drawable.torvalds,R.drawable.turing};
        //所有资源字符串(andy,bill,edgar,torvalds,turing)id 的数组
        private int[] nameIds =
{R.string.andy,R.string.bill,R.string.edgar,R.string.torvalds,R.string.turing};
        private int[] msgIds =
        {R.string.andydis,R.string.billdis,R.string.edgardis,
        R.string.torvaldsdis,R.string.turingdis
        };
        //创建一个 List
        public List<? extends Map<String, ?>> generateDataList(){
        ArrayList<Map<String,Object>>list =
                        new ArrayList<Map<String,Object>>();
int rowCounter = drawableIds.length;//得到表格的行数
                    for(int i=0;i<rowCounter;i++)
                    {//循环生成每行的包含对应各个列数据的 Map;col1,col2,col3 为列名
        HashMap<String,Object> hmap = new HashMap<String,Object>(); //创建 HashMap
            hmap.put("col1", drawableIds[i]);                        //第一列为图片
            hmap.put("col2", this.getResources().getString(nameIds[i]));//第二例为姓名
            hmap.put("col3", this.getResources().getString(msgIds[i])); //第三列为描述
            list.add(hmap);//将 HashMap 添加进 List 中
        }
        return list;
    }
    private GridView gv;
    private SimpleAdapter sc;

    @Override
    public void onCreate(Bundle savedInstanceState)
    {
        super.onCreate(savedInstanceState);
        setContentView(R.layout.main);                              //切屏到主界面
        findView();
```

```
        addListenerEvent( ) ;
    }
    private void addListenerEvent( ) {
        //TODO Auto-generated method stub
        //设置选项选中的监听器
gv. setOnItemSelectedListener( new OnItemSelectedListener( ) {
            @ Override
    public void onItemSelected( AdapterView < ?  > arg0, View arg1,
                int arg2, long arg3) {
//重写选项被选中事件的处理方法
            );
            //设置选项被单击的监听器
    gv. setOnItemClickListener( new OnItemClickListener( ) {
                @ Override
    public void onItemClick ( AdapterView < ?  > arg0, View arg1, int arg2,
                    long arg3) {
                //具体实现
                }); }
```

其运行结果如图2.37所示。

图2.37

(5) AlertDialog(**对话框**)

AlertDialog 类的功能非常强大,它不仅可生成带按钮的提示对话框,还可生产带列表的列表对话框,概括起来有以下4种:

①带确定、中立和取消等 N 个按钮的提示对话框,其中的按钮个数不是固定的,可根据需要添加。例如,不需要中立按钮,则可生成只带确定个取消的对话框,也可是只带有一个按钮的对话框。

②带列表的列表对话框。

③带多个单选列表项和 N 个按钮的列表对话框。

④带多个多选列表项和 N 个按钮的列表对话框。

在使用 AlertDialog 类生成对话框时,常用的方法如下:

setTitle(Charsequence title)　　　　用于对话框设置标题

setIcon(Drawable icon)　　用于通过 Drawable 资源对象为对话框设置图标
setIcon(int resId)　　用于通过资源 ID 为对话框设置图标
setMessage(CharSequence message)　　用于提示对话框设置要显示的内容
setButton()　　用于为提示对话框添加按钮,可以是取消按钮、中立和确定按钮。需要通过为其指定 int 类型的 whichButton 参数实现,其参数可以是 DialogInterface. BUTTON_POSITIVE(确定按钮)、BUTTON_NEGATIVE(取消按钮)或者 BUTTON_NEUTRAL(中立按钮)

通常情况下,使用 AlertDialog 类只能生成带 *N* 个按钮的提示对话框,要生成另外 3 种列表对话框,需要使用 AlertDialog. Builded 类,AlertDialog. Builded 类提供的常用方法如下:

setTitle(CharSequence title)　　用于为对话框设置标题
setIcon(Drawable icon)　　用于通过 Drawable 资源对象为对话框设置图标
setIcon(int resId)　　用于通过资源 ID 为对话框设置图标
setMessage(CharSequence message)　　用于为提示对话框设置要现实的内容
setNegativeButton()　　用于为对话框添加取消按钮
setPositiveButton()　　用于为对话框添加确定按钮
setNeutralButton()　　用于为对话框添加中立按钮
setItems()　　用于为对话框添加列表项
setSinglkeChoiceItems()　　用于为对话框添加单选列表项
setMultiChoiceItems()　　用于为对话框添加多选列表项

通过一个例子来讲述对话框的用法。

- 源文件 AlertDialog_exampleActivity. java

```
private void addListenerEvent() {
    //TODO Auto-generated method stub
    button. setOnClickListener(new OnClickListener() {
            @ Override
public void onClick(View v) {
new AlertDialog. Builder(AlertDialog_exampleActivity. this) //创建 AlertDialog
        . setTitle("消息提示")                          //设置标题
        . setMessage("这是一个 AlertDialog!")           //设置消息内容
        . setPositiveButton("确定",
      new DialogInterface. OnClickListener() {          //为确定按钮设置监听
      @ Override
      public void onClick(DialogInterface dialog, int which) {
       //在这里设计当对话按钮单击之后要运行的事件
    System. out. println();
  Toast. makeText(AlertDialog_exampleActivity. this,
            "你点确定了!", Toast. LENGTH_SHORT). show();}
                    }). show();}} );}
```

其运行结果如图 2.38 所示。

图 2.38

2.3.3　基本布局

(1)线性布局

线性布局是将放入其中的组件按照垂直或水平方向来布局,也就是控制放入其中的组件横向或纵向排列。在线性布局中,每一行(针对垂直排列)活每一列(针对水平布局)中住能放一个组件,并且 Android 的线性布局不会换行,当组件排列到窗体的边缘后,后面的组件将不会被显示出来。

在 Android 中,可在 XML 布局文件中定义线性布局管理器,也可使用 Java 代码来创建。在 XML 布局文件中定义线性布局管理器时,需要使用 <LinearLayout>标记,其基本的语法格式如下:

```
<LinearLayout xmlns:Android = http://schemas. Android. com/apk/res/Android
    属性列表
>
</LinearLayout>
```

在线性布局管理器中,常用的属性包括 android:orientation,android:gravity,android:layout_width,android:layout_height,android:id 和 android:background。其中,前两个属性是线性布局管理器支持的属性,后面 4 个是 android. view. View 和 android. view. ViewGroup 支持的属性,下面详细介绍。

1)android:orientation 属性

android:orientation 属性用于设置布局管理器内组件的排列方式,其可选值为 horizontal 和 vertical 默认值为 vertical。其中,horizontal 表示水平排列;vertical 表示垂直排列。

2)android:gravity 属性

android:gravity 属性用于设置布局管理器内组件的对齐方式,其可选值包括 top,bottom,left,right,center_vertical,fill_vertical,center_horizontal,center,fill,clip_vertical 和 clip_horizontal。这些属性值也可以同时指定,各属性值之间用竖线隔开。例如,要指定组件依靠右下角对齐,可使用属性值 right|bottom。

3)android:layout_width 属性

android:layout_width 属性用于设置组件的基本宽度,其可选值包括 fill_parent,match_parent 和 wrap_content。其中,fill_parent 表示该组件的宽度与父容器的宽度相同;match_parent 与 fill_parent 的作用完全相同,从 Android 2.2 开始推荐使用;wrap_content 表示该组件的宽度恰好能包裹它的内容。

4)android:layout_height 属性

android:layout_height 属性用于设置组件的基本高度,其可选值包括 fill_parent,match_parent 和 wrap_content。其中,fill_parent 表示该组件的高度与父容器的高度相同;match_parent 与 fill_parent 的

作用完全相同,从 Android 2.2 开始推荐使用;wrap_content 表示该组件的高度恰好能包裹它的内容。

5) Android:id 属性

android:id 属性用于为当前组件指定一个 id 属性,在 Java 代码中可应用该属性单独引用这个组件。为组件指定 id 属性后,在 R. java 文件中,会自动派生一个对应的属性,在 Java 代码中,可通过 findViewBuId( )方法来获取它。

6) android:background

android:background 属性用于为组件设置背景,可以是背景图片,也可以是背景颜色。为组件指定背景图片时,可以将准备好的背景图片复制到目录下,然后使用下面的代码进行设置:

android:background = "@ drawable/background"

如果想指定背景颜色,可以使用颜色值。例如,要想指定背景颜色为白色,可使用下面的代码:

android:background = "#FFFFFFFF"

下面根据一个例子来讲述线性布局的使用。

- 布局文件 main. xml

```
<? xml version = "1.0" encoding = "utf - 8"? >
<LinearLayout xmlns:Android = "http://schemas. Android. com/apk/res/Android"
    android:orientation = "vertical"
    android:layout_width = "fill_parent"
    android:layout_height = "fill_parent"
    android:paddingTop = "5dip" >
    <TextView
        android:id = "@ + id/tv"
        android:layout_width = "fill_parent"
        android:layout_height = "40dip"
        android:layout_marginRight = "5dip"
        android:layout_marginLeft = "5dip"
        android:background = "#FFFFFF"
        android:gravity = "center_vertical|right"
        android:textSize = "30dip"
        android:textColor = "#ff0000" >
    </TextView>
    <LinearLayout
        android:orientation = "horizontal"
        android:layout_width = "fill_parent"
        android:layout_height = "wrap_content"
        android:paddingTop = "5dip" >
        <Button
            android:text = "7"
            android:textSize = "25dip"
            android:id = "@ + id/Button07"
            android:layout_width = "80dip"
            android:layout_height = "wrap_content"/>
```

```
        <Button
            android:text="8"
            android:textSize="25dip"
            android:id="@+id/Button08"
            android:layout_width="80dip"
            android:layout_height="wrap_content"/>
        <Button
            android:text="9"
            android:textSize="25dip"
            android:id="@+id/Button09"
            android:layout_width="80dip"
            android:layout_height="wrap_content"/>
        <Button
            android:text="+"
            android:textSize="25dip"
            android:id="@+id/ButtonJia"
            android:layout_width="80dip"
            android:layout_height="wrap_content"/>
    </LinearLayout>
    <LinearLayout
        //其他按钮
    </LinearLayout>
</LinearLayout>
```

• 源文件 LinearLayout_exampleActivity.java

```
public class LinearLayout_exampleActivity extends Activity {
  //数字按钮申明
  private String str1;              //旧输入的值
  private String str2;              //新输入的值
  private int flag=0;               //计算标志位,0 第一次输入;1 加;2 减;3 乘;4 除;5 等于
  private Button temp;
  /** Called when the activity is first created. */
  @Override
    public void onCreate(Bundle savedInstanceState) {
        super.onCreate(savedInstanceState);
        setContentView(R.layout.main);
        initButton();
        //监听
        for(int i=0;i<buttons.length;i++) {
          temp=(Button)findViewById(buttons[i]);
          temp.setOnClickListener(new OnClickListener() { //为 Button 添加监听器
                @Override
```

```
                public void onClick(View v) {
                    str1 = tv.getText().toString().trim();
                    str1 = str1 + String.valueOf(((Button)v).getText());//获得新输入的值
                    System.out.println("str1" + ":::" + str1);
                    tv.setText(str1);
                }
            }
        );
    }

    buttonListener(buttonJia,1);
    buttonListener(buttonJian,2);
    buttonListener(buttonCheng,3);
    buttonListener(buttonChu,4);

    buttonDengyu.setOnClickListener(new OnClickListener() {
        @Override
        public void onClick(View v) {
            System.out.println(str1);
            result1 = Integer.parseInt(str1);
            if(flag = =1) {
                result = result0 + result1;
                System.out.println(result0 + ":" + result1);
            }
            else if(flag ==2) {
                result = result0 - result1;
            }
            else if(flag ==3) {
                result = result0 * result1;
            }
            else if(flag ==4) {
                result = (int)(result0/result1);
            }
            String str = (result + "").trim();
            System.out.println(str);
            tv.setText(str);
        }
    }
  );
}

  //初始化按钮
```

```
    // + - */按钮监听
    public void buttonListener(Button button,final int id){
      button.setOnClickListener(new OnClickListener(){
            @Override
            public void onClick(View v){
                    String str = tv.getText().toString().trim();
                    result0 = Integer.parseInt(str);
                    tv.setText("");
                    flag = id;
            }
        }
      );
    }
}
```

其运行结果如图 2.39 所示。

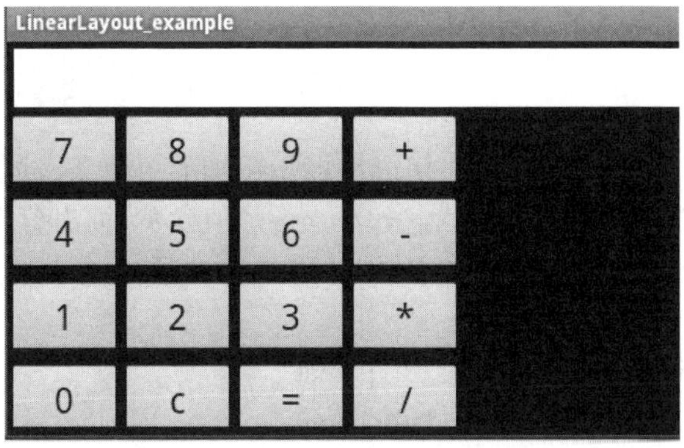

图 2.39

(2)**帧布局**

在帧布局管理器中,每加入一个组件都将创建一个空白的区域,通常称为一帧。这些帧都会根据 gravity 属性执行自动对齐。默认情况下,帧布局从屏幕的左上角(0,0)坐标点开始布局,多个组件层叠排序,后面的组件覆盖前面的组件。

在 Android 中,可在 XML 布局中定义帧布局管理器,也可使用 Java 代码来创建。推荐使用前者。在 XML 布局文件中,定义帧布局管理器可使用 <FrameLayout> 标记。其基本的语法格式如下:

```
<FrameLayout   xmlns:android = http://schemas.android.com/apk/res/android
      属性列表
  >
  </FrameLayout>
```

FrameLayout 支持的常用 XML 属性如下:

android:foreground　　　　用于设置该帧布局容器的前景图像

android:foregroundGravity　用于定义绘制前景图像的 gravity 属性,即前景图像显示的位置下面根据一个例子讲述帧布局的用法。

• 布局文件 main. xml

```
<? xml version = "1.0" encoding = "utf-8"? >
<FrameLayout
    xmlns:Android = "http://schemas. Android. com/apk/res/Android"
    android:layout_width = "fill_parent"
    android:layout_height = "fill_parent"
    android:background = "#edab4a"
    android:id = "@ +id/fl"
    >


        <LinearLayout
            android:orientation = "horizontal"
            android:gravity = "center_horizontal"
            android:layout_width = "fill_parent"
            android:layout_height = "wrap_content"
            android:id = "@ +id/tt"
            >
            <TextView
    //android:text = "做法: 土豆削皮,切成小拇指粗细的土豆条,冲洗沥干备用; 取白菜头,手撕成片,大葱切丝备用;起油锅,油热后,下入葱丝小火煸炒值微黄,抽出葱干;下入土豆中火遍炒至土豆姿色变软;添加热水大火烧开,转小火炖至汤浓;下入白菜叶子,继续炖煮至白菜和土豆软烂; 加入适量盐,出锅即可"
            android:layout_width = "fill_parent"
            android:layout_height = "fill_parent"
            android:id = "@ +id/t"
            android:textSize = "20dip"
            android:textColor = "#FFFFFF"
            >
            </TextView>
      </LinearLayout>
</FrameLayout>
```

• 源文件 FrameLayout_exampleActivity. java

```
public class FrameLayout_exampleActivity extends Activity {
    /** Called when the activity is first created. */
    @Override
    public void onCreate(Bundle savedInstanceState) {
        super.onCreate(savedInstanceState);
        setContentView(R.layout.main);
    }
}
```

其运行结果如图 2.40 所示。

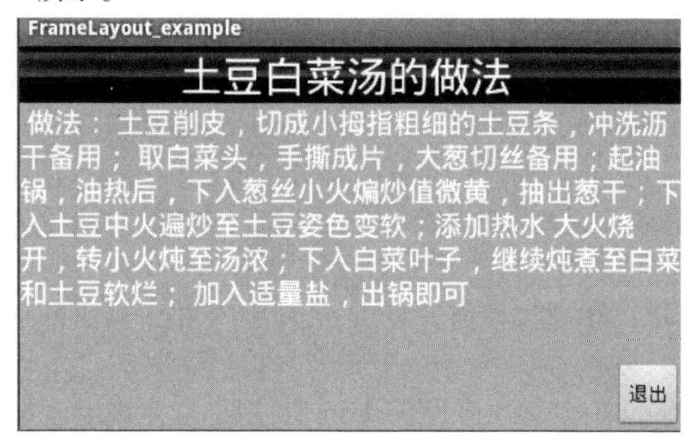

图 2.40

(3) **相对布局**

相对布局是指按照组件之间的相对位置来尽享布局，如某个组件在了另一个组件的左边、右边、上方或者下方等。

在 Android 中，可在 XML 布局文件中定义相对布局管理器，也可使用 Java 代码来创建。推荐使用前者。在 XML 文件中，定义相对布局管理器可以是使用 <RelativeLayout>标记。其基本的语法格式如下：

```
<RelativeLayout    xmlns:Android = http://schemas. Android. com/apk/res/android
    属性列表
>
</ RelativeLayout>
```

RelativeLayout 支持的常用 XML 属性如下：

android:gravity	用于设置布局管理器中各子组件的对齐方式
android:ignoreGravity	用于指定哪个组件不受 gravity 属性的影响

在相对布局管理器中，只有上面介绍的两个属性是不够的，为了跟更好地控制该布局管理器中各子组件的布局分布，RelativeLayout 提供了一个内部类 RelativeLayout. LayoutParams，通过该类提供的打量 XML 属性，可很好地控制相对布局管理器中各组件的分布方式。所支持的 XML 属性如下：

android:layout_above：其属性值为其他 UI 组件的 id 属性，用于指定该组件位于哪个组件的上方。

android:layout_alignBottom：其属性值为其他 UI 组件的 id 属性，用于指定该组件位于哪个组件的下边界对齐。

android:layout_alignLeft：其属性值为其他 UI 组件的 id 属性，用于指定该组件位于哪个组件的左边界对齐。

android:layout_alignParentBottom：其属性值为 boolean 值，用于指定该组件是否与布局管理器底端对齐。

android:layout_alignParentLeft：其属性值为 boolean 值，用于指定该组件是否与布局管理器左边对齐。

android:layout_alignParentRight：其属性值为 boolean 值，用于指定该组件是否与布局管理器右边对齐。

android:layout_alignParentTop：其属性值为 boolean 值，用于指定该组件是否与布局管理器顶端对齐。

android:layout_algnRight:其属性值为其他 UI 组件的 id 属性,用于指定该组件位于哪个组件的右边界对齐。

android:layout_alignTop:其属性值为其他 UI 组件的 id 属性,用于指定该组件位于哪个组件的上边界对齐。

android:layout_below:其属性值为其他 UI 组件的 id 属性,用于指定该组件位于哪个组件的下方。

android:layout_centerHorizontal:其属性值为 boolean 值,用于指定该组件是否位于布局管理器水平居中的位置。

android:layout_centerInParent:其属性值为 boolean 值,用于指定该组件是否位于布局管理器的中央位置。

android:layout_centerVertical:其属性值为 boolean 值,用于指定该组件是否位于布局管理器垂直居中的位置。

android:layout_toLeftOf:其属性值为其他 UI 组件的 id 属性,用于指定该组件位于哪个组件的左侧。

android:layout_toRightOf:其属性值为其他 UI 组件的 id 属性,用于指定该组件位于哪个组件的右侧。

下面根据一个例子来讲述相对布局的用法。

• 布局文件 main. xml

```
<? xml version = "1.0"  encoding = "utf - 8"?  >
<RelativeLayout
    xmlns:Android = "http://schemas.android.com/apk/res/android"
    android:id = "@ +id/rl"
    android:layout_width = "fill_parent"
    android:layout_height = "fill_parent"
    android:background = "#edab4a"
    >
    <Button
        android:text = "上"
        android:textSize = "25dip"
        android:id = "@ +id/Shang"
        android:layout_width = "wrap_content"
        android:layout_height = "wrap_content"
        android:layout_alignParentTop = "true"
        android:layout_centerHorizontal = "true"
    >
    </Button>
    <Button
        android:text = "下"
        android:textSize = "25dip"
        android:id = "@ +id/Xia"
        android:layout_width = "wrap_content"
        android:layout_height = "wrap_content"
        android:layout_alignParentBottom = "true"
        android:layout_centerHorizontal = "true"
```

```
    >
    </Button>
    <Button
        android:text="左"
        android:textSize="25dip"
        android:id="@+id/Zuo"
        android:layout_width="wrap_content"
        android:layout_height="wrap_content"
        android:layout_alignParentLeft="true"
        android:layout_centerVertical="true"
    >
    </Button>
    <Button
        android:text="右"
        android:textSize="25dip"
        android:id="@+id/You"
        android:layout_width="wrap_content"
        android:layout_height="wrap_content"
        android:layout_alignParentRight="true"
        android:layout_centerVertical="true"
    >
    </Button>
    <ImageView
        android:src="@drawable/fengjing"
        android:id="@+id/Start"
        android:layout_width="45dip"
        android:layout_height="100dip"
        android:layout_centerInParent="true"
    >
    </ImageView>
</RelativeLayout>
```

● 源代码 RelativeLayout_exampleActivity. java

```
public class RelativeLayout_exampleActivity extends Activity {
  private RelativeLayout rl;          //相对布局对象
  private Button shang;               //单击该按钮在当前按钮的上侧添加新按钮
  private Button xia;                 //单击该按钮在当前按钮的下侧添加新按钮
  private Button zuo;                 //单击该按钮在当前按钮的左侧添加新按钮
  private Button you;                 //单击该按钮在当前按钮的右侧添加新按钮
  private ImageView currButton;       //记录当前 ImageView
  private ImageView start;            //ImageView 对象
    /** Called when the activity is first created. */
```

```
    @ Override
    public void onCreate( Bundle savedInstanceState) {
        super. onCreate( savedInstanceState) ;
        setContentView( R. layout. main) ;
        findView( ) ;
        addListenerEvent( ) ;

    }

    private void addListenerEvent( ) {
                        //TODO Auto-generated method stub
                        //点击"上"键时,在 currButton 上方添加新控件
          shang. setOnClickListener( new OnClickListener( ) {
                    public void onClick( View v) {
                        EditText temp = new
EditText( RelativeLayout_exampleActivity. this) ;                //添加新的 EditText
                        temp. setText( "图片说明" ) ;
                        RelativeLayout. LayoutParams lp1 =       //设置控件位置
                        new
RelativeLayout. LayoutParams( ViewGroup. LayoutParams. WRAP_CONTENT, 95) ;
                        lp1. addRule( RelativeLayout. ABOVE,currButton. getId( ) ) ;
                        lp1. addRule( RelativeLayout. CENTER_HORIZONTAL,
currButton. getId( ) ) ;
                        rl. addView( temp, lp1) ;     //将控件添加到布局中
                    }
                }
        ) ;
        //点击"下"键时,在 currButton 下方添加新控件
        xia. setOnClickListener( new OnClickListener( ) {
                  public void onClick( View v) {
                        EditText temp = new
EditText( RelativeLayout_exampleActivity. this) ;               //添加新的 EditText
                        temp. setText( "图片说明" ) ;
                        RelativeLayout. LayoutParams lp1 =    //设置控件位置
                        new
RelativeLayout. LayoutParams( ViewGroup. LayoutParams. WRAP_CONTENT, 95) ;
                        lp1. addRule( RelativeLayout. BELOW,currButton. getId( ) ) ;
                        lp1. addRule( RelativeLayout. CENTER_HORIZONTAL,
currButton. getId( ) ) ;
                        rl. addView( temp, lp1) ;     //将控件添加到布局中
                    }
                }
```

```
        );
        //点击"左"键时,在 currButton 左方添加新控件
        zuo.setOnClickListener(new OnClickListener(){
                public void onClick(View v) {
                        EditText temp = new
EditText(RelativeLayout_exampleActivity.this);   //添加新的 EditText
                        temp.setText("图片说明");
                        RelativeLayout.LayoutParams lp1  =    //设置控件位置
                        new
RelativeLayout.LayoutParams(95,ViewGroup.LayoutParams.WRAP_CONTENT);
                        lp1.addRule(RelativeLayout.LEFT_OF,currButton.getId());
                        lp1.addRule(RelativeLayout.CENTER_VERTICAL, currButton.getId());
                        rl.addView(temp, lp1);    //将控件添加到布局中
                    }
                }
        );
        //点击"右"键时,在 currButton 右方添加新控件
        you.setOnClickListener(new OnClickListener(){
              public void onClick(View v) {
                        EditText temp = new
EditText(RelativeLayout_exampleActivity.this);   //添加新的 EditText
                        temp.setText("图片说明");
                        RelativeLayout.LayoutParams lp1  =    //设置控件位置
                        new
RelativeLayout.LayoutParams(95,ViewGroup.LayoutParams.WRAP_CONTENT);
                        lp1.addRule(RelativeLayout.RIGHT_OF,currButton.getId());
                        lp1.addRule(RelativeLayout.CENTER_VERTICAL,
currButton.getId());
                        rl.addView(temp, lp1);    //将控件添加到布局中
                    }
                }
        );
    }
}
```

单击“左”时显示如图2.41所示。

(4)**表格布局**

表格布局与常见的表格类似,以行、列形式来管理放入其中的UI组件。表格布局使用<TableLayout>标记定义,在表格布局中,可添加多个<TableRow>标记,每个<TableRow>标记占用一行。由于<TableRow>标记也是容器,因此,还可在标记中添加其他组件,每添加一个组件,表格就会增加一列。在表格布局中,列可以被隐藏,也可以被设置为拉伸的,从而填充可利用的屏幕空间,还可设置为强制收缩,直到表格匹配屏幕大小。

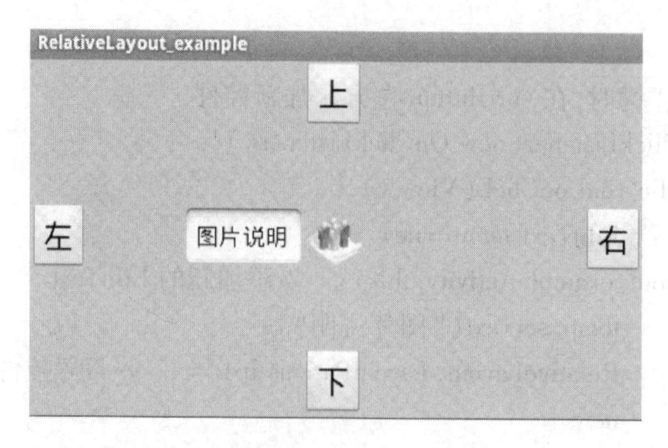

图 2.41

在 Android 中,可在 XML 布局文件中定义表格布局管理器,也可使用 Java 代码来创建。推荐使用前者。在 XMl 布局文件中,定义表格布局管理器的基本语法格式如下:

```
<TableLayout   xmlns:Android = http://schemas.android.com/apk/res/android
      属性列表
>
      <TableRow 属性列表>需要添加的 UI 组件</TableRow>
      多个<TableRow>
</TableRow>
```

TableLayout 继承了 LinearLayout,因此,它完全支持 LinearLayout 所支持的全部 XML 属性。此外,TableLayout 还支持以下的 XML 属性:

android:collapseColumns:设置被隐藏的列的列序号(序号从 0 开始),多个序列号之间用逗号“,”分隔。

android:shrinkColumns:设置允许被收缩的列的列序号(序号从 0 开始),多个序列号之间用逗号“,”分隔。

android:stretchColumns:设置允许被拉伸的列的列序号(序号从 0 开始),多个序列号之间用逗号“,”分隔。

下面通过一个例子来讲述表格布局的用法。

● 布局文件 main.xml

```
<?xml version="1.0" encoding="utf-8"?>
<TableLayout
     控件属性
     >
     <TableRow>
          <TextView/>
          <TextView/>
     </TableRow>
     <TableRow>
          <TextView/>
          <TextView/>
     </TableRow>
</TableLayout>
```

● 源文件 TableLayout_exampleActivity. java

```
public class TableLayout_exampleActivity extends Activity {
    /** Called when the activity is first created. */
    @Override
    public void onCreate(Bundle savedInstanceState) {
        super.onCreate(savedInstanceState);
        setContentView(R.layout.main);
    }
}
```

其运行结果如图 2.42 所示。

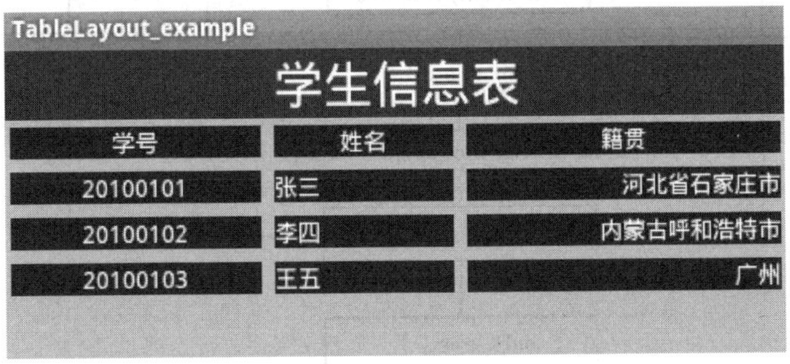

TableLayout_example

学生信息表

学号	姓名	籍贯
20100101	张三	河北省石家庄市
20100102	李四	内蒙古呼和浩特市
20100103	王五	广州

图 2.42

2.4　Android 的基本组件

2.4.1　Android 的基本组件之 Activity

在 Android 中,Activity 代表的就是手机屏幕或一个窗口。它是 Android 应用程序中比较重要的一个基本组件,提供了和用户交互的可视化界面。在一个 Activity 中,可添加很多组件,这些组件负责具体的功能。

在 Android 应用中,可以有多个 Activity。这些 Activity 组成了 Activity 栈,当前活动的 Activity 位于栈顶,之前的 Activity 被压入下面,成为非活动 Activity,等待是否可能被恢复为活动状态。如图2.43 所示为 Activity 的生命活动周期以及各阶段的回调方法。

oncreate():在创建 Activity 时被回调。

onStart()方法:启动 Activity 时被回调,即 Activity 由栈底回到栈顶时被回调。

onReStart():重新启动 Activity 时被回调,该方法总是在 onStart 方法执行后执行。

onPause():暂停 Activity 时被回调。该方法需要被非常快地执行,因为直到这个方法执行完毕后,下一个 Activity 才能被恢复。此方法中通常用来持久保持数据。

onResume():当 Activity 由暂停状态恢复为活动状态时被调用。调用此方法后,该 Activity 位于栈顶。该方法总是在 onPause 方法后执行。

onStop():停止 Activity 时被回调。

onDestroy:销毁 Activity 时被回调。

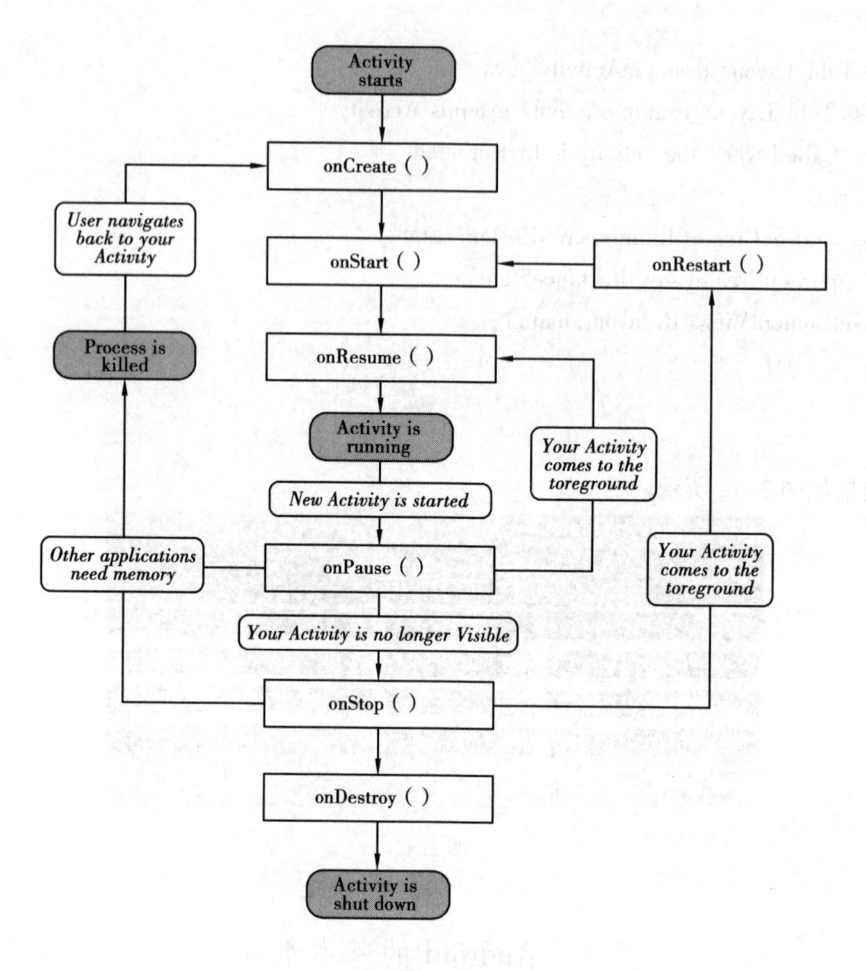

图 2.43

- 创建 Activity

创建一个 Activity，一般需要继承 android. app. Activity 类并重写 onCreate( )方法。具体代码如下:

```
public class Activity_exampleActivity extends Activity {
    /** Called when the activity is first created. */
    @Override
    public void onCreate(Bundle savedInstanceState) {
        super.onCreate(savedInstanceState);
        setContentView(R.layout.main);
        Log.d("------->", "run finish() method");
    }
}
```

在 Android 项目的 AndroidManifest. xml 配置文件中对 Activity 进行注册

```
<activity
    android:name=".Activity_exampleActivity"
    android:label="@string/app_name" >
</activity>
```

如果需要在应用程序启动后先加载某一个 Activity 时，需要在 <Activity> 标签内添加如下配置：

```
<intent-filter>
<action android:name="android.intent.action.MAIN" />
<category android:name="android.intent.category.LAUNCHER" />
</intent-filter>
```

• 启动 Activity

启动 Activity 的语法格式如下：

```
Public void startActivity(Intent intent)
```

例如，如果要从当前的 Activity(MainAct)跳转到另一个 Activity(OtherAct)中，可使用以下代码：

```
Intent intent = new Intent(MainAct.this,OtherAct.class);
startActivity(intent);
```

• 关闭 Activity

在 Android 中，如果想要关闭当前的 Activity，可调用 Activity 提供的 finish 方法。其语法格式如下：

```
Public void finish();
```

2.4.2　Activity 之间的数据传递(Intent)

当在一个 Activity 中启动另一个 Activity，经常需要传递一些数据，一般使用 Intent 作为传输数据的载体。具体操作表现为：将需要传输的数据存放在 Bundle 对象中，通过 Intent 提供的 putExtras()方法将要携带的数据保存到 Intent 中。

下面通过一个例子来介绍如何使用 Intent 和 Bundle 在 Activity 之间传输数据。

首先需要将界面中用户所输入的姓名、爱好、特长信息获取到，然后在用户单击“提交”按钮后，将用户输入的信息显示到另外的一个 Activity 中。

核心代码如下：

```
String xm = xmEt.getText().toString().trim();
String ah = ahEt.getText().toString().trim();
String tc = tcEt.getText().toString().trim();
```

在上述代码中，“xmEt”是姓名的输入框，“ahEt”是性别输入框，“tcEt”是特长输入框。

信息获取到后，需要将信息封装到 Bundle 对象中，然后再将 Bundle 填充进 Intent 对象中。具体代码如下：

```
Intent intent = new Intent();
intent.setClass(Intent_exampleActivity.this,
AnotherActivity.class);
            Bundle bundle = new Bundle();
            bundle.putString("xm", xm);
            bundle.putString("ah", ah);
            bundle.putString("tc", tc);
```

```
intent. putExtras( bundle) ; //绑定信息
startActivity( intent) ; //启动 Activity
Intent_exampleActivity. this. finish( ) ; //关闭该 Activity
```

从上面代码中,可看到当前页面中的数据填充到了 Intent 中并由 Intent_exampleActivity 界面跳转到了 AnotherActivity 界面。

现在可通过获取 Bundle 对象进而取存放的值了。具体代码如下:

```
Bundle bundle = this. getIntent( ). getExtras( ) ;
String xm = bundle. getString( " xm" ) ;
String ah = bundle. getString( " ah" ) ;
String tc = bundle. getString( " tc" ) ;
```

其程序运行结果如图 2.44、图 2.45 所示。

Intent_example
请填写个人信息
姓名: aaa
爱好: bbb
特长: ccc
提交

图 2.44

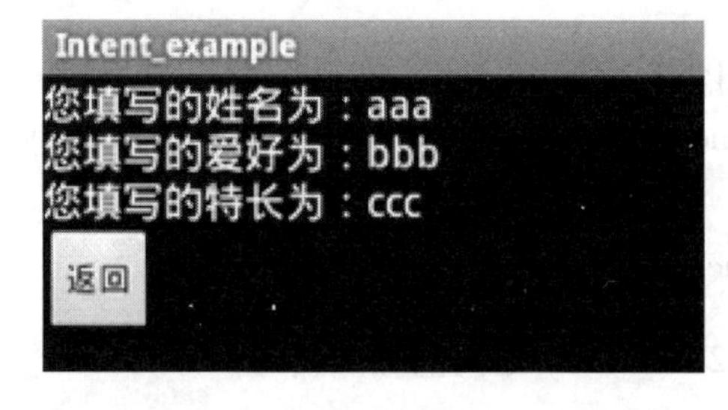

图 2.45

2.4.3 Android 的基本组件之 Content Provider

Content Provider 实现了对数据的增、删、改、查等功能,一般使用 ContentResoler 对象实现对 Content Proviser 的操作。开发人员可通过调用 Activity 或者其他应用程序组件的实现类中的 getContentResolver( )方式来获得 Content Provider 对象。

每个 Content Provider 提供公共的 URI(使用 URI 类进行包装)来唯一标识其数据集。管理多个数据集的 Content Provider 为每个数据集提供了单独的 URI。所有为 provider 提供的 URI 都以“content://”作为前缀。

- “content://com. broadengate. exampleprovider/db/001”

content:// 标准的前缀,不需要修改。

Com. broadengate. exampleprovider URI 的 authority 部分,用于标识该 Content Provider。

Db:Content Provider 的路径部分,用于决定哪些数据被请求。

001:被请求的特定记录的 ID 值。

- 查询数据

要查询 Content Provider 中的数据,需要有以下 3 个信息:

①标识该 Content Provider 的 URI。

②需要查询的数据字段名称。

③字段中数据的类型。

如果查询特定的记录,则还需要提供该记录的 ID 值。

查询数据一般使用 ContentResolver. query( )或 Activity. managedQuery( )。这两个方法使用相同的

参数,并且都返回 Cursor 对象。但是 managedQuery( ) 导致 Activity 管理 Cursor 的生命周期。

- 增加记录

增加记录需要通过 ContentValues 对象建立键值对的映射,然后调用 ContentResolver. insert( )方法。

- 更新记录

批量更新数据可以使用 ContentResolver. update( )方法还实现。

- 删除记录

删除单个数据,直接调用 ContentResolver. delete( )方法。

删除多个数据,需要提供删除记录类型的 URI 和删除条件语句。

下面通过一个例子来演示 Content Provider 的应用。

首先测试数据的准备,启动模拟器,进入应用程序界面,单击“联系人”, 创建一条联系人记录,如图 2.46 所示。

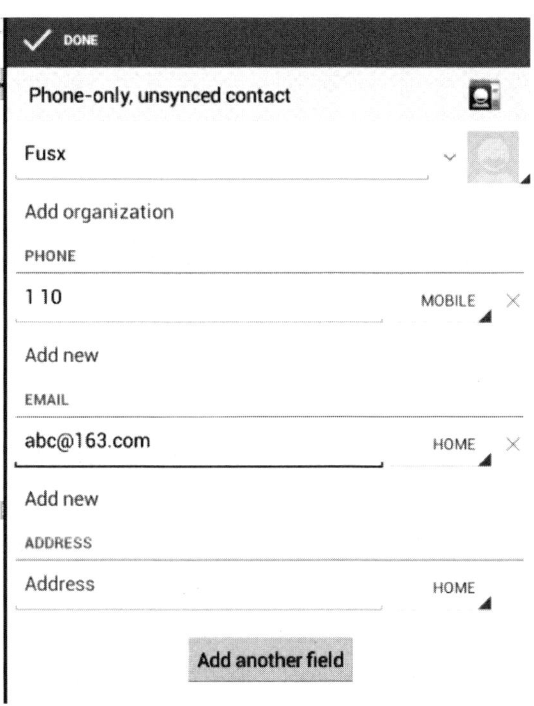

图 2.46

下面通过一个例子来将刚才添加的联系人输出来。

- 布局文件 main. xml

```
<? xml version = "1.0"  encoding = "utf - 8"?  >
    <TextView
    android:layout_width = "fill_parent"
    android:layout_height = "wrap_content"
    android:text = ""
    android:id = "@ + id/result"
    android:textColor = "#222222"
    />
```

核心代码如下：

```
StringBuilder sb = new StringBuilder();
        ContentResolver resolver = getContentResolver();
        Cursor cursor = resolver.query(Contacts.CONTENT_URI, columns, null,null, null);
        int idIndex = cursor.getColumnIndex(columns[0]);
        int disNameIndex = cursor.getColumnIndex(columns[1]);
        for(cursor.moveToFirst();! cursor.isAfterLast();cursor.moveToNext()){
            int id = cursor.getInt(idIndex);
            String disName = cursor.getString(disNameIndex);
            sb.append(id + ":" + disName + "\n");

        }
        cursor.close();
        return sb.toString();
}
```

其运行结果如图2.47所示。

ContentProvider_example
1:Fusx

图2.47

2.4.4 Android 基本组件之 Service

Service 是能够在后台执行长时间运行操作并且不需要提供用户界面的应用程序组件。从本质来说，service 可分为两大类："启动的"和"绑定的"。

通过 startService()启动的服务处于"启动的"状态，一旦启动，service 就在后台运行，即使启动它的应用组件已经被销毁了。通常 started 状态的 service 执行单任务并且不反悔任何结果给启动者。例如，当下载或上传一个文件，当这项操作完成时，service 应该停止它本身。

"绑定"状态的 service，通过调用 bindService()来启动，一个绑定的 service 提供一个允许组件与 service 交互的接口，可发送请求、获取返回结果，还可通过夸进程通信来交互(IPC)。绑定的 service 只有当应用组件绑定后才能运行，多个组件可绑定一个 service，当调用 unbind()方法时，这个 service 就会被销毁了。

service 与 activity 一样都存在与当前进程的主线程中，因此，一些阻塞 UI 的操作，如耗时操作不能放在 service 里进行，又如另外开启一个线程来处理诸如网络请求的耗时操作。如果在 service 里进行一些耗 CPU 和耗时操作，可能会引发 ANR 警告，这时应用会弹出是强制关闭还是等待的对话框。因此，对 service 的理解就是和 activity 平级的，只不过是看不见的，在后台运行的一个组件，这也是为什么和 activity 同被说为 Android 的基本组件。

Service 的生命周期如图2.48所示。

通过图2.48可知，两种启动 service 的方式以及它们的声明周期，bind service 的不同之处在于当绑定的组件销毁后，对应的 service 也就被 kill 了。service 的声明周期相比与 activity 的简单了许多，只要好好理解两种启动 service 方式的异同就行。

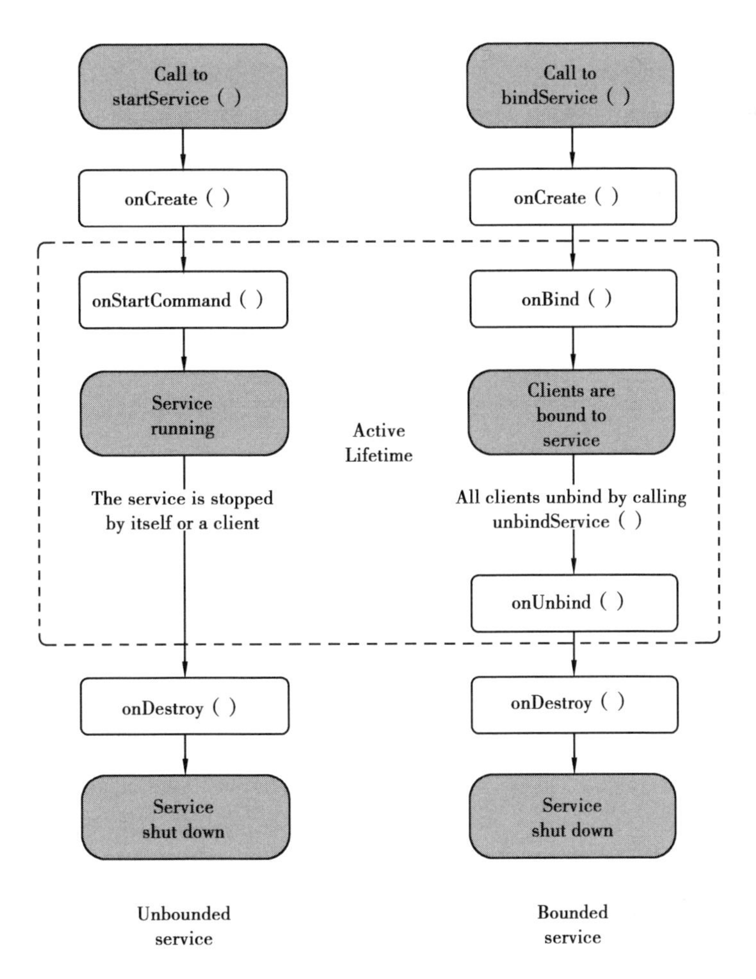

图 2.48

service 生命周期也涉及一些回调方法，这些方法都不用调用父类方法，具体如下：

```
public class MyService extends Service{
  @ Override
  public IBinder onBind(Intent arg0) {

    Log. d("MyService", " =========onBind========= ");
    return null;
  }

  @ Override
  public boolean onUnbind(Intent arg0)
  {
    Log. d("MyService", " =========onUnbind========= ");
    return super. onUnbind(arg0);
  }
  @ Override
  public void onRebind(Intent arg0)
```

```
{
    super.onRebind(arg0);
    Log.d("MyService", "=========onRebind=========");
}

@Override
public void onCreate()
{
    super.onCreate();
    Log.d("MyService", "=========onCreate=========");
}

@Override
public void onDestroy()
{
    super.onDestroy();
    Log.d("MyService", "=========onDestroy=========");
}
```

• 布局文件 main.xml

```
<?xml version="1.0" encoding="utf-8"?>
  <Button
      android:text="Start Service"
      android:id="@+id/Button01"
      android:layout_width="fill_parent"
      android:layout_height="wrap_content">
  </Button>
  <Button
      android:text="Stop Service"
      android:id="@+id/Button02"
      android:layout_width="fill_parent"
      android:layout_height="wrap_content">
  </Button>
  <Button
      android:text="Bind Service"
      android:id="@+id/Button03"
      android:layout_width="fill_parent"
      android:layout_height="wrap_content">
  </Button>
  <Button
      android:text="Unbind Service"
      android:id="@+id/Button04"
```

```
        android:layout_width = "fill_parent"
        android:layout_height = "wrap_content" >
    </Button >
```

在 AndroidManifest. xml 还需要对 service 进行注册。

```
<service Android:name = ". MyService"/ >
```

部分源代码如下:

```
listener = new OnClickListener( ) {
            @ Override
            public void onClick( View v)  {
Intent intent = new Intent( Service_exampleActivity. this,MyService. class) ;
              switch( v. getId( ) ) {
                case R. id. Button01: //Start Service
                  startService( intent) ;
                  handler. sendEmptyMessage(3) ;
                break;
                case R. id. Button02: //Stop Service
                  stopService( intent) ;
                  handler. sendEmptyMessage(2) ;
                break;
                case R. id. Button03: //Bind Service
                  bindService( intent,sc,BIND_AUTO_CREATE) ;
                  handler. sendEmptyMessage(0) ;
                brcak;
                  case R. id. Button04: //Unbind Service
                  unbindService( sc) ;
                  handler. sendEmptyMessage(1) ;
                break;
            }
    }};
```

其运行结果如图 2.49 所示。

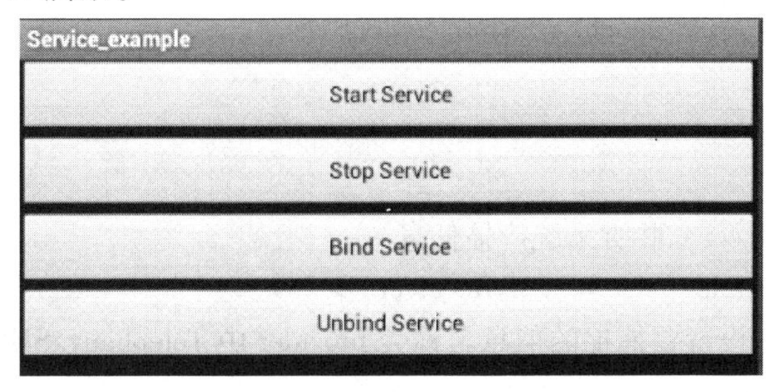

图 2.49

2.4.5 Android 基本组件之 BroadcastReceive

Android 应用可使用它对外部事件进行过滤只对感兴趣的外部事件(如当电话呼入时,或者数据网络可用时)进行接收并作出响应。广播接收器没有用户界面。然而,它们可启动一个 activity 或 serice 来响应它们收到的信息,或者用 NotificationManager 来通知用户。通知可以用很多种方式来吸引用户的注意力——闪动背灯、振动、播放声音等。一般来说是在状态栏上放一个持久的图标,用户可打开它并获取消息。

- 广播类型

普通广播通过 Context. sendBroadcast(Intent myIntent)发送的。

有序广播通过 Context. sendOrderedBroadcast(intent, receiverPermission)发送的。该方法第二个参数决定该广播的级别,级别数值为 -1 000 ~ 1 000,值越大,发送的优先级越高;广播接收者接收广播时的级别级别(可通过 intentfilter 中的 priority 进行设置设为 2147483647 时优先级最高),同级别接收的先后是随机的, 再到级别低的收到广播,高级别的或同级别先接收到广播的可通过 abortBroadcast()方法截断广播使其他的接收者无法收到该广播,还有其他构造函数。

异步广播通过 Context. sendStickyBroadcast(Intent myIntent)发送的,还有 sendStickyOrderedBroadcast(intent, resultReceiver, scheduler, initialCode, initialData, initialExtras)方法。该方法具有有序广播的特性也有异步广播的特性;发送异步广播要: <uses-permission android:name = "android. permission. BROADCAST_STICKY" />权限,接收并处理完 Intent 后,广播依然存在,直到你调用 removeStickyBroadcast(intent)主动把它去掉。

注意:发送广播时的 intent 参数与 Contex. startActivity()启动起来的 Intent 不同,前者可被多个订阅它的广播接收器调用,后者只能被一个(Activity 或 service)调用。

- 监听广播 Intent 步骤

①写一个继承 BroadCastReceiver 的类,重写 onReceive()方法,广播接收器仅在它执行这个方法时处于活跃状态。当 onReceive()返回后,它即为失活状态。注意:为了保证用户交互过程的流畅,一些费时的操作要放到线程里,如类名 SMSBroadcastReceiver。

②注册该广播接收者,注册有两种方法程序动态注册和 AndroidManifest 文件中进行静态注册。

下面通过一个例子来讲述 BroadcastReceive 的用法。

- 布局文件 main. xml

```
<? xml version = "1.0" encoding = "utf - 8"? >
      <TextView
          android:text = "等待短信中……"
          android:id = "@ + id/TextView01"
          android:layout_width = "wrap_content"
          android:layout_height = "wrap_content" >
      </TextView>
```

AndroidManifest. xml

```
      <! -- 创建 receive 聆听系统广播信息 -->
      <receiver Android:name = ". MyReceiver" >
          <! -- 设置要捕捉的信息名称为 provider 中 Telephony. SMS_RECEIVED  -->
           <intent-filter >
              <action
```

```
android:name = "android.provider.Telephony.SMS_RECEIVED" > </action >
            </intent-filter >
        </receiver >
        < uses-permission android:name = "android.permission.RECEIVE_SMS"/ >
```

核心代码如下：

```
public class MyReceiver extends BroadcastReceiver{
  @ Override
  public void onReceive(Context context, Intent intent) {
  if(intent.getAction().equals("android.provider.Telephony.SMS_RECEIVED"))
        {
            StringBuilder sb = new StringBuilder();
            Bundle bundle = intent.getExtras();    //创建 Bundle 对象,获取信息
            if(bundle! = null)
            {
                Object[] obj = (Object[])bundle.get("pdus");
                SmsMessage[] sm = new SmsMessage[obj.length];
                int length = obj.length;
                for(int i =0;i < length;i ++)
                {
                    sm[i] = SmsMessage.createFromPdu((byte[])obj[i]);
                }
                for(int i =0;i < length;i ++)
                {
                    sb.append("来自:\n");
                    sb.append(sm[i].getDisplayOriginatingAddress());//电话号码
                    sb.append("的短信;");
                    sb.append("信息为:\n");
                    sb.append(sm[i].getMessageBody());     //短信信息
                }
                Toast.makeText(
                        context,
                        sb.toString().trim(),
                        Toast.LENGTH_SHORT
                        ).show();
                Intent tempIntent = new
Intent(context,Broadengate_exampleActivity.class);                 //创建 Intent 对象
                tempIntent.addFlags(Intent.FLAG_ACTIVITY_NEW_TASK);//设置新的 task
                context.startActivity(tempIntent);                 //启动 Actvity
        }
```

其运行结果如图 2.50 所示。

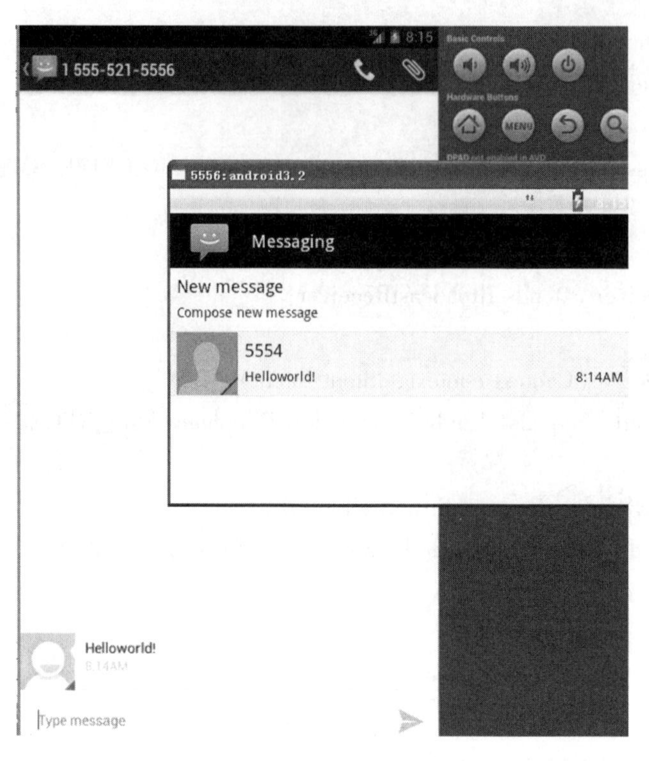

图 2.50

2.4.6　Android **数据存储之** SQLlite

Google 为 Andriod 的较大的数据处理提供了 SQLite，它在数据存储、管理、维护等各方面都相当出色，功能也非常的强大。SQLite 具备以下特点：

(1)**轻量级**

使用 SQLite 只需要带一个动态库，就可享受它的全部功能，而且那个动态库的尺寸相当小。

(2)**独立性**

SQLite 数据库的核心引擎不需要依赖第三方软件，也不需要所谓的“安装”。

(3)**隔离性**

SQLite 数据库中所有的信息(如表、视图、触发器等)都包含在一个文件夹内，方便管理和维护。

(4)**跨平台**

SQLite 目前支持大部分操作系统，不只计算机操作系统，更在众多的手机系统也是能够运行，如 Android。

(5)**多语言接口**

SQLite 数据库支持多语言编程接口。

(6)**安全性**

SQLite 数据库通过数据库级上的独占性和共享锁来实现独立事务处理。这意味着多个进程可在同一时间从同一数据库读取数据，但只能有一个可以写入数据。

- 创建数据库

```
//创建或打开数据库的方法
public void createOrOpenDatabase(){
        try{
            database = SQLiteDatabase.openDatabase(
```

```
                    "/data/data/com.broadengate/student_db", //数据库所在路径
                    null,      //CursorFactory

SQLiteDatabase.OPEN_READWRITE|SQLiteDatabase.CREATE_IF_NECESSARY //读写,若不存在
则创建
            );
            appendMessage("数据库已经成功打开!");
            String sql = "create table if not exists student(sno char(5),stuname varchar(20),sage inte-
ger,sclass char(5))";
            database.execSQL(sql);
            appendMessage("student 已经成功创建!");
        }
        catch(Exception e)
        {
            Toast.makeText(this, "数据库错误:" + e.toString(), Toast.LENGTH_SHORT).show
();
        }
    }
    插入记录的方法
      public void insert(){
        try{
            String sql = "insert into student values('10001','张三','23,9527');
            database.execSQL(sql);
            appendMessage("成功插入一条记录!");
        }
        catch(Exception e)
        {
          Toast.makeText(this, "数据库错误:" + e.toString(), Toast.LENGTH_SHORT).show
();;
          }
    }
    查询的方法
    public void query(){
        try{
            String sql = "select * from student where sage > ?";
            Cursor cur = database.rawQuery(sql, new String[]{"20"});
            appendMessage("学号\t\t 姓名\t\t 年龄\t 班级");
            while(cur.moveToNext()){
                String sno = cur.getString(0);
                String sname = cur.getString(1);
                int sage = cur.getInt(2);
                String sclass = cur.getString(3);
```

```
                appendMessage(sno + "\t" + sname + "\t\t" + sage + "\t" + sclass);
            }
            cur.close();
        }
        catch(Exception e){
            Toast.makeText(this, "数据库错误:" + e.toString(), Toast.LENGTH_SHORT).
show();;
        }
    }
```

- 布局文件 main.xml

```
<Button
        android:text="创建/打开数据库"
        android:id="@+id/Button01"
        android:layout_width="156dip"
        android:layout_height="wrap_content">
    </Button>
    <Button
        android:text="关闭数据库"
        android:id="@+id/Button02"
        android:layout_width="156dip"
        android:layout_height="wrap_content">
    </Button>
  </LinearLayout>
  <LinearLayout
  android:orientation="horizontal"
  android:layout_width="fill_parent"
  android:layout_height="wrap_content"
  >
    <Button
        android:text="添加记录"
        android:id="@+id/Button03"
        android:layout_width="wrap_content"
        android:layout_height="wrap_content">
    </Button>
    <Button
        android:text="删除记录"
        android:id="@+id/Button04"
        android:layout_width="wrap_content"
        android:layout_height="wrap_content">
    </Button>
          <Button
```

```
    android:text = "修改记录"
    android:id = "@ + id/Button05"
    android:layout_width = "wrap_content"
    android:layout_height = "wrap_content" >
  </Button >
  < Button
    android:text = "查询记录"
    android:id = "@ + id/Button06"
    android:layout_width = "wrap_content"
    android:layout_height = "wrap_content" >
  </Button >
```

其运行结果界面如图 2.51 所示。

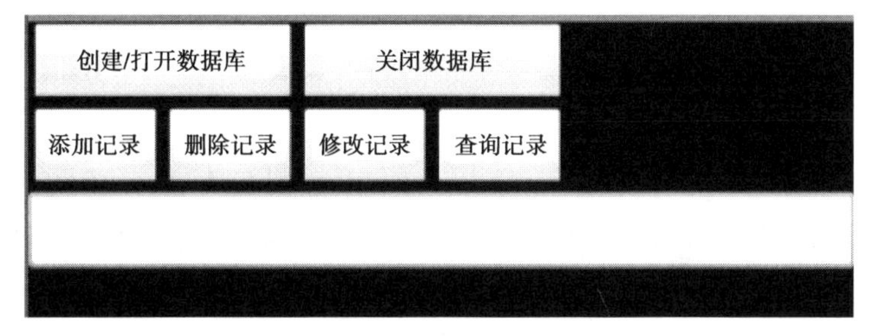

图 2.51

第 3 章 软件工程实训项目案例 1:智能语音控

【项目介绍】

相信大家现在都在为 iPhone 4S 中的 siri 引以为傲,不过现在 Android 中的 iris 也不逊色,但就智能处理这块 ios5 有着它独有的特色。我们所需要开发的应用就是与 iPhone 4S 中的 siri 一样的功能,中间运用了很多现有高端技术,如 NDK 底层开发、云服务等,为实现 Android 中智能语音控制操作提供良好的服务。它主要是通过语音处理与使用者进行智能对话,完成使用者提出的针对移动终端的所有任务处理。例如,使用者说:武汉天气如何? 终端回答:调出天气预报模块并将地点设置为武汉,获得武汉天气并同时用语音进行播报,告诉使用者武汉现在天气情况。又如,使用者说:打电话给×××;终端回答:调出电话拨号模块并设置拨号内容为×××的电话,进行拨号处理,同时语音播报"已向×××拨号"。作为 Android 移动终端上层应用开发,将统一使用 Android SDK 框架进行开发,根据项目组沟通确定开发所采用的技术(纯上层应用开发使用 Java 语言开发;上层+底层开发则使用 Java+C/C++协同完成开发)。

本系统的功能主要体现在语音操控处理、语义分析处理、智能 AI 处理 3 个方面。

项目的功能结构图如图 3.1 所示。

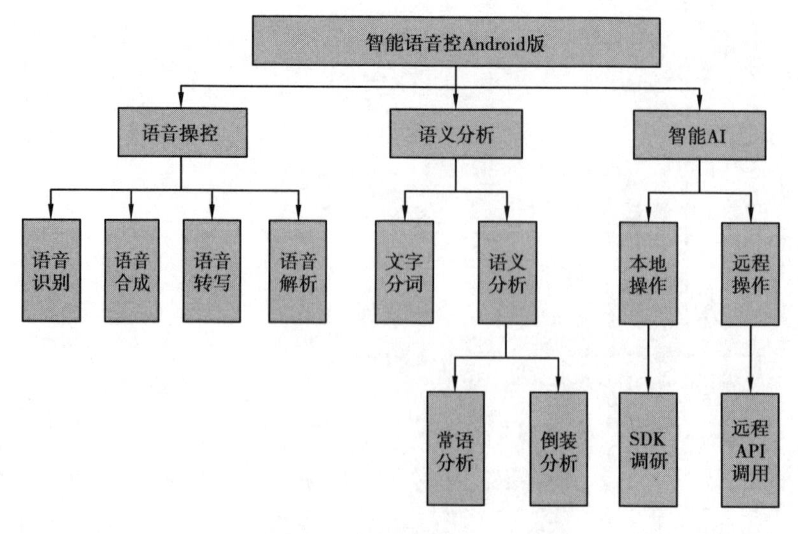

图 3.1

总体业务流程图如图3.2所示。

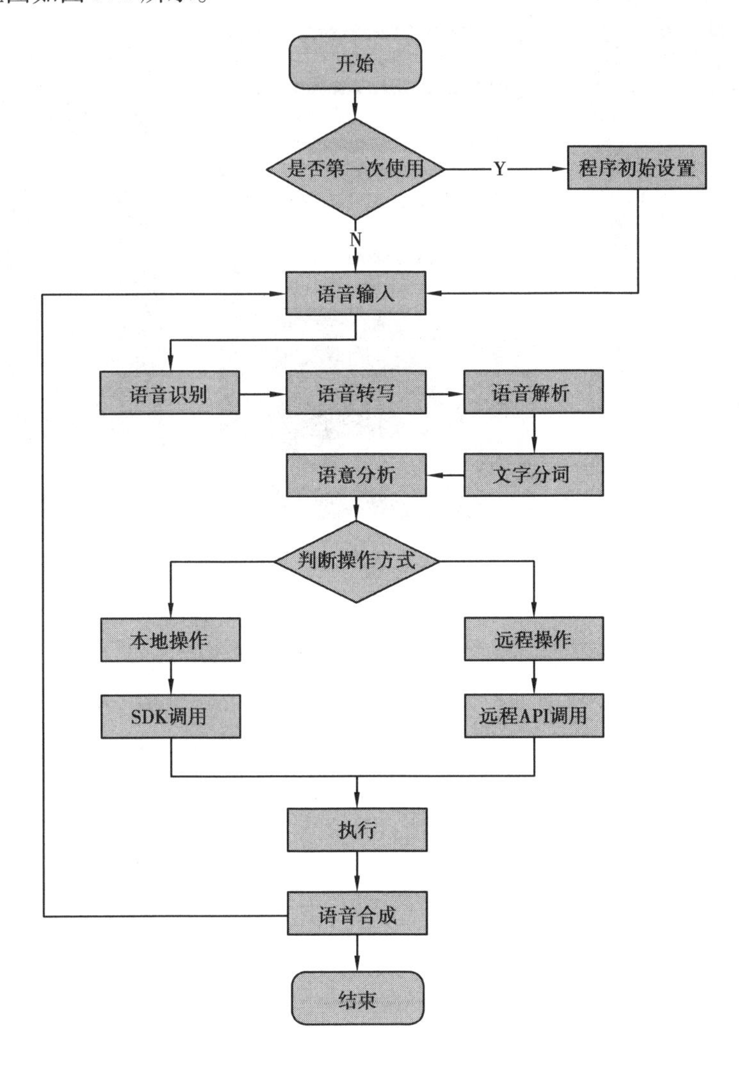

图3.2

【项目特色】

智能语音控系统具有以下特色:

• 语音识别

可采集用户的语音命令,并经过专业语音识别端将语音信息转化为文本信息并存储。

• 语音命令

有以下两种交互方式:

①原始文本显示到屏幕上,供用户确认;在显示文本的同时,为本文配音。

②加疑问句形式,供用户选择。

• 语音应答

日常对话的应答服务,以文本和语音两种方式呈现,加强了与用户的交互性与趣味性。

• 语音推荐

首先根据用户常用命令以及问答进行记忆学习,为常用命令或应答设置优先级;然后根据优先级,为用户优先提供服务以及推荐信息或列表。

图 3.3

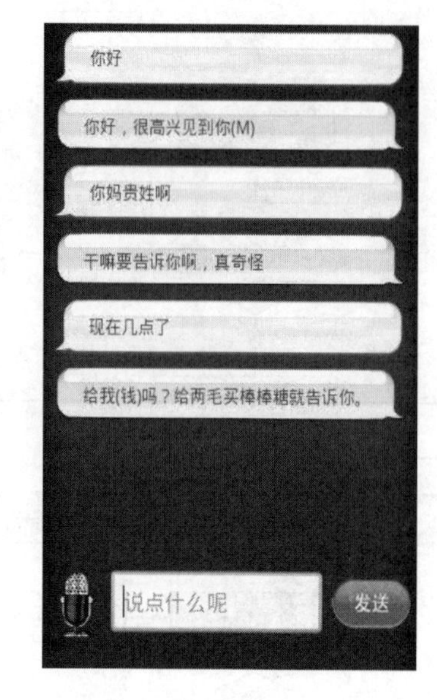

图 3.4

图 3.5

【项目技术】

智能语音控系统是一款基于 Android 平台上的软件，所以主要技术是基于 Android 平台的基础开发。项目采用 Android SDK 开发框架，服务终端采用 ASP. Net/Java 开发，开发工具为 Eclipse。根据项目技术特色，开发人员可以学到一些安卓项目的开发经验，如 Webservices 服务技术、XML 解析、Jason 数据解析技术、文件存储、SQLite 数据存储、Android 底层硬件 API 调用、可使用语音识别及处理。经过此项目，开发人员可以获得一个基本完备的项目开发经验，了解大概的软件开发的概念，得到基本的 Android 平台开发的知识储备。

3.1 项目立项报告

1 **项目提出**(Project Proposal)

项目 ID (Project ID)	项目名称 (Project Name)
v6.4502.1069.1	智能语音控

1.1 项目简介

相信大家现在都在为 iPhone 4S 中的 siri 引以为傲，不过现在 Android 中的 iris 也不逊色，但就智能处理这块 ios5 有着它独有的特色。我们所需要开发的应用就是与 iPhone 4S 中的 siri 一样的功能，中间运用了很多现有高端技术，如 NDK 底层开发、云服务等，为实现 Android 中智能语音控制操作提供良好的服务。它主要是通过语音处理与使用者进行智能对话，完成使用者提出的针对移动终端的所有任务处理。例如，使用者说：武汉天气如何？终端回答：调出天气预报模块并将地点设置为武汉，获得武汉天气并同时用语音进行播报，告诉使用者武汉现在天气情况。又如，使用者说：打电话给×××；终端回答：调出电话拨号模块并设置拨号内容为×××的电话，进行拨号处理，同时语音播报“已向×××拨号”。作为 Android 移动终端上层应用开发，将统一使用 Android SDK 框架进行开发，根据项目组沟通确定开发所采用的技术（纯上层应用开发使用 Java 语言开发；上层＋底层开发则使用

Java + C/C ++ 协同完成开发)。

1.2　项目目标

本项目的总体目标在于实现中文语音识别,主要完成以下 3 个子目标:

①完成语音识别功能。将用户的语音信息,转化为文本信息,该目标是其他目标的基础。

②完成语音命令功能。将语音的文本信息进行分析处理,提取命令信息,使用命令调用手机其他软件来提供用户所需的服务。

③完成语音应答功能。在完成语音分析处理功能后,系统能够将用户所说,以复述以及文本形式反馈给用户,同时提供与用户问答服务,加强与用户交互。

在完成以上 3 个基本功能基础上,完成语音推荐功能,迎合常用用户的习惯,对用户喜好,如常用语音命令、常用邮箱进行记忆,划分优先级,当用户再次使用时,提供优先级最高的服务或者推荐信息。

1.3　系统边界

完成中文语音识别与控制,主要通过语音处理与使用者进行智能对话,完成使用者提出的针对移动终端的所有任务处理。

1.4　工作量估计

模　块	子模块	工作量估计/人天	说　明
A 语音识别		8	采集语音信息,将其转化为文本信息并存储
B 语音命令	B-1 文本处理	38	将原始命令进行分词等处理,转化为命令信息
	B-2 命令执行	10	根据命令信息,调用相关软件,提供服务
C 语音应答	C-1 文本反馈	15	将原始文本信息以文本方式展现给用户
	C-2 语音反馈	16	为显示的文本信息配音
D 语音推荐	D-1 记忆学习	24	根据用户常用命令以及问答,进行记忆学习,为常用命令或应答设置优先级
	D 2 推荐反馈	15	根据优先级,为用户优先提供服务以及推荐信息
总工作量/人天	126		

注:"人天"即几个人几天的工作量。

2　开发团队组成和计划时间(Team building and Schedule)

2.1　开发团队(Project Team)

团队成员 (Team)	姓名 (Name)	人员来源 (Source of Staff)
项目总监 (Chief Project Manager)	* * *	软酷网络科技有限公司
项目经理 (Project Manager)	* * *	软酷网络科技有限公司
项目成员 (Project Team Member Number)	* * *(组长),* * *,* * *, * * *,* * *,* * *,* * *	重庆大学软件学院　软件工程 4 班和 5 班

2.2　计划时间(Project Plan)

项目计划:2012-06-18—2012-07-07(20 天)。

3 项目预计支出(Budget)

支出项 (Budget Item)	费用 (Fee)	说明 (Remark)
设备、场地占用费 (Cost on facilities and office)	无 (None)	7台计算机　重庆大学2号卓越实验室 (None)
本地人员工资(管理费) (Local staff salary)	无 (None)	(平均工资+管理费)×人员数目×月份 [(average salary + management fee) × number of staff × months]
外协人员工资 (Supporting staff salary)	无 (None)	无 (None)
加班费 (Call-back pay)	无 (None)	无 (None)
交通费 (Traffic fee)	无 (None)	无 (None)
住宿费 (Accommodation fee)	无 (None)	无 (None)
其他费用(如业务交往、招待、办公等) (Other fees)	无 (None)	无 (None)
总计 (Total)	无 (None)	无 (None)

4 风险评估和规避(Risks Evaluating and Mitigating)

4.1 技术风险(Technical Risks)

①语音文本信息处理存在难点,如分词处理识别准确率不高。

②语料库将设置在手机本地以及web服务器端,web端存在网速限制与传输错误威胁。

解决(Resolution):

①阅读大量文献资料,提高理论高度,同时搜寻国内成功文本处理案例,吸取经验。

②合理设计语料库,同时提高web端性能。

4.2 管理风险(Management Risks)

①团队中有部分同学需要进行考研、保研复习,这些同学的进度可能会落后。

②技术难点较多,设计、开发、测试时间分配可能不理想,导致最后赶工。

解决(Resolution):

①合理平均安排个人任务,并建立约束机制,即在完成当日任务的前提下,才能进行个人复习。

②留较多时间用于技术攻关,非开发人员承担多数其他工作,同时提高各阶段工作效率,保证项目完成。

4.3 其他风险(Other Risks)

①作品准确率不高,用户体验不强。

②开发时间较长,导致文档质量不高。

解决(Resolution):

①详细进行需求与设计,从用户体验角度着重考虑。

②专门安排人员进行文档编制,需求与概要设计先于开发,编码测试文档与开发同步进行。

3.2　软件项目计划

1　**项目简介**(Introduction)

相信大家现在都在为iPhone 4S中的siri引以为傲,不过现在Android中的iris也不逊色,但就智能处理这块ios5有着它独有的特色。我们所需要开发的应用就是与iPhone 4S中的siri一样的功能,中间运用了很多现有高端技术,如NDK底层开发、云服务等,为实现Android中智能语音控制操作提供良好的服务。它主要是通过语音处理与使用者进行智能对话,完成使用者提出的针对移动终端的所有任务处理。例如,使用者说:武汉天气如何?终端回答:调出天气预报模块并将地点设置为武汉,获得武汉天气并同时用语音进行播报,告诉使用者武汉现在天气情况。又如,使用者说:打电话给×××;终端回答:调出电话拨号模块并设置拨号内容为×××的电话,进行拨号处理,同时语音播报"已向×××拨号"。作为Android移动终端上层应用开发,将统一使用Android SDK框架进行开发,根据项目组沟通确定开发所采用的技术(纯上层应用开发使用Java语言开发;上层+底层开发则使用Java+C/C++协同完成开发)。

2　**交付件**(Deliverables and Acceptance Criteria)

S. No.	交付件(Deliverable)
01	项目立项报告
02	项目计划(简版)
03	需求规格说明书
04	系统设计说明书
05	项目最终代码
06	项目介绍PPT
07	项目关闭总结报告
08	个人总结

3　WBS **工作任务分解**

序　号	工作包	工作量/人天	前置任务	任务易难度	负责人
1	项目启动	1	无	易	* * *
2	项目规划	1	项目启动	易	* * *
3	需求分析	6	项目规划	较难	* * *, * * *
4	需求评审	2	需求分析	易	* * *, * * *
5	系统设计	6	需求分析	难	* * *, * * *
6	设计评审	4	系统设计	易	* * *, * * *
7	模块1实现及测试	20	设计评审	易	* * *, * * *, * * *, * * *
8	模块2实现及测试	28	设计评审	很难	* * *, * * *, * * *, * * *

续表

序　号	工作包	工作量/人天	前置任务	任务易难度	负责人
9	模块3实现及测试	28	设计评审	难	＊＊＊,＊＊＊,＊＊＊,＊＊＊
10	模块4实现及测试	28	设计评审	很难	＊＊＊,＊＊＊,＊＊＊,＊＊＊
11	系统测试	1	模块4实现及测试	易	＊＊＊
12	项目验收	1	系统测试	易	＊＊＊
工作量总计/人天:126					

4　**项目甘特图**

编　号	任务名称	工　期	时　间																			
			2012年6月18日—7月6日																			
			18	19	20	21	22	23	24	25	26	27	28	29	30	1	2	3	4	5	6	7
1	项目启动	2																				
2	项目规划	3																				
3	需求分析	4																				
4	需求评审	2																				
5	系统设计	5																				
6	设计评审	2																				
7	模块1实现及测试	3																				
8	模块2实现及测试	3																				
9	模块3实现及测试																					
10	模块4实现及测试	2																				
11	系统测试	3																				
12	项目验收	2																				

3.3　软件需求规格说明书

关键词(Keywords):智能语音控系统。

摘要(Abstract):本软件可以通过语音处理与使用者进行智能对话,完成使用者提出的针对移动终端的所有任务处理。

缩略语 (Abbreviations)	英文全名 (Full Spelling)	中文解释 (Chinese Explanation)
APK	Android Package	安卓安装包
SDK	Software Development Kit	软件开发套件
API	Application Programming Interface	应用程序编程接口
IVC	Intelligent Voice Control	智能语音控
NDK	Native Development Kit	本地开发包

1 **简介**(Introduction)

1.1 目的(Purpose)

本文档描述的是"智能语音控系统"软件功能的需求点分析,本文档主要针对智能语音控制软件各个业务功能模块需求点进行业务、用例、功能上的分析,文档主要面向本项目开发本的项目组成员,让项目组成员充分了解本软件开发项目的需求、功能模块、业务逻辑等,从而完整、有效地开发以及实现软件全部的功能。

本系统以团队协作的形式进行研发,个人研发可根据选用的系统功能模块,计算裁剪后的系统规模。

1.2 范围(Scope)

本需求规格说明文档包括总体概述、功能需求、性能需求、接口需求、总体设计约束、软件质量特性、其他需求、需求分级、待确定问题、附录相关章节,每章节分别提出针对本流量监控项目不同层面的分析。

2 **总体概述**(General Description)

2.1 软件概述(Software Perspective)

2.1.1 项目介绍(About the Project)

相信大家现在都在为 iPhone 4S 中的 siri 引以为傲,不过现在 Android 中的 iris 也不逊色,但就智能处理这块 ios5 有着它独有的特色。所需要开发的应用就是与 iPhone 4S 中的 siri 一样的功能,中间运用了很多现有高端技术,如 NDK 底层开发、云服务等,为实现 Android 中智能语音控制操作提供良好的服务。主要是通过语音处理与使用者进行智能对话,完成使用者提出的针对移动终端的所有任务处理。例如,使用者说:武汉天气如何?终端回答:调出天气预报模块并将地点设置为武汉,获得武汉天气并同时用语音进行播报,告诉使用者武汉现在天气情况。又如,使用者说:打电话给×××;终端回答:调出电话拨号模块并设置拨号内容为×××的电话,进行拨号处理,同时语音播报"已向×××拨号"。

2.1.2 产品环境介绍(Environment of Product)

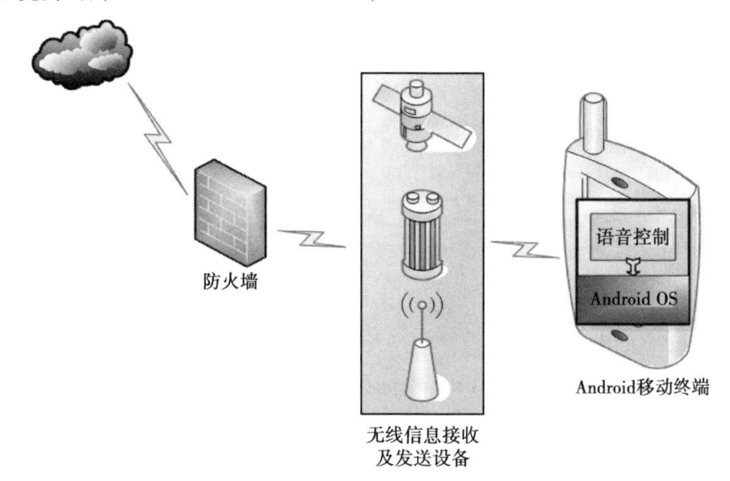

2.2 软件功能(Software Function)

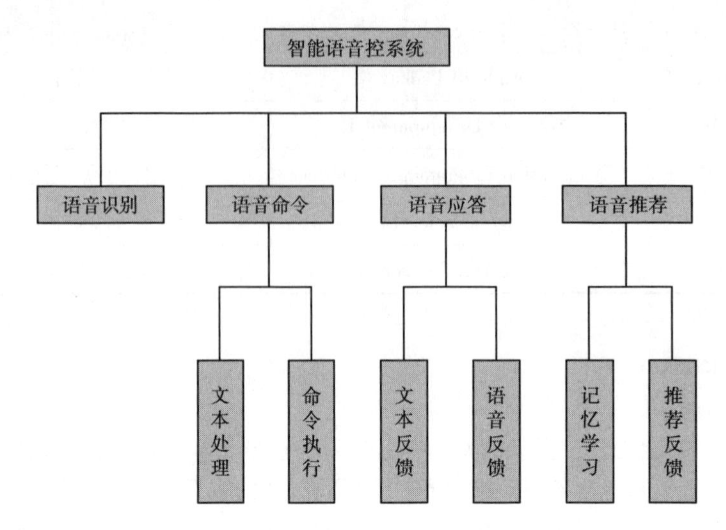

系统功能模块描述说明:

2.2.1 语音识别

采集用户的语音的命令,经过专业语音识别端将语音信息转化为文本信息并存储,为后续功能作准备。

2.2.2 语音命令

此模块包括两个方面内容:文本处理和命令执行。文本处理包括文本复述处理以及分析处理。在文本复述中,根据语音识别模块的原始文本信息,根据用户所提出的命令,系统所要提供的功能要求不同,用以下两种方式之一与用户交互:原始文本显示到屏幕上,供用户确认;以问句形式,供用户选择。在显示文本的同时,为本文配音。在分析处理中,将语音识别模块中得到的文本信息进行自然语言处理,包括分词和分析语义步骤。分析结束后,提取命令信息,调用手机本地软件,为用户提供相应的服务。

2.2.3 语音应答

此模块包括两个方面:文本反馈和语音反馈。该模块支持用户非命令性提问,如日常对话的应答服务,以文本和语音两种方式呈现,加强与用户的交互性与趣味性。

2.2.4 语音推荐

此模块包括两个方面:记忆学习与推荐反馈。根据用户常用命令以及问答,进行记忆学习,为常用命令或应答设置优先级。然后根据优先级,为用户优先提供服务以及推荐信息或列表。

2.3 角色(Actors)

用户:Android 手机智能操作系统移动终端中所有安装了本系统软件的手机移动终端操作用户。

2.4 假设和依赖关系(Assumptions & Dependencies)

该系统的操作设计简单,用户不需要具备相应的专业业务知识。本软件配有帮助说明文档,方便用户快速学习使用过程。同时,本软件使用过程中有明显的操作提示,用户可根据提示进行相关操作、查看网络流量信息数据等。

依赖的运行环境指定为基于 Android 智能操作系统平的手机,或是基于 Android 智能操作系统平的手机模拟器(Cell Phone Emulator)。

本项目依赖 Android 构架进行开发,Android 构架如下:

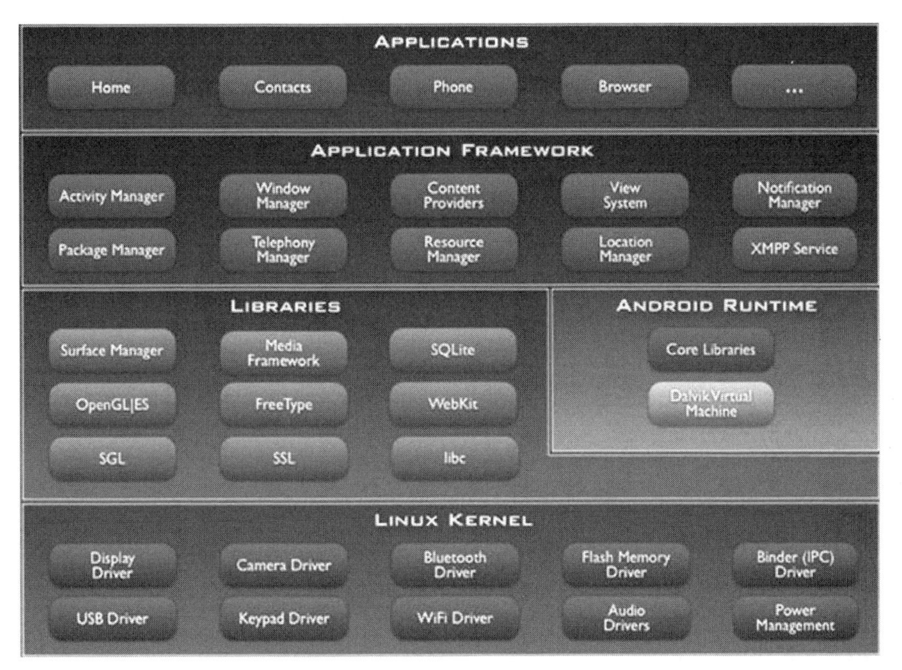

3　**功能需求**(Functional Requirements)

3.1　用例图(Use Case Diagram)

系统整体用例图如下:

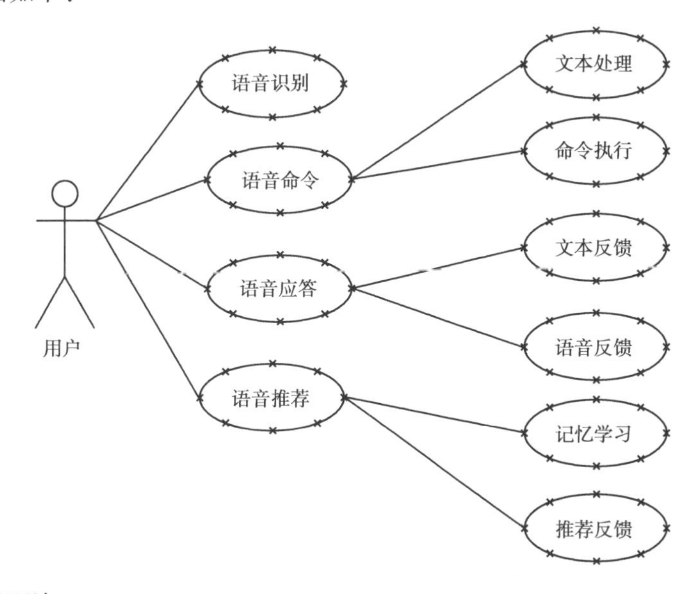

3.2　语音识别

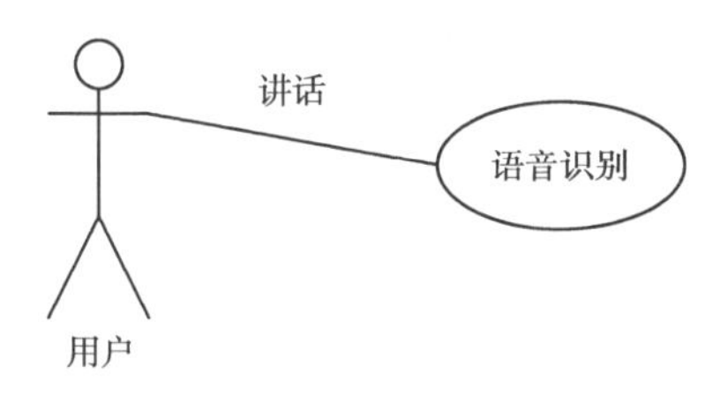

3.2.1　简要说明(Goal in Context)

语音识别界面是本软件直接与用户对话的窗口,语音打开智能语音控功能后,系统出现该界面,以中文提示语提示用户开始说话。若用户不想说话,也可单击“取消”按钮,或者说出“取消”。

3.2.2　前置条件(Preconditions)

需要Android手机移动终端操作用户打开Android手机移动终端,并且安装智能语音控系统程序,在安装成功后运行本智能语音控系统程序,智能语音控系统程序将会给Android手机移动终端操作用户呈现这个Logo界面并鼓励用户开始说话。

3.2.3　后置条件(End Condition)

Android手机移动终端操作用户在完成语音输入后,本智能语音控系统程序就会进行相关命令执行或者语音文本应答。

3.2.4　角色(Actors)

用户:Android手机移动终端中所有安装了本系统软件的手机移动终端操作用户。

3.2.5　触发条件(Trigger)

在安装智能语音控系统程序成功后运行本智能语音控系统程序,程序运行后将会给手机移动终端操作用户呈现这个Logo界面鼓励用户讲话。

3.2.6　基本事件流描述(Description)

步骤(Step):

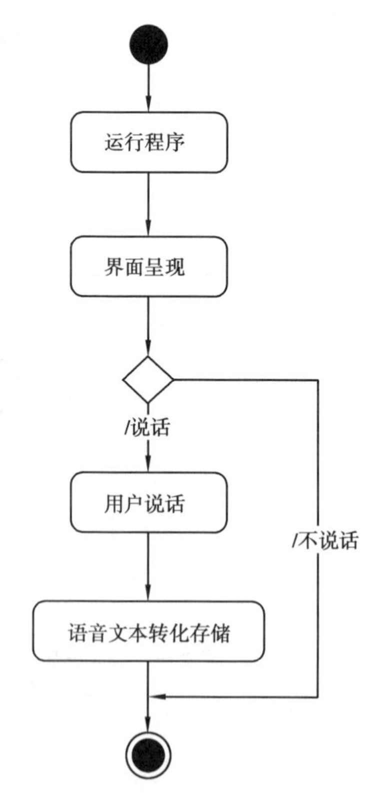

①运行成功安装的手机流量监控系统。

②智能语音控系统程序将会显示界面信息及图形。

③用户自行决定是否说话。若不说,则退出该程序。

④若用户开始说话,程序记录用户语音信息。

⑤程序将语音信息转化为文本信息存储。

3.3　语音命令

3.3.1　简要说明(Goal in Context)

模块提供让用户用语言使用手机各服务软件的功能。用户发布口语指令,如"发短信给张三",系统处理该语音信息,通过自然语言处理,提取出命令指令,调用相关应用,打开用户所需的服务。系统打开相应服务后,会一步步提示用户进行下步操作,如短信发给谁,发信内容,请用户口述,口述完成后,让用户口头确认短信文本内容,然后口头确认是否发送。该模块的关键在于互动性以及语音文本处理的准确性。

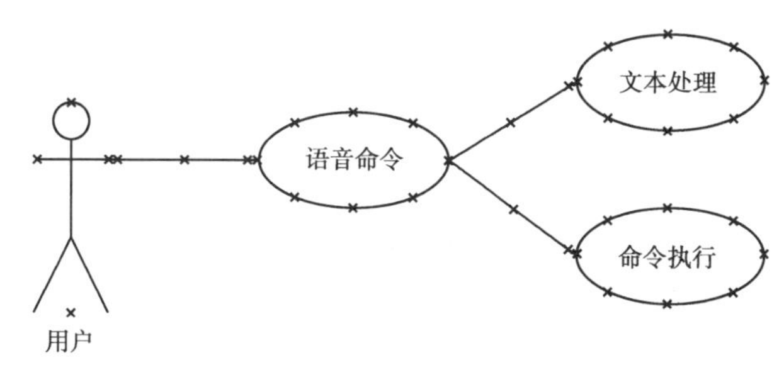

3.3.2　前置条件(Preconditions)

Android 手机移动终端操作用户运行手机中本手机智能语音控系统软件,待用户的语音输入完毕后,语音文本化后存储在本地数据库后,后续工作才能进行。

3.3.3　后置条件(End Condition)

根据语音信息的文本分析处理,调用手机相关软件,供用户进行操作。

3.3.4　角色(Actors)

用户:Android 手机移动终端中所有安装了本系统软件的手机移动终端操作用户。

3.3.5　触发条件(Trigger)

Android 手机移动终端操作用户运行手机中本手机智能语音控系统软件,待用户的语音输入完毕后,语音文本化并已存储。

3.3.6　基本事件流描述(Description)

步骤(Step):

①语音识别后,取出该原始语音文本。

②对该文本进行分词以及语义分析。

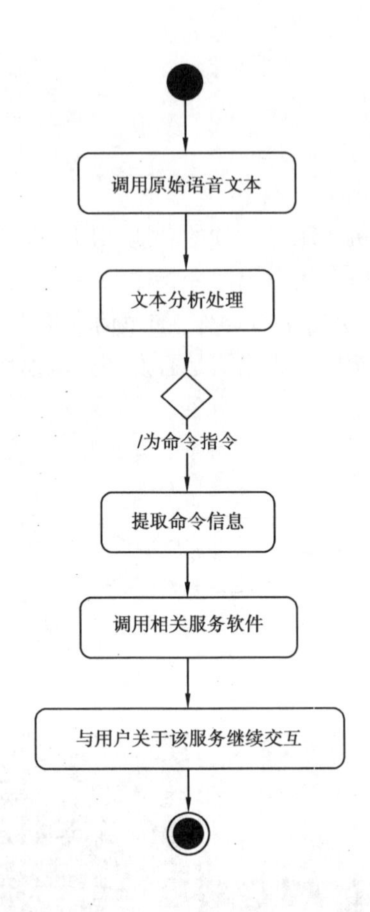

③提取相关命令信息。

④根据命令信息,调用手机相关软件服务的 API,打开该软件。

⑤在该软件界面上与用户继续语音交互。

3.4 语音应答

3.4.1 简要说明(Goal in Context)

该模块将本系统软件当成模拟机器人,用户可与其进行日常对话,正如参考界面那样,可以向其提问,并获取其对话,对话将以文本和语音形式同时呈现。该模块主要加强该智能语音控系统软件的趣味性以及用户体验性。

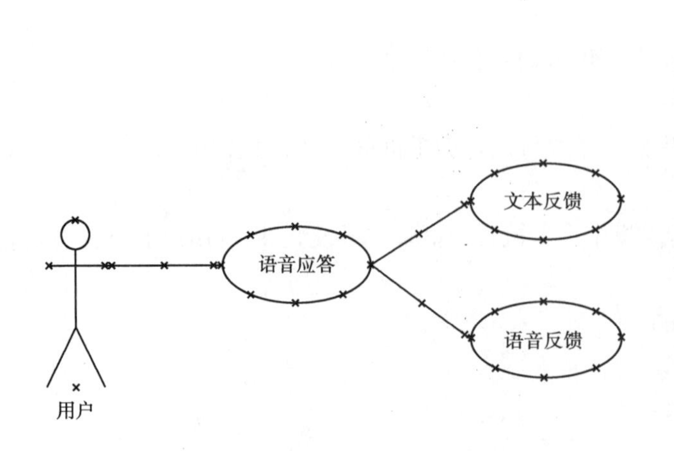

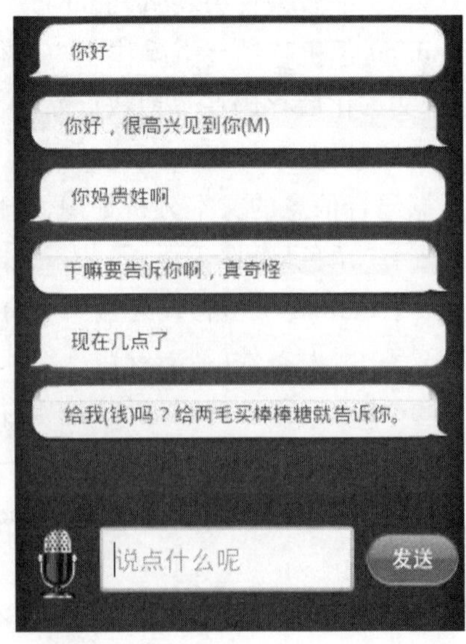

3.4.2 前置条件(Preconditions)

Android手机移动终端操作用户运行手机中本手机智能语音控系统软件,待用户的语音输入完毕后,语音文本化后存储在本地数据库后,后续工作才能进行。

3.4.3 后置条件(End Condition)

对用户语音信息进行分析,发现为非命令性指令,随即调用相关应答语句与用户交互。

3.4.4 角色(Actors)

用户:Android手机移动终端中所有安装了本系统软件的手机移动终端操作用户。

3.4.5 触发条件(Trigger)

Android手机移动终端操作用户运行手机中本手机智能语音控系统软件,待用户的语音输入完毕后,语音文本化并已存储,且语义分析时为非命令性语言。

3.4.6 基本事件流描述(Description)

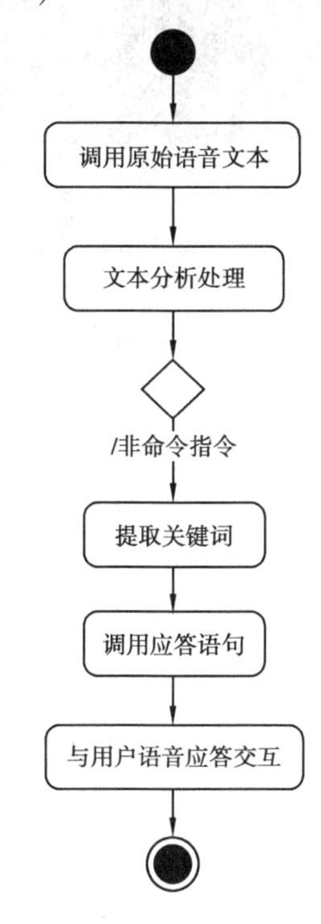

步骤(Step):

①语音识别后,取出该原始语音文本。

②对该文本进行分词以及语义分析。

③若为非命令信息,提取关键词。

④调用应答语句。

⑤在该软件界面上与用户继续语音应答交互。

3.5 语音推荐

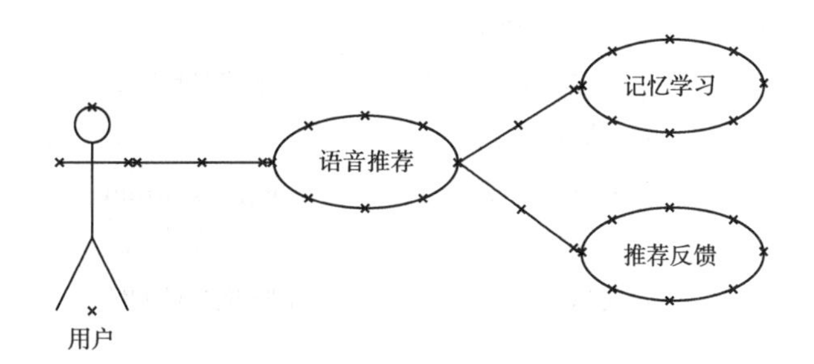

3.5.1　简要说明(Goal in Context)

语音推荐模块是相当智能的模块,它可以记忆用户的喜好,包括口令、使用软件的频率及常用邮箱等。当用户使用语音控制功能相对较多后,系统能提供用户常用软件、邮箱等的推荐列表,提高用户的使用效率与满足感。

3.5.2　前置条件(Preconditions)

Android 手机移动终端操作用户运行手机中本手机智能语音控系统软件,多次使用语音命令后,记忆学习有一定的训练集后,推荐列表将逐步完善。

3.5.3　后置条件(End Condition)

用户根据推荐列表的信息,进行快速选择并发布指令。

3.5.4　角色(Actors)

用户:Android 手机智能操作系统移动终端中所有安装了本系统软件的手机移动终端操作用户。

3.5.5　触发条件(Trigger)

在用户多次使用语音控制后,用户发布口语指令,系统自动呈现推荐列表。

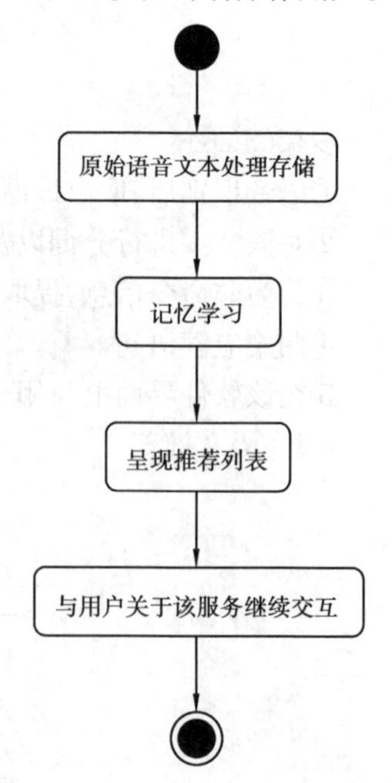

3.5.6　基本事件流描述(Description)

步骤(Step):

①用户输入语音信息后,进行语音信息文本化。

②将大量语音文本信息进行数据挖掘,进行记忆学习。

③形成推荐列表,在用户下次使用时,呈现相关推荐列表。

4　**性能需求**(Performance Requirements)

智能语音系统软件设计时需要考虑的性能限定有:

app 安装文件大小:本手机流量软件 app 安装文件占用的磁盘空间(手机存储设备的空间)应在 800 KB 左右范围。

SDK 版本:本手机流量软件可以在 SDK2.2 及更高版本的 Android 手机系统中安装并运行。

操作响应时间:智能语音系统软件在操作时,软件的平均响应时间,即反应速度应小于等于 2 s。

5　**接口需求**(Interface Requirements)

5.1　用户接口(User Interface)

5.1.1　语音识别

屏幕格式:640×480。

页面规划:登录图片。

输入输出:用户语音。

组合功能键:无。

5.1.2　语音命令

屏幕格式:640×480。

页面规划:简洁背景,出现文本提示语,指导用户发布进一步语音命令,确认命令后,系统调用手机中其他软件界面。

输入输出:用户语音输入,文本提示语以及配音输出。

组合功能键:无。

5.1.3　语音应答

屏幕格式:640×480。

页面规划:简洁背景,出现用户语音的文本,以及系统应答文本,按顺序横向排列。

输入输出:用户语音输入,用户语音文本、系统应答文本以及配音输出。

组合功能键:无。

5.1.4　语音推荐

屏幕格式:640×480。

页面规划:简洁背景,用户输入语音命令,出现文本提示语,此时包括推荐列表,指导用户发布进一步语音命令,与用户进一步交互。

输入输出:用户语音输入,文本提示语(包括推荐列表)以及配音输出。

组合功能键:无。

5.2　硬件接口(Hardware Interface)

智能语音控系统软件需在Android智能操作系统平台的手机移动终端上使用,并且手机移动终端要求有16 M内存、2 M的存储空间、拥有无线3G网卡设备(无线3G网卡就确保智能语音控系统软件使用网络访问功能的硬件接口,尤其是与web端的语料库相连获取语料信息,用于文本处理)。

5.3　通信接口(Communication Interface)

通信接口:TCP/IP协议

中国可使用的智能手机移动无线网络:GSM/WCDMA/CDMA2000/TD-SCDMA。

6　**总体设计约束**(Overall Design Constraints)

6.1　标准符合性(Standards Compliance)

智能语音控系统软件的开发在源代码上遵循java编程规范及其开发标准。

运行myeclipse开发环境和ADT插件。

文档依据深圳市软酷网络科技有限公司文档标准。

6.2　硬件约束(Hardware Limitations)

智能语音控系统软件只能在Android智能操作系统手机平台上正常运行,手机至少要有2 M的剩余空间。

智能语音控系统软件PC机模拟器的配置需要2 GB以上的内存,奔腾4以上的处理器,Windows XP sp2及以上升级包的XP系统。

6.3 技术限制(Technology Limitations)

6.3.1 数据库

智能语音控系统软件不使用数据库。

6.3.2 操作系统

智能语音控系统软件只适用于Android智能操作系统平台SDK在2.2及以上的智能手机移动终端。

6.3.3 并行操作

智能语音控系统软件主要是对手机移动终端使用过程中调用其他软件,所以要能与软件同时运行,并且运行在后台,只有用户需要语音输入时,才将界面显示出来。

7 软件质量特性(Software Quality Attributes)

7.1 可用性(Usability)

本软件逻辑简单,结构明确,用户只需语音操作即可使用手机中其他服务,用户不必分心再寻找人机界面的菜单或理解软件结构、人机界面的结构与图标含义,不必分心考虑如何把自己的任务转换成计算机的输入方式和输入过程。

本软件用人类语言向用户显示操作的提示,无须用户掌握任何软件知识。

本软件交互界面简单直观,用户不必为操作分心。

本软件运行相对独立,可单独运行,也可与其他软件并行运行。

本软件交互界面简单直观,易于用户理解使用。

本软件操作简单,数据明确,用户即使不通过帮助文档,也能快速地正常使用本软件。同时,本软件也会提供相应的帮助文档。

7.2 可靠性(Reliability)

容错性:本软件在用户进行非法输入时,系统会给出提示信息内容并返回输入界面。

可恢复性:本软件数据为实时网络访问使用数据分析,故暂时不可恢复历史数据。

7.3 可测试性(Testability)

可观察性:本软件在交互界面向用户显示所需的内容,即交互界面所显示的就应是用户所需要的服务。

可控制性:本软件前台交互界面在运行时自动调取后台数据,即整个软件属于半自动执行,无须进行复杂的人工手动操作。

可分解性:本软件分为前台交互界面和后台运行程序,两部分相对独立,前台交互仅在运行时调用后台数据。

简单性:本软件逻辑相对单一简单,从根本上只需要保证语音信息的正确提取与正确显示。

易理解性:本软件可实时提取语料库数据,可随时获取所需测试数据。

7.4 可移植性(Portability)

本软件采用通用的程序设计语言和运行支撑环境,后台抓取流量程序与前台交互界面都和底层系统相关性弱,能够较易地转移到另一环境。

7.5 易用性(Usability)

易懂性:简单清晰的交互界面,单凭观察,用户就应知道设备的状态,以及该设备供选择可以采取的行动。

易学性:即使用户不通过帮助文件,用户也能对本软件有清晰的认识。同时,本软件也会提供简单的帮助文档。

易操作性:本软件操作简单,用户即使不通过帮助文件,也能够正常操作。同时,本软件也会提供简单的操作帮助文档。

8　其他需求(Other Requirements)

8.1　数据库(Database)

智能语音控系统软件不采用数据库存储,因为数据库速度太慢。主要使用文本文件存储自然语言处理的语料库,语料库存储名词、动词、形容词的相关记录。语料库将存放在手机本地以及本小组自行搭建的web服务器端。

8.2　测试需求(Testing Requirements)

①交互界面正常显示。

②正确获取语音文本信息。

③正确显示命令执行效果。

④正确显示推荐列表。

⑤正确显示用户语音文本以及系统应答文本。

8.3　操作(Operations)

本软件只允许用户进行限制性操作,即只允许用户选择交互界面上所给出的提示进行操作,同时也不支持用户对任何代码进行任何形式的更改。

8.4　错误处理(Error Handling)

本软件对用户输入错误时进行提醒,并等待用户的下次输入。

9　本地化(Localization)

本软件符合中国Android手机用户的需求,支持中文。

10　需求分级(Requirements Classification)

需求ID (Requirement ID)	需求名称 (Requirement Name)	需求分级 (Classification)
IVC001-1	语音识别	A
IVC001-2	文本处理	A
IVC001-3	命令执行	A
IVC002-1	文本反馈	B
IVC002-2	语音反馈	B
IVC003-1	记忆学习	C
IVC003-2	推荐反馈	C

重要性分类如下:

①必需的绝对基本的特性:如果不包含,产品就会被取消。

②重要的不是基本的特性:但这些特性会影响产品的生存能力。

③最好有的期望的特性:但省略一个或多个这样的特性不会影响产品的生存能力。

11　待确定问题(Issues To Be Determined)

需求ID (Requirement ID)	问题描述 (Description)	影响 (Effect)(H/M/L)	风险 (Risk)	责任人 (Responsibility)	解决日期 (Resolving Date)	状态 (Status) (Open/Close)
IVC003-1	如何建立记忆训练网络	有效的记忆训练网络能提高推荐力度与准确度	算法要求高,可能因时间限制完不成该模块	* * *	2012年6月25日	Open

12 **附录**(Appendix)

12.1 可行性分析结果(Feasibility Study Results)

基于以上内容,本项目的可行性非常大,操作较为简单,主要难题集中在文本处理的算法设计上。根据开发人员自身知识掌握水平和开发环境估计,记忆学习尚且没有解决技术要点。除此之外,其他的可以顺利完成。

12.2 参考资料清单(List of Reference)

[1] 埃史尔. Think in java:中文版[M].4 版. 北京:机械工业出版社,2007.
[2] 杨丰盛. ANDROID 应用开发揭秘[M]. 北京:机械工业出版社,2010.
[3] 余志龙,郑明杰,等. Android SDK 开发范例大全[M]. 北京:人民邮电出版社,2009.
[4] 王晓. J2ME 程序开发实用案例从入门到精通[M]. 北京:清华大学出版社,2007.
[5] 万辉,王军. 基于 Eclipse 环境的 J2ME 应用程序开发[M]. 北京:清华大学出版社,2009.
[6] 陆东林,国刚. J2ME 开发技术原理与实践教程[M]. 北京:机械工业出版社,2008.
[7] 孙卫琴. Java 面向对象编程[M]. 北京:电子工业出版社,2006.
[8] 薛超英. 数据结构[M]. 武汉:华中科技大学出版社,2002.
[9] 张素琴,吕映芝,蒋维杜,等. 编译原理[M]北京:清华大学出版社,2008.

3.4 软件设计说明书

关键词(Keywords):

摘要(Abstract):

缩略语 (Abbreviations)	英文全名 (Full Spelling)	中文解释 (Chinese Explanation)
API	Application Programming Interface	应用程序编程接口
APK	Android Package	安卓安装包
ASR	Automatic Speech Recognition	自动语音识别
GPS	Global Positioning System	全球定位系统
SDK	Software Development Kit	软件开发套件
Sqlite DB	Sqlite Database	Sqlite 数据库
TTS	Text To Speech	文本语音合成
WIFI	Wireless Fidelity	无线宽带
XML	Extensible Markup Language	可扩展标记语言

1 **简介**(Introduction)

1.1 目的(Purpose)

本文档描述的是"基于 Android 平台的智能语音控制系统"软件功能的概要设计说明,本文档主要针对智能语音控软件各个业务功能层次和模块进行分析和设计。文档主要面向本项目开发本的项目组成员,让项目组成员充分了解本智能语音控软件开发项目的设计细节,包括结构、分解、依赖性以及接口描述,每个模块细化到UML图解、方法、参数名等,从而完整、准确、科学地开发以及实现软件全部的功能。

1.2　范围(Scope)

1.2.1　软件名称(Name)

智能语音控制系统。

1.2.2　软件功能(Functions)

系统主要完成语音操控、AI调用功能,详细内容可参考需求分析文档——软件功能。

1.2.3　软件应用(Applications)

本软件为手机平台应用,主要面向一般手机用户,应用于调用手机功能、查询以及对话等生活领域,详细内容可参考需求分析文档——项目介绍。

2　**第0层设计描述**(Level 0 Design Description)

2.1　软件系统上下文定义(Software System Context Definition)

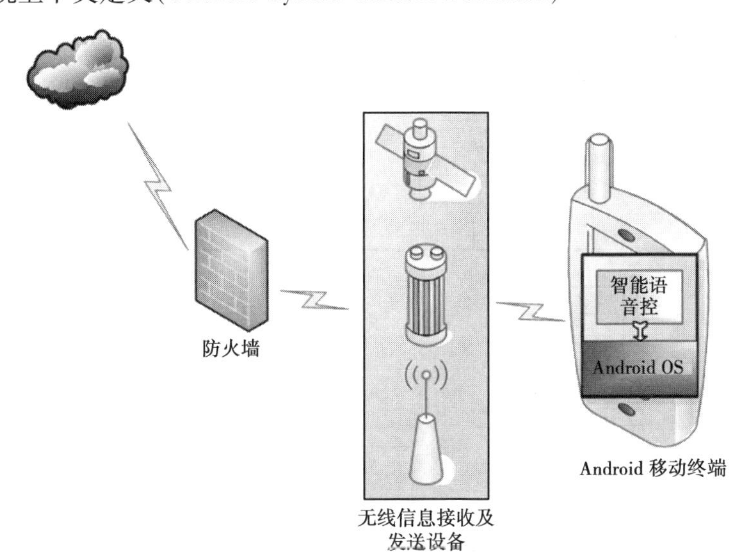

本系统依赖Android架构进行开发,需在Android操作平台的手机移动终端上使用,并要求拥有无线3G网卡设备,可访问使用网络资源。

2.2　设计思路(Design Considerations)

2.2.1　设计可选方案(Design Alternatives)

本系统采用低耦合高内聚的模块化设计,将主系统模块与UI部分结合,以实时反馈处理来自不同功能模块的信息,最终反馈到界面与用户进行交互。功能性模块包括语音识别模块、文本处理模块、命令识别部分和语音反馈部分以及屏幕反馈部分,每个模块都与主系统模块相联系,并且互相之间尽量避免通信,以保持良好的封装性和数据独立性。另外,异常处理模块跟踪全部的功能跳转,并实时报错。

2.2.2　设计约束(Design Constraints)

(1)遵循标准(Standards compliance)

本智能语音控软件的开发在源代码上遵循java编程规范及其开发标准。

运行Eclipse开发环境和ADT插件。

文档依据深圳市软酷网络科技有限公司文档标准。

(2)硬件限制(Hardware Limitations)

本智能语音控软件需在Android智能操作系统平台的手机移动终端上使用,并且手机移动终端要求有 16 M 内存、2 M 的存储空间、拥有无线 3G 网卡设备(无线 3G 网卡就确保智能平台移动手机终端使用网络访问功能的硬件接口,如无此设备智能平台移动手机终端无法访问使用网络资源,将无法实现语音识别功能)。

本智能语音控软件 PC 机模拟器的配置需要 2 GB 以上的内存,奔腾 4 以上的处理器,Windows XP sp2 及以上升级包的 XP 系统。

(3)技术限制(Technology Limitations)

本智能语音控软件只适用于 Android 智能操作系统平台 SDK 在 2.2 及以上的智能手机移动终端。

本智能语音控软件应能与所有可调用功能性应用并行执行。

2.2.3 其他(Other Design Considerations)

暂无。

3 **第一层设计描述**(Level 1 Design Description)

3.1 系统结构(System Architecture)

3.1.1 系统结构描述(Description of the Architecture)

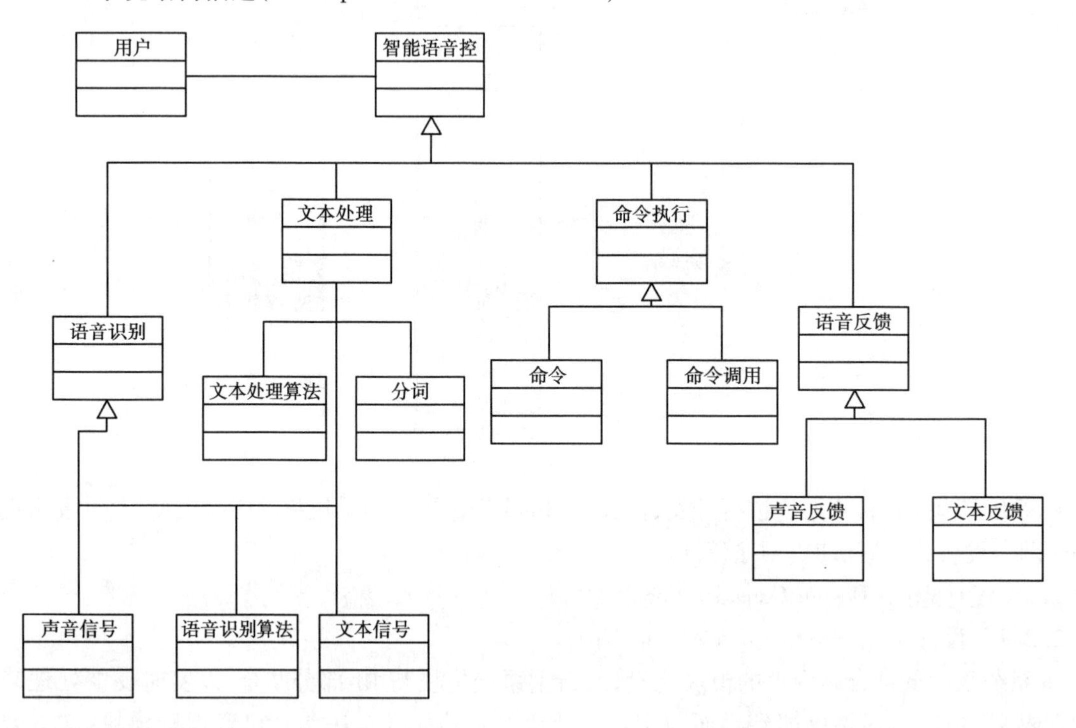

如上图所示,主程序 mainActivity 包含于 UI 模块,整个系统将以 UI 模块作为主要处理中枢。voice 模块处理语音识别与合成,只与 UI 模块存在通信接口;analysis 模块处理分词,只与 UI 模块存在通信接口;call 模块处理语义,同时与 UI 模块及各种本机(或远程)应用程序存在通信接口。

3.1.2 业务流程说明(Representation of the Business Flow)

如下图所示,本系统以 UI 模块作为时间轴常驻对象。通过 UI 进行针对不同模块的调用和通信,分别完成语音识别、文本处理、命令执行功能、语音反馈以及屏幕反馈功能。

3.2 分解描述(Decomposition Description)

3.2.1 语音识别模块描述

(1)简介(Overview)

语音识别模块主要处理输入输出的语音流,包括接收用户输入的语音命令,输出系统合成的语音播报反馈,另外还有简单的文字字符串分句解析。本模块目的是将人类语音转换成文本字符串。

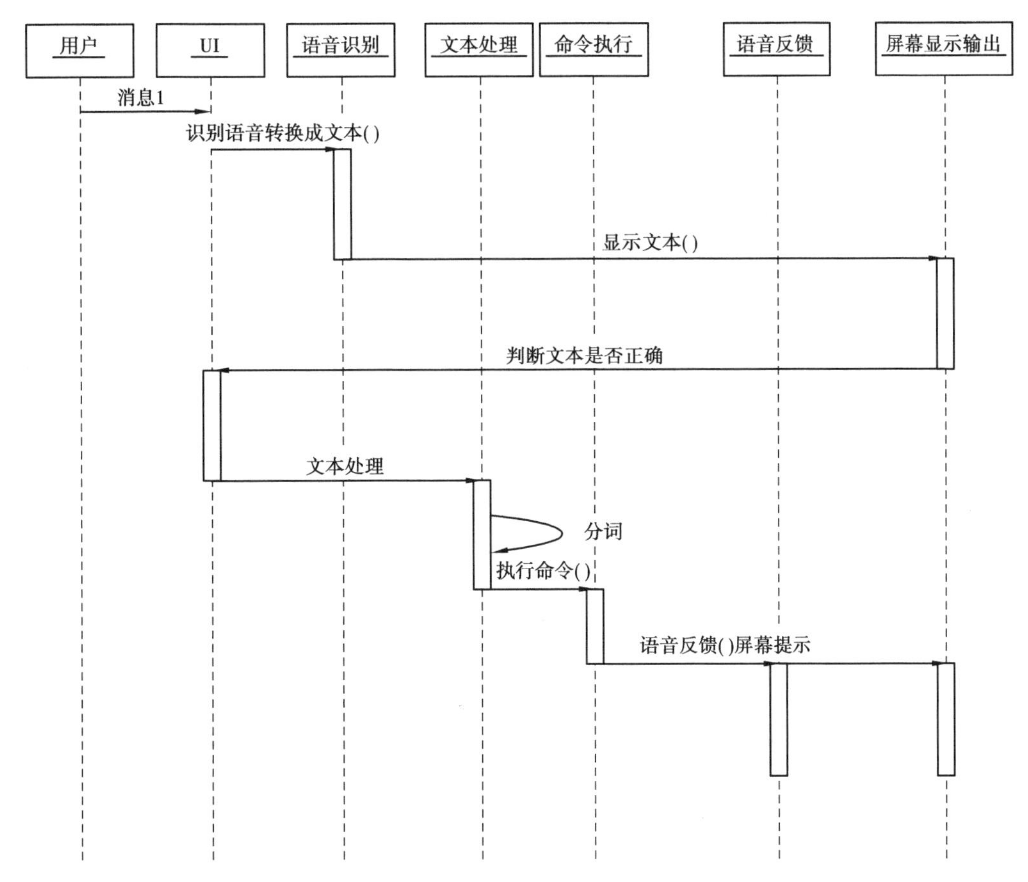

(2)功能列表(Functions)

语音识别:接收用户语音命令,录音并上传,在服务器端将语音信息转换成中文字符串并返回。

3.2.2 文本处理模块描述

(1)简介(Overview)

文本处理模块主要将句子根据预先设计的规则进行分词,检测关键词及参数内容提取,判断是否进行系统功能调用或报错。本模块的目的是将自然语句转化成机器可识别的命令语句。

(2)功能列表(Functions)

文字分词:将语音解析得到的句子进行细致分割,得到一系列词汇,按照一定逻辑进行过滤与检测,提取其中的关键动作命令和目标内容为关键字。

语义分析:根据文字分词提取出的关键字判断是否产生系统调用,若是则判断是进行本地还是远程调用,同时提取其他关键字为参数,准备进行调用和参数传递,若否则报错。

3.2.3 命令执行模块描述

(1)简介(Overview)

命令执行模块主要处理已识别出的命令,根据命令和参数进行相应的本地或远程功能调用。本模块的目的是实现命令语句功能并反馈到用户界面。

(2)功能列表(Functions)

本地调用:调用本地 app 完成基本功能实现。

远程调用:调用 Google API 或联网第三方软件完成扩展功能实现。

3.2.4 语音反馈模块描述

(1)简介(Overview)

语音反馈模块主要将对用户语音以简单对话的形式进行反馈,通过麦克风反馈给用户。

(2)功能列表(Functions)

语音反馈:将要对用户反馈的信息通过语音合成反馈给用户。

3.2.5　屏幕反馈模块描述

(1)简介(Overview)

屏幕反馈模块主要将对用户语音以屏幕显示的对答形式进行反馈,通过界面反馈给用户。

(2)功能列表(Functions)

语音反馈:将要对用户反馈的信息通过屏幕显示给用户。

3.3　依赖性描述(Dependency Description)

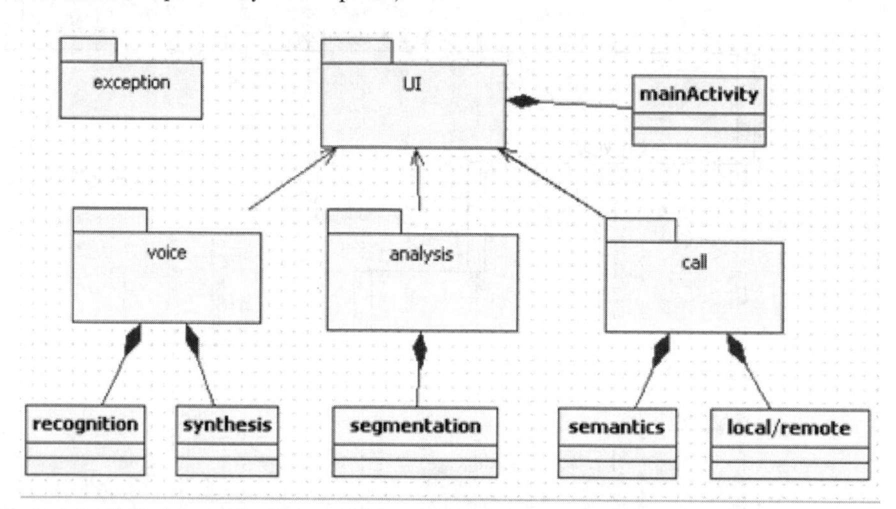

各个模块的分层信息与互联信息如图所示,其中异常处理在每个模块都有调用。

3.4　接口描述(Interface Description)

3.4.1　用户接口(User Interface)

(1)欢迎信息

屏幕格式:640×480。

页面规划:欢迎界面,给用户简单的提示和话筒按钮。

输入输出:等待用户按下话筒按钮后,输出提示"请说出内容,请保持语气平稳、语速适中/请距离麦克风10厘米左右"。

(2)语义识别

屏幕格式:640×480。

页面规划:响应界面,通过类似消息框的模式反馈经判断后的调用情况。

输入输出:输出正在执行的过程以及传递的重要参数。

(3)本地/远程调用

屏幕格式:640×480。

页面规划:响应界面,根据调用应用的不同显示相应的界面。

输入输出:无。

3.4.2　软件接口(Software Interface)

本系统的语音操控模块中使用科大讯飞语音SDK作为语音识别与合成部分的核心技术。通过注册科大讯飞账号,获取开发id,调用科大讯飞提供的语音接口,利用科大讯飞提供的云服务,实现语音汉字之间的相互转换。

3.4.3　硬件接口(Hardware Interface)

本智能语音控软件需在Android智能操作系统平台的手机移动终端上使用,并且手机移动终端要求有16 M内存、2 M的存储空间、拥有无线3G网卡设备(无线3G网卡就确保智能平台移动手机终端使用网络访问功能的硬件接口,如无此设备智能平台移动手机终端无法访问使用网络资源,将无法实现语音识别功能)。

3.4.4 通信接口(Communication Interface)

通信接口:TCP/IP协议。

中国可使用的智能手机移动无线网络:GSM/WCDMA/CDMA2000/TD-SCDMA。

4 **第二层设计描述**(Level 2 Design Description)

4.1 用户界面模块

4.1.1 模块设计描述(Design Description)

用户界面模块是用户与手机进行交互的接口,同时也维护着整个程序的主线程。

(1)MainActivity类

1)标识(CI Identification)

Android_UI_MainActivity

所在包名:com. intellegent. ui

2)简介(Overview)

本类的功能主要有提供用户操作界面、与其他模块进行交互,并最终得到处理结果。

3)类定义(Definition)(Optional)

```
MainActivity
-progressDialog: ProgressDialog
-lstView: ListView
-editView: EditText
-handleResult: String
-voiceInputBtn: ImageButton
-sendBtn: ImageButton
-voiceBtn: ImageButton
-container: RelativeLayout
-editBar: RelativeLayout
-voiceBar: RelativeLayout
-inputHandler: InputHandler
-outputHandler: OutputHandler
-segment: Segmentation
-intelligentAnalyzer: IntelligentAnalyzer
~handler: Handler
+onCreate(savedInstanceState: Bundle): void
+onOptionsItemSelected(item: MenuItem): boolean
+onCreateOptionsMenu(menu: Menu): boolean
-init(): void
-feedBack(answerStr: String): void
-addToList(msg: String, isInput: boolean): void
+messageHandler(msg: Object, handlerType: int): void
```

(2)MyAdapter类

1)标识(CI Identification)

Android_UI_ MyListAdapter

所在包名:com. intellegent. ui

2)简介(Overview)

本类的功能主要有提供用户操作界面的ListView组件适配器。

3)类定义(Definition)(Optional)

(3)ListItemVO类

1)标识(CI Identification)

Android_UI_ ListItemVO

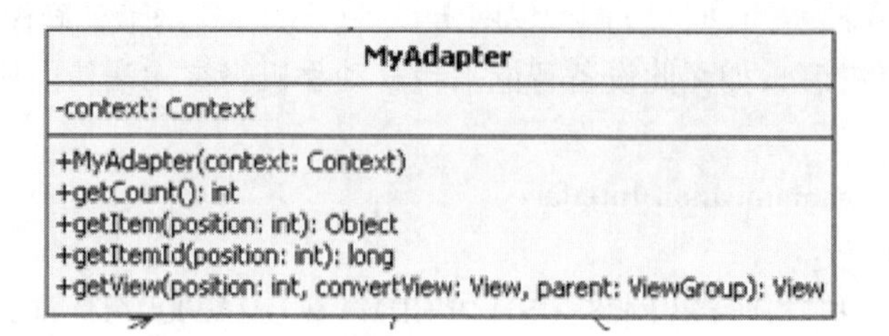

所在包名:com. intellegent. ui

2)简介(Overview)

本类的功能主要有提供用户操作界面的 ListView 组件的值对象。

3)类定义(Definition)(Optional)

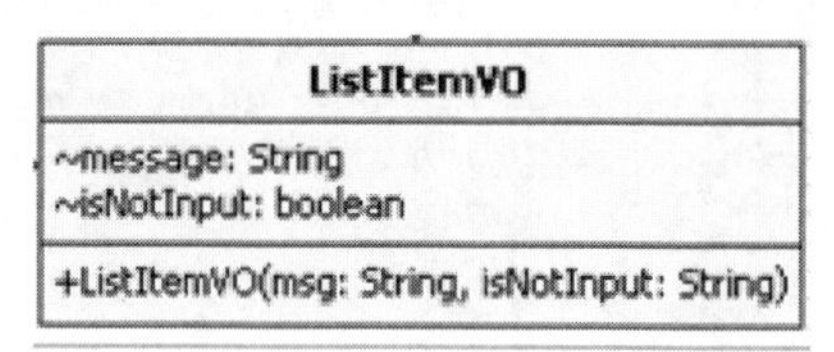

(4)ViewHolder 类

1)标识(CI Identification)

Android_UI_ ViewHolder

所在包名:com. intellegent. ui

2)简介(Overview)

本类的功能主要有为 MyAdapter 适配器的 ListView 进行值分配。

3)类定义(Definition)(Optional)

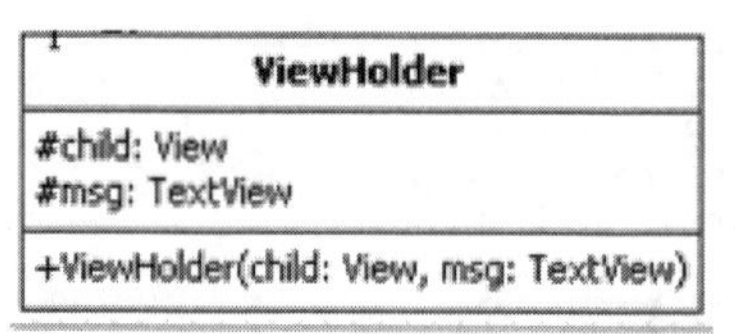

4.1.2 功能实现说明(Function Illustration)

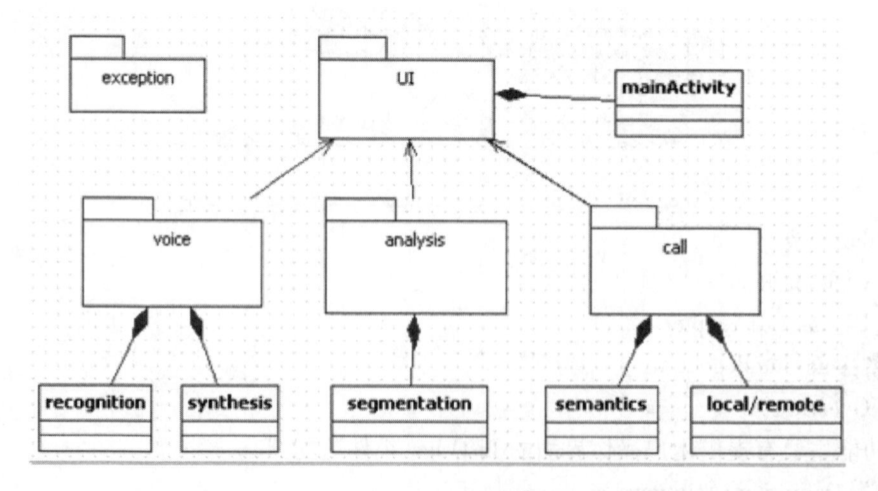

如上图所示,UI 模块通过 MainActivity 类,与不同的模块之间进行通信与交互,并最终实现不同的功能调用。

4.2　语音识别模块

4.2.1　模块设计描述(Design Description)

语音识别模块是智能语音控软件的核心功能。在语音处理模块中,通过调用科大讯飞所提供的程序,将语音输入转换成中文字符串或将中文字符串转换成语音输出。

(1)InputHandler 类

1)标识(CI Identification)

Android_VOICE_InputHandler

所在包名:com. intellegent. voice

2)简介(Overview)

本类的功能主要有对语音输入进行处理,并返回中文字符串。

3)类定义(Definition)(Optional)

InputHandler
-strBuf: StringBuffer -RecognizerDialog -uiActivity: MainActivity
+InputHandler(activity: MainActivity) +voiceToStr(type: int): void

(2)OutputHandler 类

1)标识(CI Identification)

Android_VOICE_OutputHandler

所在包名:com. intellegent. voice

2)简介(Overview)

本类的功能主要有对中文字符串进行处理,并进行语音播报。

3)类定义(Definition)(Optional)

OutputHandler
-SynthesizerDialog
+strToVoice(activity: Activity, str: String)

4.2.2　功能实现说明(Function Illustration)

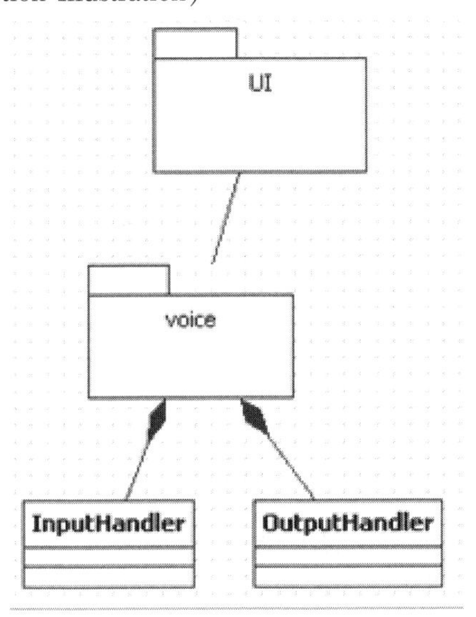

语音处理模块主要与UI模块进行交互,实现字符串与语音之间的转换。

4.3 文本处理模块

4.3.1 模块设计描述(Design Description)

中文分词模块主要调用IKAnalyzer开源代码,进行分词。

(1)Segmentation类

1)标识(CI Identification)

Android_Segmentation

所在包名:com. intellegent. voice

2)简介(Overview)

本类的功能主要有对中文字符串进行分析,得到由常用短语所组成的字符串链表。

3)类定义(Definition)(Optional)

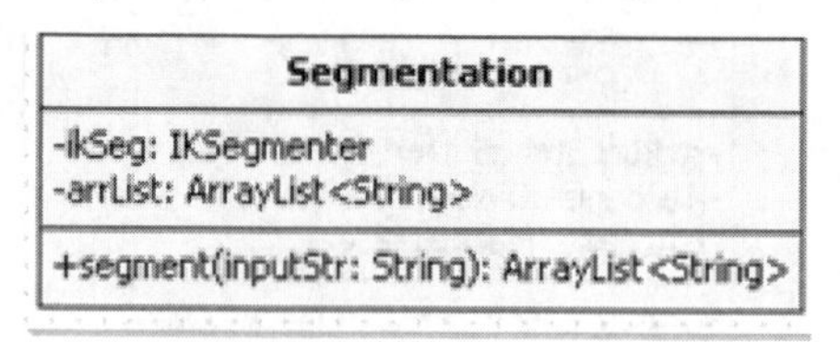

4.3.2 功能实现说明(Function Illustration)

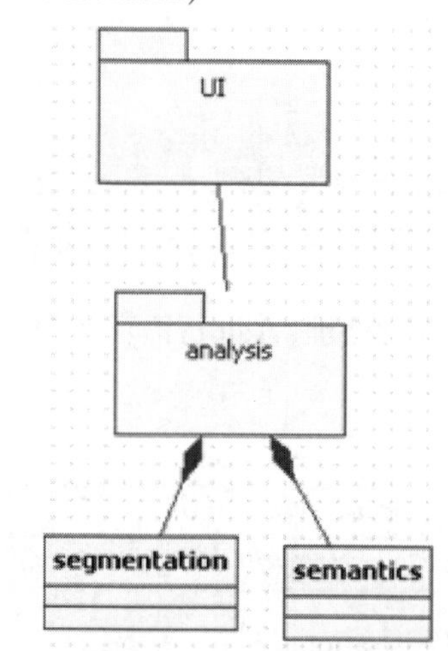

中文分词模块处理UI模块所传递的字符串,并对其进行分词,得到中文字符串链表,并将其返回给UI模块。

4.4 命令执行模块

4.4.1 模块设计描述(Design Description)

智能分析模块主要用来对中文字符串进行智能分析,以调用相应的本地接口方法,实现智能操作。

(1)IntelligentAnalyzer类

1)标识(CI Identification)

Android_Intellegent_ IntelligentAnalyzer

所在包名:com. intellegent. call

2)简介(Overview)

本类的功能主要有根据传入的中文字符串上,对其进行分解处理,并得到将要处理的命令,根据指令,调用相应的Activity以执行命令。

3)类定义(Definition)(Optional)

```
IntelligentAnalyzer
-----------------------------------------------
-actionType: ActionType
-activity: Activity
-callPhraseList: List<String>
-playPhraseList: List<String>
-searchPhraseList: List<String>
-connectPhraseList: List<String>
-callPhrase: String
-playPhrase: String
-searchPhrase: String
-connectPhrase: String
-ignorePhrase: String
-MESSAGE_SINGAL: String
-----------------------------------------------
+IntelligentAnalyzer(activity: Activity)
+callLocalApp(orderLst: List<String>): void
-removeIgnorePhrase(orderList: List<String): void
-checkActionType(orderList: List<String): void
-callActivity(orderList: List<String): void
```

(2)CallAnalyzer 类

1)标识(CI Identification)

Android_Intellegent_CallActivity

所在包名:com. intellegent. call

2)简介(Overview)

本类的功能主要有根据电话号码,呼叫相应联系人。

3)类定义(Definition)(Optional)

```
CallsActivity
-----------------------------------------------
-userName: String
-itent: Intent
-userList: ArrayList<String>
-userNumberList: ArrayList<String>
-userImageList: ArrayList<String>
-viewList: ListView
-myAdapter: MyListAdapter
-----------------------------------------------
#onCreate(savedInstanceState: Bundle): void
```

(3)MessageActivity 类

1)标识(CI Identification)

Android_Intellegent_MessageActivity

所在包名:com. intellegent. call

2)简介(Overview)

本类的功能主要有调用本地方法,实现发送短信功能。

3)类定义(Definition)(Optional)

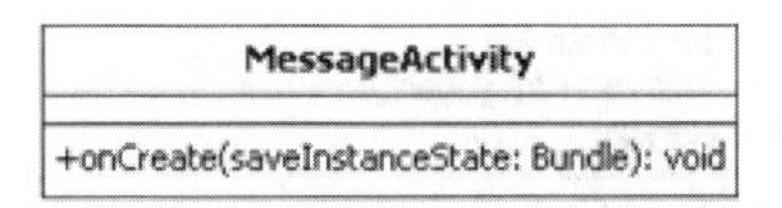

4.4.2　功能实现说明(Function Illustration)

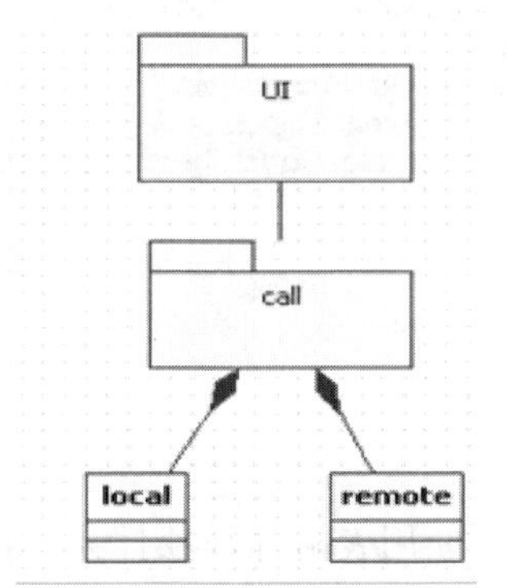

命令执行模块分析从 UI 模块传递的中文字符串,并对其进行相应的逻辑处理,得到相应的 Activity,实现对本地接口的调用,并最终向 UI 界面返回操作结果。

5 模块详细设计(Detailed Design of Module)

5.1 用户界面模块详细设计

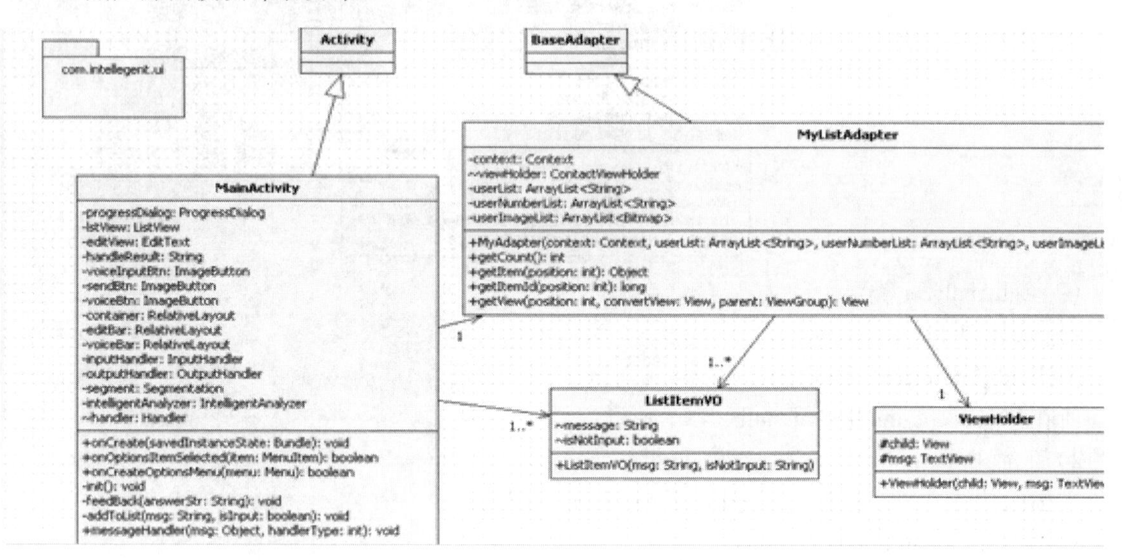

5.1.1 MainActivity 类

(1)简介(Overview)

本类的功能主要有提供用户操作界面,与其他模块进行交互,并最终得到处理结果。

(2)类图(Class Diagram)

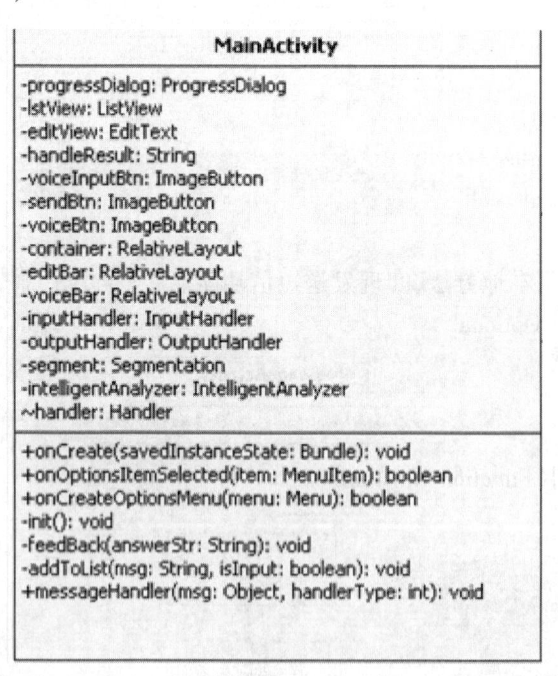

(3)状态设计(Status Design)

可以用状态图来描述类的状态信息。

(4)属性(Attributes)

可先定义相关的数据结构,也可不使用表格,而使用伪代码格式描述。

可见性 (Visibility)	属性名称 (Name)	类型 (Type)	说明 (Brief Descriptions) (对属性的简短描述)
Private	progressDialog	progressDialog	用户对话窗体,用来显示初始化进程及结果
Private	lstView	ListView	对语音输入进行记录并显示
Private	editView	EditText	可编辑栏,用来手动输入
Private	handleResult	String	保存处理结果
Private	voiceInputBtn	ImageButton	纯语音输入按钮
Private	sendBtn	ImageButton	指令发送按钮
Private	voiceBtn	ImageButton	语音输入
Private	container	RelativeLayout	总布局窗口
Private	editBar	RelativeLayout	可编辑部分布局窗体
Private	voiceBar	RelativeLayout	语音输入部分布局窗体
Private	inputHandler	InputHandler	语音输入处理
Private	outputHandler	OutputHandler	语音输出处理
Private	segment	Segmentation	分词处理
Private	intelligentAnalyzer	IntelligentAnalyzer	智能调用处理
Package	handler	Handler	

(5)方法(Methods)

下面针对每个方法进行说明。

1)onCreate 方法

①方法描述(Method Descriptions)

函数原型 (Prototype)	Public void onCreate(Bundle savedInstanceState)
功能描述 (Description)	生成用户操作界面,并初始化某些参数

调用函数
(Calls)
	requestWindowFeature(Window. FEATURE_NO_TITLE);
	setContentView(R. layout. main);
	InitHelper. checkNetConnect(Activity);
	init();

被调用函数 (Called By)	
输入参数 (Input)	Bundle
输出参数 (Output)	

续表

函数原型 (Prototype)	Public void onCreate(Bundle savedInstanceState)
返回值 (Return)	Void
抛出异常 (Exception)	

②实现描述(Implementation Descriptions)

a. 初始化各种 View 对象,生成用户界面。

b. 设置 View 对象的监听方法。

c. 检查网络连接,若无网络连接,则提示无网络连接,无法操作。

2)onOptionsItemSelected 方法

①方法描述(Method Descriptions)

函数原型 (Prototype)	public boolean onOptionsItemSelected(MenuItem item)
功能描述 (Description)	重写 Menu 菜单相应的选项及处理方式
调用函数 (Calls)	
被调用函数 (Called By)	
输入参数 (Input)	
输出参数 (Output)	
返回值 (Return)	Boolean
抛出异常 (Exception)	

②实现描述(Implementation Descriptions)

设置 Menu 菜单的子项,并返回。

3)onCreateOptionsMenu 方法

①方法描述(Method Descriptions)

函数原型 (Prototype)	public boolean onCreateOptionsMenu(Menu menu)
功能描述 (Description)	为 Menu 菜单添加新的选项

续表

函数原型 (Prototype)	public boolean onCreateOptionsMenu(Menu menu)
调用函数 (Calls)	
被调用函数 (Called By)	
输入参数 (Input)	
输出参数 (Output)	
返回值 (Return)	Boolean
抛出异常 (Exception)	

②实现描述(Implementation Descriptions)

为 Menu 按键增加相应的选项。

4)init 方法

①方法描述(Method Descriptions)

函数原型 (Prototype)	private void init()
功能描述 (Description)	初始化系统参数
调用函数 (Calls)	
被调用函数 (Called By)	onCreate()
输入参数 (Input)	
输出参数 (Output)	
返回值 (Return)	Void
抛出异常 (Exception)	

②实现描述(Implementation Descriptions)

a. 初始化各界面组件参数。

b. 初始化其他模块接口参数。

5)feedBack 方法

①方法描述(Method Descriptions)

函数原型 (Prototype)	private void feedBack(String answerStr)
功能描述 (Description)	反馈处理结果
调用函数 (Calls)	
被调用函数 (Called By)	
输入参数 (Input)	
输出参数 (Output)	
返回值 (Return)	Void
抛出异常 (Exception)	

②实现描述(Implementation Descriptions)

将处理结果添加至 ListView 组件中,并在页面显示。

6)addToList 方法

①方法描述(Method Descriptions)

函数原型 (Prototype)	private void addToList(String msg, boolean isInput)
功能描述 (Description)	将得到的结果,添加到 ListView
调用函数 (Calls)	
被调用函数 (Called By)	
输入参数 (Input)	String msg, Boolean isInput
输出参数 (Output)	
返回值 (Return)	Void
抛出异常 (Exception)	

②实现描述(Implementation Descriptions)

a. 生成 ListItemVO 对象。

b. 将 ListItemVO 对象添加至 ListView。

7)方法 messageHandler

①方法描述(Method Descriptions)

函数原型 (Prototype)	public void messageHandler(Object msg, int handlerType)
功能描述 (Description)	消息处理中转处,负责与其他模块进行交互
调用函数 (Calls)	
被调用函数 (Called By)	
输入参数 (Input)	Object msg, int handlerType
输出参数 (Output)	
返回值 (Return)	Void
抛出异常 (Exception)	

②实现描述(Implementation Descriptions)

a. 根据传入的 HandlerType,对 Object 进行处理与转换。

b. 根据传入的 HandlerType,与相应的模块进行交互。

5.1.2　MyAdapter 类

(1)简介(Overview)

本类的功能主要有提供用户 UI 界面 ListView 组件的适配器。

(2)类图(Class Diagram)

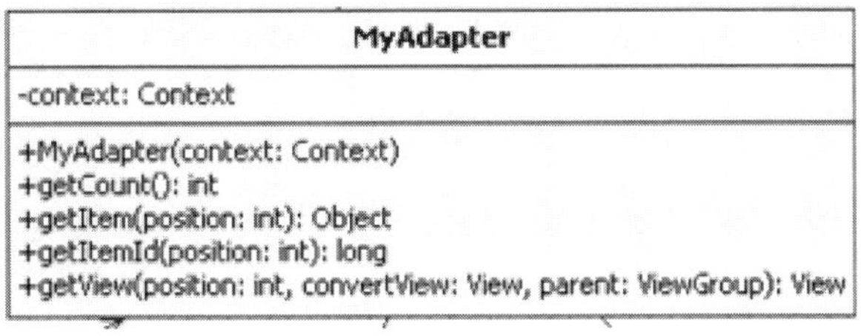

```
MyAdapter
-context: Context
+MyAdapter(context: Context)
+getCount(): int
+getItem(position: int): Object
+getItemId(position: int): long
+getView(position: int, convertView: View, parent: ViewGroup): View
```

(3)状态设计(Status Design)

可用状态图来描述类的状态信息。

(4)属性(Attributes)

可先定义相关的数据结构,也可不使用表格,而使用伪代码格式描述。

可见性 (Visibility)	属性名称 (Name)	类型 (Type)	说明(对属性的简短描述) (Brief Descriptions)
Private	context	Context	适配器所选 Context 对象

1)Methods 方法

下面针对每个方法进行说明。

2)MyAdapter 方法

①方法描述(Method Descriptions)

函数原型(Prototype)	public MyAdapter(Context context, List < ListItemVO > list)
功能描述(Description)	构造函数
调用函数(Calls)	
被调用函数(Called By)	
输入参数(Input)	Context context, List < ListItemVO > list
输出参数(Output)	
返回值(Return)	
抛出异常(Exception)	

②实现描述(Implementation Descriptions)

初始化 Context 对象,初始化 ListView 中 List 相关信息。

3)getCount 方法

①方法描述(Method Descriptions)

函数原型(Prototype)	public int getCount()
功能描述(Description)	复写 getCount 函数,得到 List 对象的大小
调用函数(Calls)	
被调用函数(Called By)	
输入参数(Input)	
输出参数(Output)	
返回值(Return)	Int
抛出异常(Exception)	

②实现描述(Implementation Descriptions)

返回 ListView 对象中所包含的元素的值。

4)getItem 方法

①方法描述(Method Descriptions)

函数原型 (Prototype)	public Object getItem(int position)
功能描述 (Description)	复写 getItem 函数,根据 position,获取 ListView 中相应的对象
调用函数 (Calls)	
被调用函数 (Called By)	
输入参数 (Input)	Int position
输出参数 (Output)	
返回值 (Return)	Object
抛出异常 (Exception)	

②实现描述(Implementation Descriptions)

根据 position,返回 ListView 中相应的对象。

5)getItemId 方法

①方法描述(Method Descriptions)

函数原型 (Prototype)	public long getItemId(int position)
功能描述 (Description)	复写 getItemId 方法,根据 postion,获取 ListView 中相应位置的 Item 的 Id
调用函数 (Calls)	
被调用函数 (Called By)	
输入参数 (Input)	Int position
输出参数 (Output)	
返回值 (Return)	Long
抛出异常 (Exception)	

②实现描述(Implementation Descriptions)

根据 postion,获取 ListView 中相应位置的 Item 的 Id。

6)getView 方法

①方法描述(Method Descriptions)

函数原型 (Prototype)	public View getView(int position, View convertView, ViewGroup parent)
功能描述 (Description)	
调用函数 (Calls)	
被调用函数 (Called By)	
输入参数 (Input)	int position, View convertView, ViewGroup parent
输出参数 (Output)	
返回值 (Return)	View
抛出异常 (Exception)	

②实现描述(Implementation Descriptions)

a. 根据情况,生成 ListView 中相应的值对象。

b. 对值对象进行赋值,并返回。

5.1.3 ViewHolder 类

(1)简介(Overview)

本类的功能主要有提供 MyAdapter 类的值对象。

(2)类图(Class Diagram)

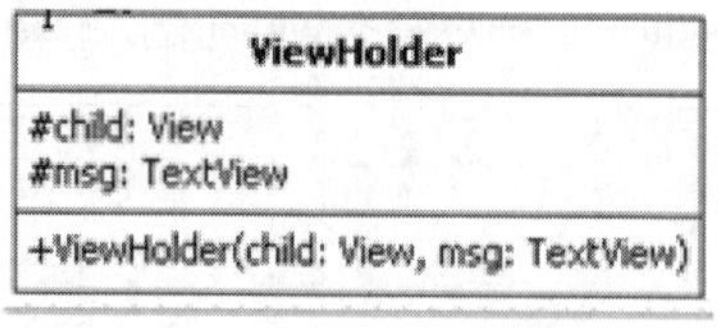

ViewHolder
#child: View
#msg: TextView
+ViewHolder(child: View, msg: TextView)

(3)状态设计(Status Design)

可用状态图来描述类的状态信息。

(4)属性(Attributes)

可先定义相关的数据结构,也可以不使用表格,而使用伪代码格式描述。

可见性 (Visibility)	属性名称 (Name)	类型 (Type)	说明 (Brief Descriptions) (对属性的简短描述)
Protected	child	View	指向下一 View 的引用
Protected	msg	TextView	保存当前文本的 View

(5)方法(Methods)

下面针对每个方法进行说明。

1)ViewHolder 方法

①方法描述(Method Descriptions)

函数原型 (Prototype)	public ViewHolder(View child, TextView msg)
功能描述 (Description)	构造函数
调用函数 (Calls)	
被调用函数 (Called By)	
输入参数 (Input)	View child, TextView msg
输出参数 (Output)	
返回值 (Return)	
抛出异常 (Exception)	

②实现描述(Implementation Descriptions)

构造函数,对新生对象进行初始化。

5.1.4　ListItemVO 类

(1)简介(Overview)

本类的功能主要有 ListView 对象的值对象类。

(2)类图(Class Diagram)

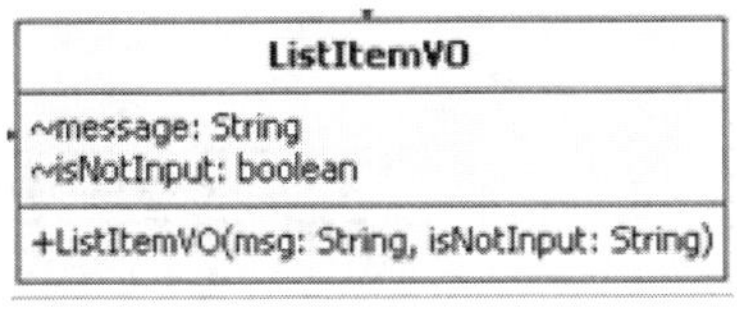

ListItemVO

~message: String
~isNotInput: boolean

+ListItemVO(msg: String, isNotInput: String)

(3)状态设计(Status Design)

可用状态图来描述类的状态信息。

(4)Attributes 属性

可先定义相关的数据结构,也可以不使用表格,而使用伪代码格式描述。

可见性 (Visibility)	属性名称 (Name)	类型 (Type)	说明 (Brief descriptions) (对属性的简短描述)
Package	message	String	消息内容
Package	isNotInput	Boolean	判断其是否为语音输入

(5)方法(Methods)

下面针对每个方法进行说明。

1) ListItemVO 方法

①方法描述(Method Descriptions)

函数原型(Prototype)	public ListItemVO(String msg, boolean isNotInput)
功能描述(Description)	构造函数
调用函数(Calls)	
被调用函数(Called By)	
输入参数(Input)	String msg, boolean isNotInput
输出参数(Output)	
返回值(Return)	
抛出异常(Exception)	

②实现描述(Implementation Descriptions)

构造函数,对新生对象进行初始化。

5.2 语音识别模块详细设计

5.2.1 类图关系

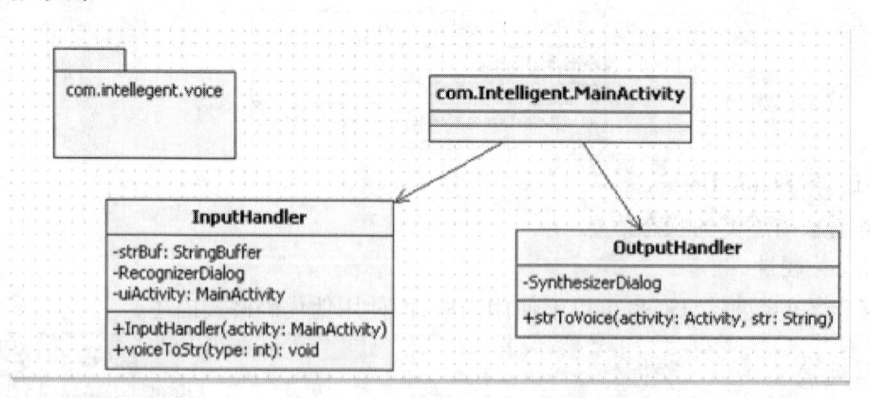

5.2.2 InputHandler 类

(1)简介(Overview)

本类的功能主要有根据用户操作进行语音处理,并将讯飞语音识别所得的中文字符串返回给用户界面模块。

(2)类图(Class Diagram)

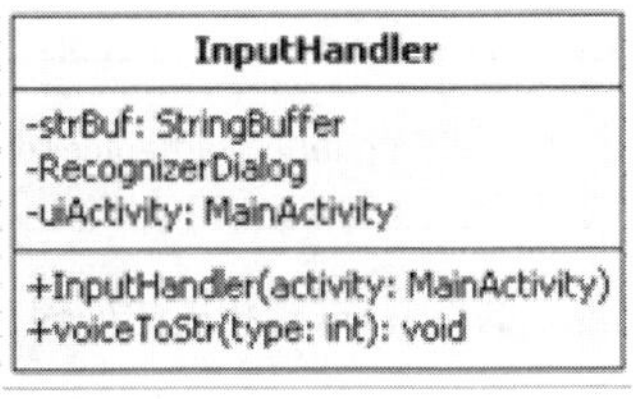

InputHandler

-strBuf: StringBuffer
-RecognizerDialog
-uiActivity: MainActivity

+InputHandler(activity: MainActivity)
+voiceToStr(type: int): void

(3)状态设计(Status Design)

可用状态图来描述类的状态信息。

(4)属性(Attributes)

可先定义相关的数据结构,也可不使用表格,而使用伪代码格式描述。

可见性 (Visibility)	属性名称 (Name)	类型 (Type)	说明 (Brief Descriptions) (对属性的简短描述)
Private	strBuf	StringBuffer	语音输入文本保存
Private	recognixerDialog	RecognixerDialog	语音输入对话窗体
Private	uiActivity	UIActivity	用来与 UI 模块交互的 Activity 对象

(5)方法(Methods)

下面针对每个方法进行说明。

1)InputHandler 方法

①方法描述(Method Descriptions)

函数原型 (Prototype)	public InputHandler(UIActivity activity)
功能描述 (Description)	构造函数
调用函数 (Calls)	
被调用函数 (Called By)	
输入参数 (Input)	UIActivity activity
输出参数 (Output)	
返回值 (Return)	
抛出异常 (Exception)	

②实现描述(Implementation Descriptions)

构造函数,初始化新生对象。

2)voiceToStr 方法

①方法描述(Method Descriptions)

函数原型 (Prototype)	public void voiceToStr(int type)
功能描述 (Description)	根据传入的类型,进行相应的处理,并将语音输入转换成字符串
调用函数 (Calls)	
被调用函数 (Called By)	
输入参数 (Input)	Int type
输出参数 (Output)	
返回值 (Return)	
抛出异常 (Exception)	

②实现描述(Implementation Descriptions)

a. 检测传入类型,判断为纯语音输入,还是混合输入。

b. 若为纯语音输入,则在语音输入完成后,直接得到字符串,并与 UI 模块交互,生成调用其他模块命令。

c. 否则,在语音输入完成后,将其保存为字符串信息,返回 UI 模块。

5.2.3　OutputHandler 类

(1)简介(Overview)

本类的功能主要有根据相应的操作结果,对用户进行语音提示。

(2)类图(Class Diagram)

OutputHandler
-SynthesizerDialog
+strToVoice(activity: Activity, str: String)

(3)状态设计(Status Design)

可用状态图来描述类的状态信息。

(4)Attributes 属性

可先定义相关的数据结构,也可不使用表格,而使用伪代码格式描述。

可见性 (Visibility)	属性名称 (Name)	类型 (Type)	说明 (Brief Descriptions) (对属性的简短描述)
Private	SynthesizerDialog	SynthesizerDialog	语音输出对话窗体

(5)方法(Methods)

下面针对每个方法进行说明。

1)strToVoice 方法

①方法描述(Method Descriptions)

函数原型 (Prototype)	public void strToVoice(Activity activity, String str)
功能描述 (Description)	提供语音输出的接口,并处理中文字符串,得到语音输出
调用函数 (Calls)	
被调用函数 (Called By)	
输入参数 (Input)	Activity activity, String str
输出参数 (Output)	
返回值 (Return)	
抛出异常 (Exception)	

②实现描述(Implementation Descriptions)

a. 初始化 synthesizerDialog 对象,并生成语音输出窗体。

b. 处理中文字符串,进行语音输出。

5.3　文本处理模块详细设计

5.3.1　类图关系

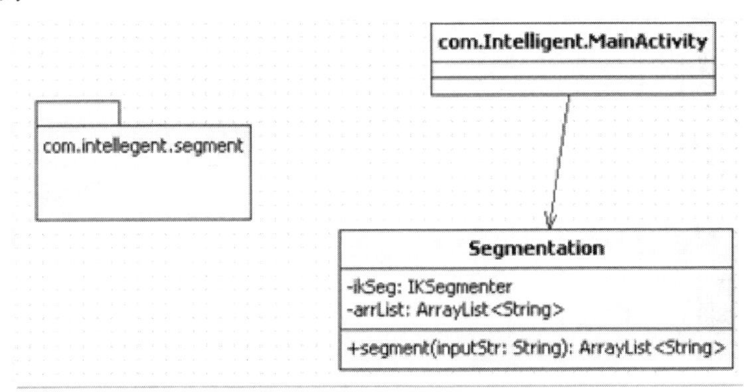

5.3.2　Segmentation 类

(1)简介(Overview)

本类主要提供与用户界面模块进行交互的接口,同时调用 IKAnalyzer 相应的程序,进行中文分词。

(2)类图(Class Diagram)

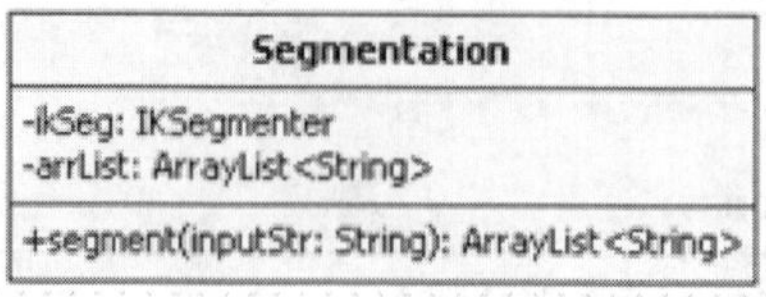

Segmentation
-ikSeg: IKSegmenter -arrList: ArrayList<String>
+segment(inputStr: String): ArrayList<String>

(3)状态设计(Status Design)

可用状态图来描述类的状态信息。

(4)属性(Attributes)

可先定义相关的数据结构,也可不使用表格,而使用伪代码格式描述。

可见性 (Visibility)	属性名称 (Name)	类型 (Type)	说明 (Brief Descriptions) (对属性的简短描述)
Private	ikSeg	IKSegmenter	中文分词器入口
Private	arrList	ArrayList < String >	保存中文分词结果

(5)方法(Methods)

下面针对每个方法进行说明。

1)segment 方法

①方法描述(Method Descriptions)

函数原型 (Prototype)	public ArrayList < String > segment(String inputStr)
功能描述 (Description)	对中文字符串进行处理,并返回 List < String >
调用函数 (Calls)	
被调用函数 (Called By)	
输入参数 (Input)	String inputStr
输出参数 (Output)	
返回值 (Return)	ArrayList < String >
抛出异常 (Exception)	

②实现描述(Implementation Descriptions)

a. 初始化中文分词入口对象 IKSegmenter。

b. 调用中文分词程序进行分词。

c. 返回分词结果。

5.4 命令执行模块详细设计

5.4.1 类图关系

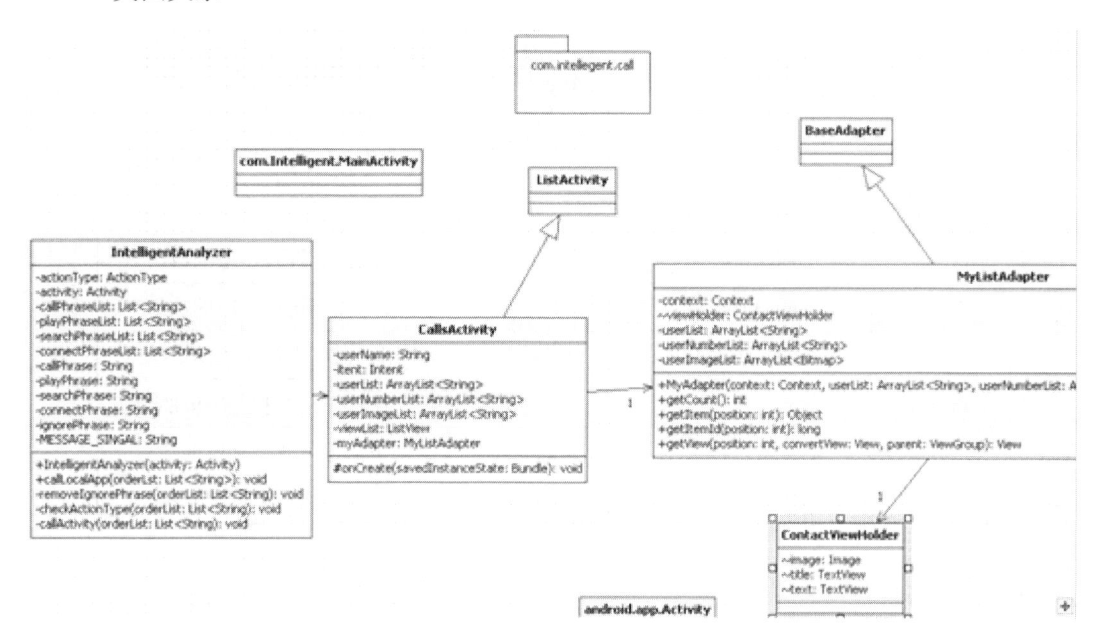

(1)简介(Overview)

本类的功能主要有根据传入的中文字符串上进行处理,并调用相应的 Activity。

(2)类图(Class Diagram)

IntelligentAnalyzer
-actionType: ActionType -activity: Activity -callPhraseList: List<String> -playPhraseList: List<String> -searchPhraseList: List<String> -connectPhraseList: List<String> -callPhrase: String -playPhrase: String -searchPhrase: String -connectPhrase: String -ignorePhrase: String -MESSAGE_SINGAL: String
+IntelligentAnalyzer(activity: Activity) +callLocalApp(orderLst: List<String>): void -removeIgnorePhrase(orderList: List<String): void -checkActionType(orderList: List<String>): void -callActivity(orderList: List<String>): void

(3)状态设计(Status Design)

可用状态图来描述类的状态信息。

(4)属性(Attributes)

可先定义相关的数据结构,也可以不使用表格,而使用伪代码格式描述。

可见性 (Visibility)	属性名称 (Name)	类型 (Type)	说明 (Brief Descriptions) (对属性的简短描述)
Private	actionType	ActionType	用来保存操作类型
Private	activity	Activity	UI 模块传递的 Activity 对象
Private	callPraseList	List < String >	用来保存拨号指令的列表

续表

可见性 (Visibility)	属性名称 (Name)	类型 (Type)	说明 (Brief Descriptions) (对属性的简短描述)
Private	playPraseList	List < String >	用来保存运行指令的列表
Private	searchPraseList	List < String >	用来保存查找指令的列表
Private	connectPraseList	List < String >	用来保存短信及相关指令的列表
Private	callPrase	String[ ]	用来保存拨号字段的数组
Private	playPrase	String[ ]	用来保存运行字段的数组
Private	searchPrase	String[ ]	用来保存查找字段的数组
Private	connectPrase	String[ ]	用来保存短信及相关字段的数组
Private	ignorePrase	String[ ]	用来保存可忽略字段的数组
Private	MESSAGE_SINGAL	String	用作检测过程中的信号标志

(5)方法(Methods)

下面针对每个方法进行说明。

1)IntelligentAnalyzer 方法

①方法描述(Method Descriptions)

函数原型 (Prototype)	public IntelligentAnalyzer(Activity activity)
功能描述 (Description)	构造函数
调用函数 (Calls)	
被调用函数 (Called By)	
输入参数 (Input)	Activity activity
输出参数 (Output)	
返回值 (Return)	
抛出异常 (Exception)	

②实现描述(Implementation Descriptions)

初始化对象内部相关参数。

2)callLocalApp 方法

①方法描述(Method Descriptions)

函数原型 (Prototype)	public void callLocalApp(List < String > orderLst)
功能描述 (Description)	根据传入的字符串列表,进行相应的调用处理

调用函数
(Calls)
	removeIgnorePhrase(orderLst);
	checkActionType(orderLst);
	callActivity(orderLst);

被调用函数 (Called By)	
输入参数 (Input)	List < String > orderLst
输出参数 (Output)	
返回值 (Return)	Void
抛出异常 (Exception)	

②实现描述(Implementation Descriptions)

a. 调用 removeIgnorePhrase 方法,删除传入字符串列表中的可忽略字段。

b. 调用 checkActionType 方法,得到将执行的操作类型。

c. 调用 callActivity 方法,调用 Activity,实行响应。

3) removeIgnorePhrase 方法

①方法描述(Method Descriptions)

函数原型 (Prototype)	private void removeIgnorePhrase(List < String > orderLst)
功能描述 (Description)	对传入的字符串进行删节,删除内部的可忽略字段
调用函数 (Calls)	
被调用函数 (Called By)	callLocalApp
输入参数 (Input)	List < String > orderLst
输出参数 (Output)	
返回值 (Return)	Void
抛出异常 (Exception)	

②实现描述(Implementation Descriptions)

对传入的字符串列表进行遍历,删除其中可忽略的字段。

4)checkActionType 方法

①方法描述(Method Descriptions)

函数原型(Prototype)	private void checkActionType(List < String > orderLst)
功能描述(Description)	对传入的字符串进行处理,得到可处理的操作类型
调用函数(Calls)	
被调用函数(Called By)	callLocalApp
输入参数(Input)	List < String > orderLst
输出参数(Output)	
返回值(Return)	Void
抛出异常(Exception)	

②实现描述(Implementation Descriptions)

遍历传入的字符串列表,得到需要进行的操作类型。

5)callActivity 方法

①方法描述(Method Descriptions)

函数原型(Prototype)	private void callActivity(List < String > orderLst)
功能描述(Description)	对传入的字符串列表进行处理,并根据内部的操作类型调用相应的 Activity
调用函数(Calls)	
被调用函数(Called By)	callLocalApp
输入参数(Input)	List < String > orderLst
输出参数(Output)	
返回值(Return)	Void
抛出异常(Exception)	

②实现描述(Implementation Descriptions)

a. 将字符串内部进行整合。

b. 根据 actionType,调用相应 Activity,实行响应。

5.4.2　CallActivity 类

(1)简介(Overview)

本类的功能主要有根据传入的中文字符串,生成相应的 Activity 对象。

(2)类图(Class Diagram)

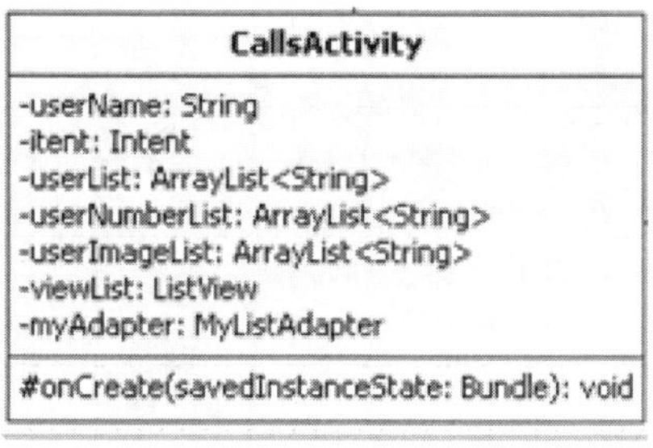

```
CallsActivity
-userName: String
-itent: Intent
-userList: ArrayList<String>
-userNumberList: ArrayList<String>
-userImageList: ArrayList<String>
-viewList: ListView
-myAdapter: MyListAdapter
#onCreate(savedInstanceState: Bundle): void
```

(3)状态设计(Status Design)

可用状态图来描述类的状态信息。

(4)属性(Attributes)

可先定义相关的数据结构,也可不使用表格,而使用伪代码格式描述。

可见性 (Visibility)	属性名称 (Name)	类型 (Type)	说明 (Brief Descriptions) (对属性的简短描述)
Private	username	String	待拨号的用户名
Private	Intent	Intent	Activity 间用来传递的 intent
Private	userList	ArrayList < String >	用来保存相似用户名的列表
Private	userNumberList	ArrayList < String >	用来保存相似用户名电话号码的列表
Private	userImageList	ArrayList < String >	用来保存相似用户名图像的列表
Private	viewList	ListView	用来显示相似用户名的组件
Private	myAdapter	MyListAdapter	ListView 组件的适配器

(5)方法(Methods)

下面针对每个方法进行说明。

1)onCreate 方法

①方法描述(Method Descriptions)

函数原型 (Prototype)	protected void onCreate(Bundle savedInstanceState)
功能描述 (Description)	
调用函数 (Calls)	HandleContacts. checkPhoneContacts

续表

函数原型 (Prototype)	protected void onCreate(Bundle savedInstanceState)
被调用函数 (Called By)	
输入参数 (Input)	savedInstanceState:Bundle
输出参数 (Output)	
返回值 (Return)	Void
抛出异常 (Exception)	

②实现描述(Implementation Descriptions)

a. 获取 Intent 内保存的用户名。

b. 根据用户名,查找联系人列表,并保存相似或相同的用户名信息。

c. 根据得到的信息,进行拨号处理。

5.4.3 MyListAdapter 类

(1)简介(Overview)

本类的功能主要有为 ListView 提供适配器。

(2)类图(Class Diagram)

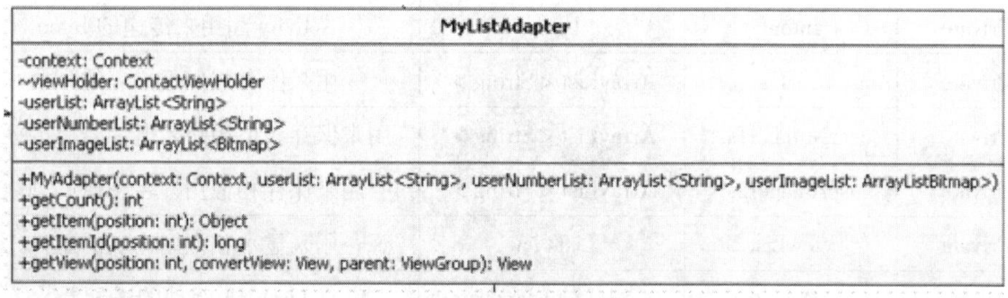

```
MyListAdapter
-context: Context
~viewHolder: ContactViewHolder
-userList: ArrayList<String>
-userNumberList: ArrayList<String>
-userImageList: ArrayList<Bitmap>
+MyAdapter(context: Context, userList: ArrayList<String>, userNumberList: ArrayList<String>, userImageList: ArrayListBitmap>)
+getCount(): int
+getItem(position: int): Object
+getItemId(position: int): long
+getView(position: int, convertView: View, parent: ViewGroup): View
```

(3)状态设计(Status Design)

可用状态图来描述类的状态信息。

(4)属性(Attributes)

可先定义相关的数据结构,也可不使用表格,而使用伪代码格式描述。

可见性 (Visibility)	属性名称 (Name)	类型 (Type)	说明 (Brief Descriptions) (对属性的简短描述)
Private	context	Context	ListView 所在 Activity 对象
Package	viewHolder	ContactViewHolder	ListView 值对象
Private	userList	ArrayList < String >	用户名列表
Private	userNumberList	ArrayList < String >	用户号码列表
Private	userImageList	ArrayList < Bitmap >	用户图标列表

(5)方法(Methods)

下面针对每个方法进行说明。

1)MyAdapter 方法

①方法描述(Method Descriptions)

函数原型(Prototype)	public MyListAdapter(Context context, ArrayList < String > userList, ArrayList < String > userNumberList, ArrayList < Bitmap > userImageList)
功能描述(Description)	构造函数
调用函数(Calls)	
被调用函数(Called By)	
输入参数(Input)	Context context, ArrayList < String > userList, ArrayList < String > userNumberList, ArrayList < Bitmap > userImageList
输出参数(Output)	
返回值(Return)	
抛出异常(Exception)	

②实现描述(Implementation Descriptions)

初始化 Context 对象,初始化 ListView 中 List 相关信息。

2)getCount 方法

①方法描述(Method Descriptions)

函数原型(Prototype)	public int getCount()
功能描述(Description)	复写 getCount 函数,得到 List 对象的大小
调用函数(Calls)	
被调用函数(Called By)	
输入参数(Input)	
输出参数(Output)	
返回值(Return)	Int
抛出异常(Exception)	

②实现描述(Implementation Descriptions)

返回 ListView 对象中所包含的元素的值。

3)getItem 方法

①方法描述(Method Descriptions)

函数原型(Prototype)	public Object getItem(int position)
功能描述(Description)	复写 getItem 函数,根据 position,获取 ListView 中相应的对象
调用函数(Calls)	
被调用函数(Called By)	
输入参数(Input)	Int position
输出参数(Output)	
返回值(Return)	Object
抛出异常(Exception)	

②实现描述(Implementation Descriptions)

根据 position,返回 ListView 中相应的对象。

4)getItemId 方法

①方法描述(Method Descriptions)

函数原型(Prototype)	public long getItemId(int position)
功能描述(Description)	复写 getItemId 方法,根据 postion,获取 ListView 中相应位置的 Item 的 Id
调用函数(Calls)	
被调用函数(Called By)	
输入参数(Input)	Int position
输出参数(Output)	
返回值(Return)	Long
抛出异常(Exception)	

②实现描述(Implementation Descriptions)

根据 postion,获取 ListView 中相应位置的 Item 的 Id。

5)getView 方法

①方法描述(Method Descriptions)

函数原型(Prototype)	public View getView(int position, View convertView, ViewGroup parent)
功能描述(Description)	
调用函数(Calls)	
被调用函数(Called By)	
输入参数(Input)	int position, View convertView, ViewGroup parent
输出参数(Output)	
返回值(Return)	View
抛出异常(Exception)	

②实现描述(Implementation Descriptions)

a. 根据情况,生成 ListView 中相应的值对象。

b. 对值对象进行赋值,并返回。

5.4.4　ContactViewHolder 类

(1)简介(Overview)

本类的功能主要有 ListView 对象的值对象类。

(2)类图(Class Diagram)

ContactViewHolder
~image: Image ~title: TextView ~text: TextView

(3)状态设计(Status Design)

可用状态图来描述类的状态信息。

(4)属性(Attributes)

可先定义相关的数据结构,也可不使用表格,而使用伪代码格式描述。

可见性(Visibility)	属性名称(Name)	类型(Type)	说明(Brief Descriptions)(对属性的简短描述)
Package	Image	Image	用户图标
Package	title	TextView	用户名称
Package	text	TextView	用户号码

5.5 工具部分详细设计

5.5.1 HandleContacts 类

(1)简介(Overview)

本类的功能主要有查找联系人,并根据需要匹配联系人信息。

(2)类图(Class Diagram)

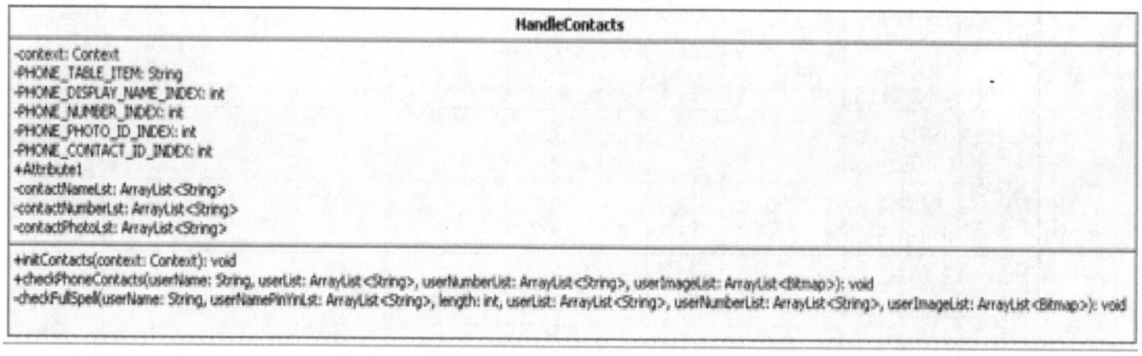

```
HandleContacts
-context: Context
-PHONE_TABLE_ITEM: String
-PHONE_DISPLAY_NAME_INDEX: int
-PHONE_NUMBER_INDEX: int
-PHONE_PHOTO_ID_INDEX: int
-PHONE_CONTACT_ID_INDEX: int
+Attribute1
-contactNameLst: ArrayList<String>
-contactNumberLst: ArrayList<String>
-contactPhotoLst: ArrayList<String>
+initContacts(context: Context): void
+checkPhoneContacts(userName: String, userList: ArrayList<String>, userNumberList: ArrayList<String>, userImageList: ArrayList<Bitmap>): void
-checkFullSpell(userName: String, userNamePinYinLst: ArrayList<String>, length: int, userList: ArrayList<String>, userNumberList: ArrayList<String>, userImageList: ArrayList<Bitmap>): void
```

(3)状态设计(Status Design)

可用状态图来描述类的状态信息。

(4)属性(Attributes)

可先定义相关的数据结构,也可不使用表格,而使用伪代码格式描述。

可见性(Visibility)	属性名称(Name)	类型(Type)	说明(Brief Descriptions)(对属性的简短描述)
Private	context	Context	用来查询手机库的 Context
Private	PHONE_TABLE_ITEM	String[ ]	手机库表字段
Private	PHONE_DISPLAY_NAME_INDEX	Int	联系人名称索引
Private	PHONE_NUMBER_INDEX	Int	联系人电话号码索引
Private	PHONE_PHOTO_ID_INDEX	Int	联系人头像索引
Private	PHONE_CONTACT_ID_INDEX	Int	联系人索引
Private	contactNameLst	ArrayList < String >	用来保存用户名的列表
Private	contactNumberLst	ArrayList < String >	用来保存用户电话号码的列表
Private	contactImageLst	ArrayList < Bitmap >	用来保存用户图像的列表

(5)方法(Methods)

下面针对每个方法进行说明。

1)initContacts 方法

①方法描述(Method Descriptions)

函数原型 (Prototype)	public static void initContacts(Context cont)
功能描述 (Description)	系统初始化时调用,查找手机联系人信息
调用函数 (Calls)	
被调用函数 (Called By)	
输入参数 (Input)	Context cont
输出参数 (Output)	
返回值 (Return)	
抛出异常 (Exception)	

②实现描述(Implementation Descriptions)

a. 初始化 Context 对象。

b. 查找手机联系人,并通过游标方式将得到的查询结果保存至相应列表中。

2) checkPhoneContacts 方法

①方法描述(Method Descriptions)

函数原型 (Prototype)	public static void checkPhoneContacts(String userName, ArrayList < String > userList, ArrayList < String > userNumberList, ArrayList < Bitmap > userImageList)
功能描述 (Description)	查找联系人,并得到匹配的联系人
调用函数 (Calls)	checkFullSpell( )
被调用函数 (Called By)	
输入参数 (Input)	String userName, ArrayList < String > userList, ArrayList < String > userNumberList, ArrayList < Bitmap > userImageList
输出参数 (Output)	
返回值 (Return)	Void
抛出异常 (Exception)	

②实现描述(Implementation Descriptions)

a. 对传入的 userName 进行检测,判断其是否含有数字。

b. 若含有数字,其将其保存至 userNumberList,并返回。

c. 否则,调用 checkFullSpell( )方法。

d. 判断 userNumberList 的长度,若长度为 0,则继续正向最大匹配,否则返回。

e. 匹配结束,直接返回。

3)checkFullSpell 方法

①方法描述(Metho Descriptions)

函数原型(Prototype)	private static void checkFullSpell(String userName, ArrayList < String > userNamePinYinLst, int length, ArrayList < String > userList, ArrayList < String > userNumberList, ArrayList < Bitmap > userImageList)
功能描述(Description)	根据全拼进行检索
调用函数(Calls)	
被调用函数(Called By)	checkPhoneContacts
输入参数(Input)	String userName, ArrayList < String > userNamePinYinLst, int length, ArrayList < String > userList, ArrayList < String > userNumberList, ArrayList < Bitmap > userImageList
输出参数(Output)	
返回值(Return)	Void
抛出异常(Exception)	

②实现描述(Implementation Descriptions)

a. 将 contactNameList 中保存的用户名逐个转换成拼音。

b. 在转换的同时,与传入的 userName 进行比较,若相同,保存。

c. 保存完后,继续转换与匹配,则至遍历完成。

5.5.2 InitConstants 类

(1)简介(Overview)

本类的功能主要有系统内部的常量。

(2)类图(Class Diagram)

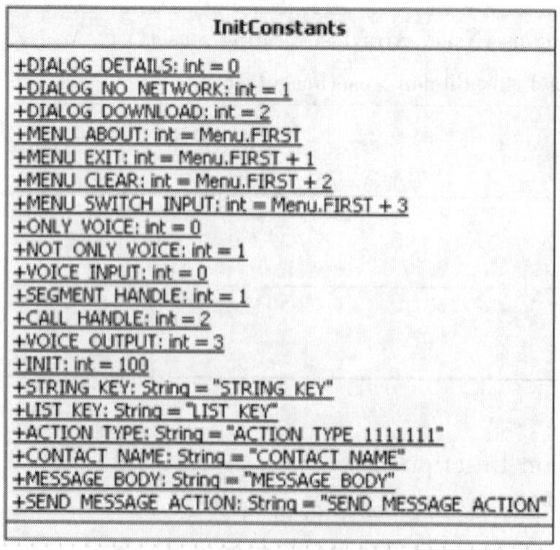

```
InitConstants
+DIALOG DETAILS: int = 0
+DIALOG NO NETWORK: int = 1
+DIALOG DOWNLOAD: int = 2
+MENU ABOUT: int = Menu.FIRST
+MENU EXIT: int = Menu.FIRST + 1
+MENU CLEAR: int = Menu.FIRST + 2
+MENU SWITCH INPUT: int = Menu.FIRST + 3
+ONLY VOICE: int = 0
+NOT ONLY VOICE: int = 1
+VOICE INPUT: int = 0
+SEGMENT HANDLE: int = 1
+CALL HANDLE: int = 2
+VOICE OUTPUT: int = 3
+INIT: int = 100
+STRING KEY: String = "STRING KEY"
+LIST KEY: String = "LIST KEY"
+ACTION TYPE: String = "ACTION TYPE 1111111"
+CONTACT NAME: String = "CONTACT NAME"
+MESSAGE BODY: String = "MESSAGE BODY"
+SEND MESSAGE ACTION: String = "SEND MESSAGE ACTION"
```

(3)状态设计(Status Design)

可用状态图来描述类的状态信息。

(4)属性(Attributes)

可先定义相关的数据结构,也可不使用表格,而使用伪代码格式描述。

可见性 (Visibility)	属性名称 (Name)	类型 (Type)	说明 (Brief Descriptions) (对属性的简短描述)
Public	DIALOG_DETAILS	Int	对话框显示详细信息
Public	DIALOG_NO_NETWORK	Int	对话框显示网络异常信息
Public	DIALOG_DOWNLOAD	Int	对话框显示下载信息
Public	MENU_ABOUT	Int	菜单栏中关于字段位置
Public	MENU_EXIT	Int	菜单栏中退出字段位置
Public	MENU_CLEAR	Int	菜单栏中清空字段位置
Public	MENU_SWITCH_INPUT	Int	菜单栏中语音与手动输入切换字段位置
Public	ONLY_VOICE	Int	纯语音输入标志
Public	NOT_ONLY_VOICE	Int	非纯语音输入标志
Public	VOICE_INPUT	Int	与语音输入模块交互标志
Public	SEGMENT_HANDLE	Int	与分词模块交互标志
Public	CALL_HANDLE	Int	与调用模块交互标志
Public	VOICE_OUTPUT	Int	与语音输出部分交互标志
Public	INIT	Int	初始化标志
Public	STRING_KEY	String	用作输入标记字符串用的键
Public	LIST_KEY	String	用作标记字符串链表用的键
Public	CONTACT_NAME	String	用在 Intent 间传递的键——联系人
Public	MESSAGE_BODY	String	用在 Intent 间传递的键——内容

6　界面原型设计(UI Prototype Design)

3.5　系统测试计划

1　**简介**(Introduction)

1.1　目的(Purpose)

本需求说明书主要将智能语音控在开发前所需达到的指标进行分析,使得在工作开展前进预测与评估,为以后的项目开发打好扎实的基础。

本需求的预期读者是与手机流量监控系统开发有联系的决策人、项目承担者、开发组成人员、辅助开发者、支持本项目的领导及最终软件验证人员等。

1.2　范围(Scope)

本说明书总体的描述主要包括本系统的功能需求、性能需求、接口约束、总体设计约束、软件质量特性及部分其他需求。

不包括各需求的详细设计。

2　**测试计划**(Test Plan)

2.1　资源需求(Resource Requirements)

2.1.1　软件需求(Software Requirements)

软件需求表(Software Requirements Table 1)如下:

资源 (Resource)	描述 (Description)	数量 (Qty)
Android 模拟器	需 Android 2.1 及以上版本模拟器支持	1

2.1.2　硬件需求(Hardware Requirements)

硬件需求表(Hardware Requirements)如下:

资源 (Resource)	描述 (Description)	数量 (Qty)
处理器	需 1 GHz 及以上	1
内存	需 512 MB 及以上	1
屏幕	支持触摸屏操作或普通屏幕	1
键盘	若屏幕支持触摸操作则不需要,反之则需要键盘支持	1
网络	需 EDGE 网络或 3G 网络支持	1

2.1.3　人员需求(Personnel Requirements)

人员需求表(Personnel Requirements Table)如下:

资源 (Resource)	技能级别 (Skill Level)	数量 (Qty)	到位时间 (Date)	工作期间 (Duration)
项目经理	项目管理	1	2012-02-15	
Android 开发人员	程序员	5	2012-02-15	

2.2　过程条件(Process Criteria)

2.2.1　启动条件(Entry Criteria)

软件初始版本完成,所有设计功能开发完成。

2.2.2　结束条件(Exit Criteria)

所有功能均能达到设计要求。

2.2.3　挂起条件(Suspend Criteria)

测试过程中若出现编码不符合系统设计、系统崩溃、决策有重大改变等情况,应挂起测试。

2.2.4　恢复条件(Resume Criteria)

解决挂起条件。

2.3　进度计划(Schedule)

阶段 (Phase)	估计开始日期 (Estimated Start Date)	估计结束日期 (Estimated Finish Date)	责任人 (Responsibility)
项目启动	2012-06-18	2012-06-18	杨惠琴
项目计划	2012-06-18	2012-06-19	杨惠琴
需求分析	2012-06-19	2012-06-22	王雨隽
系统设计	2012-06-22	2012-06-25	胡习良
系统实现	2012-06-26	2012-07-03	杨惠琴
项目验收	2012-07-04	2012-07-05	

注:如果发生重估计,则应在表中填加重估计后的起始日期和结束日期,并保留以前的日期。

2.4　测试目标(Objectives)

查找系统漏洞、BUG、测试各功能是否按设计要求实现,收集各方反馈意见,完善系统。

2.5　测试组网图(Test Topologies)

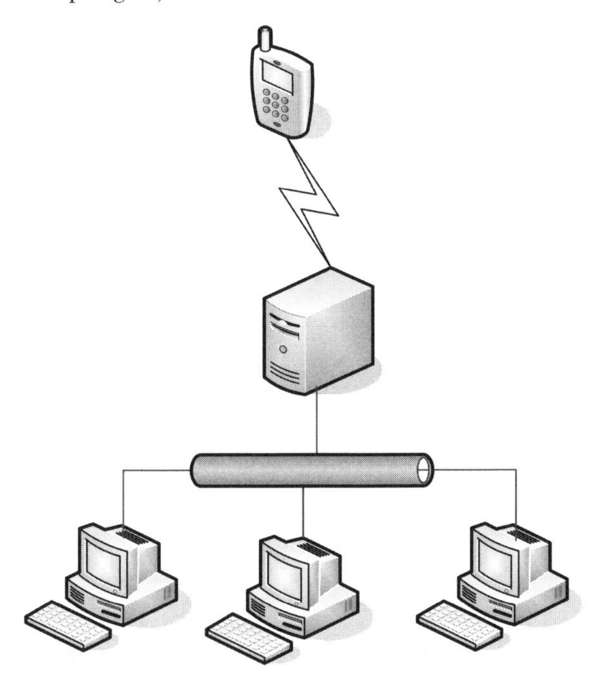

2.6 回归测试策略(Strategy of Regression Test)

在下一轮测试中,对本轮测试发现的所有缺陷对应的用例进行回归,确认所有缺陷都已经过修改。

2.7 导向/培训计划(Orientation/Training Plan)

暂无。

3 **测试用例**(Test Cases)

需求功能名称	测试用例名称	作　者	应交付日期
输入语音信息	输入语音信息	* * *	2012-07-01
打电话	打电话	* * *	2012-07-01
发短信	发短信	* * *	2012-07-01
发邮件	发邮件	* * *	2012-07-01
设置闹钟	设置闹钟	* * *	2012-07-01
设置备忘录	设置备忘录	* * *	2012-07-01
播放音乐	播放音乐	* * *	2012-07-01
查询天气	查询天气	* * *	2012-07-01
搜索资料	搜索资料	* * *	2012-07-01
搜索地标	搜索地标	* * *	2012-07-01

4 **工作交付件**(Deliverables)

工作交付件列表(Deliverables Table)如下:

名称 (Name)	作者 (Author)	应交付日期 (Delivery Date)
测试计划	* * *	2012-07-01

5 **参考资料清单**(List of Reference)

暂无。

3.6 系统测试设计

1 **简介**(Introduction)

1.1 目的(Purpose)

本文档是对智能语音控制系统进行测试测试规范的描述。它包括单元测试脚本、功能测试测试用例、压力测试策略、部署测试及回归测试策略等。它用于指导本系统所有的测试工作。

文档的预期读者为项目经理、测试经理、测试人员、验收客户。

1.2　范围（Scope）

手机流量监控系统测试设计包括测试类型设计、单元测试、功能测试用例、回归测试设计、压力测试设计、安全测试设计及部署测试。

2　测试类型设计（Test Design）

项目测试过程中会用的测试方法。

单元测试。

功能测试。

压力测试。

部署测试。

3　单元测试（Unit Test）

单元测试名称	被测试方法/类	单元测试代码文件地址

4　功能测试设计（Function Test）

4.1　输入语音信息

描述：单击进入软件，单击语音输入按钮，开始语音输入。

创建时间：2012-06-29。

类型：手动测试。

执行状态：未通过。

具体描述如下：

<table>
<tr><td>测试用例编号</td><td colspan="2">T. UC. YYK. 001</td><td colspan="2">测试案例名称</td><td colspan="3">输入语音信息</td></tr>
<tr><td>测试目的</td><td colspan="7">正常输入：进行正常处理
异常输入：系统提示“无法识别到语音输入，请检查麦克风并保持在 10 cm 以内”；返回欢迎界面，等待语音输入</td></tr>
<tr><td>测试角色</td><td colspan="7">普通角色</td></tr>
<tr><td>测试条件</td><td colspan="7">用户已打开智能语音软件，检测网络正常，相关硬件正常工作</td></tr>
<tr><td>设计人</td><td>* * *</td><td>设计时间</td><td>2012-08-29</td><td>测试人</td><td></td><td>测试时间</td><td></td></tr>
<tr><td colspan="8">备注：</td></tr>
<tr><td rowspan="2">步　骤</td><td rowspan="2">测试流程名或者界面名称</td><td rowspan="2">测试规程</td><td rowspan="2" colspan="3">预期结果</td><td colspan="2">实际结果</td></tr>
<tr><td>通　过</td><td>问题等级</td></tr>
<tr><td>1</td><td>进入界面</td><td>启动程序</td><td colspan="3">看到操作界面</td><td></td><td></td></tr>
<tr><td>2</td><td>正常输入</td><td>距离麦克风 10 cm 内输入</td><td colspan="3">进行正常处理</td><td></td><td></td></tr>
</table>

续表

3	异常输入	距离麦克风10 cm外输入或讲方言、英语、乱吼叫	系统提示:“无法识别到语音输入,请检查麦克风并保持在10 cm以内”;返回欢迎界面,等待语音输入		
测试结果复查/监督:					
注:问题等级: 1—严重错误,整个系统无法运行。 2—主要错误,对于系统有很主要的影响,且严重影响系统运行。 3——一般错误,影响到系统的部分部件,但不影响系统正常操作流程的执行。 4—微小错误,仅对系统造成不重要的影响。					

4.2 打电话

描述:用户发出命令“给‘某某某’打电话”。

创建时间:2012-06-29。

类型:手动测试。

执行状态:未通过。

具体描述如下:

测试用例编号	T. UC. YYK. 002		测试案例名称		打电话	
测试目的	正常输入:系统界面显示并且有语音反馈“正在呼叫××”,或系统界面显示并且有语音反馈“请选择您想要呼叫的联系人‘××|××’。” 异常输入:系统提示“找不到您要拨打的联系人,请重新输入”;返回欢迎界面,等待语音输入					
测试角色	普通角色					
测试条件						
设计人	***	设计时间	2012-06-29	测试人		测试时间
备注:						

步骤	测试流程名或者界面名称	测试规程	预期结果	实际结果	
				通过	问题等级
1	正常输入	对联系人中已存在的人说:“给‘某某某’打电话”	系统界面显示并且有语音反馈“正在呼叫××”,或系统界面显示并且有语音反馈“请选择您想要呼叫的联系人‘××|××’。”		
2	异常输入	对联系人中不存在的人说:“给‘某某某’打电话”	系统提示“找不到您要拨打的联系人,请重新输入”;返回欢迎界面,等待语音输入		

续表

测试结果复查/监督：
注：问题等级： 1—严重错误，整个系统无法运行。 2—主要错误，对于系统有很主要的影响，且严重影响系统运行。 3——般错误，影响到系统的部分部件，但不影响系统正常操作流程的执行。 4—微小错误，仅对系统造成不重要的影响。

4.3　发短信

描述：用户发出命令“给‘某某某’发短信”。

创建时间：2012-06-29。

类型：手动测试。

执行状态：未通过。

具体描述如下：

<table>
<tr><td>测试用例编号</td><td colspan="2">T. UC. YYK. 003</td><td colspan="2">测试案例名称</td><td colspan="3">发短信</td></tr>
<tr><td>测试目的</td><td colspan="7">正常输入：系统界面显示并且有语音反馈“正在向××发送短信”，或系统显示并且有语音反馈“请选择您想要发送短信的联系人‘××|××’。”
异常输入：系统提示“找不到您要发送短信的联系人，请重新输入”；返回欢迎界面，等待语音输入</td></tr>
<tr><td>测试角色</td><td colspan="7">普通角色</td></tr>
<tr><td>测试条件</td><td colspan="7"></td></tr>
<tr><td>设计人</td><td>* * *</td><td>设计时间</td><td>2012-06-29</td><td>测试人</td><td></td><td>测试时间</td><td></td></tr>
<tr><td colspan="8">备注：</td></tr>
<tr><td rowspan="2">步　骤</td><td rowspan="2">测试流程名或者界面名称</td><td rowspan="2" colspan="2">测试规程</td><td rowspan="2" colspan="2">预期结果</td><td colspan="2">实际结果</td></tr>
<tr><td>通　过</td><td>问题等级</td></tr>
<tr><td>1</td><td>正常输入</td><td colspan="2">对联系人中已存在的人说：“给‘某某某’发短信”</td><td colspan="2">系统界面显示并且有语音反馈“正在向××发送短信”，或系统显示并且有语音反馈“请选择您想要发送短信的联系人‘××|××’。”</td><td></td><td></td></tr>
<tr><td>2</td><td>异常输入</td><td colspan="2">对联系人中不存在的人说：“给‘某某某’发短信”</td><td colspan="2">系统提示“找不到您要发送短信的联系人，请重新输入”；返回欢迎界面，等待语音输入</td><td></td><td></td></tr>
</table>

续表

测试结果复查/监督：
注：问题等级： 1—严重错误，整个系统无法运行。 2—主要错误，对于系统有很主要的影响，且严重影响系统运行。 3—一般错误，影响到系统的部分部件，但不影响系统正常操作流程的执行。 4—微小错误，仅对系统造成不重要的影响。

4.4 发邮件

描述：用户发出命令“给‘某某某’发邮件”。

创建时间：2012-06-29。

类型：手动测试。

执行状态：未通过。

具体描述如下：

测试用例编号	T. UC. YYK. 004	测试案例名称	发邮件			
测试目的	正常输入：系统界面显示并且有语音反馈“正在向××发送邮件”，或系统界面显示并且有语音反馈“请选择您想要呼叫的联系人‘××|××’。” 异常输入：系统提示“找不到您要发送邮件的联系人，请重新输入”；返回欢迎界面，等待语音输入					
测试角色	普通角色					
测试条件						
设计人	* * *	设计时间	2012-06-29	测试人		测试时间	
备注：						

步　骤	测试流程名或者界面名称	测试规程	预期结果	实际结果	
				通　过	问题等级
1	正常输入	对联系人中已存在的人说：“给‘某某某’发邮件”	系统界面显示并且有语音反馈“正在向××发送邮件”，或系统显示并且有语音反馈“请选择您想要的邮件接收人‘××|××’。”		
2	异常输入	对联系人中不存在的人说：“给‘某某某’发邮件”	系统提示“找不到您要发送邮件的联系人，请重新输入”；返回欢迎界面，等待语音输入		

续表

测试结果复查/监督:
注:问题等级: 1—严重错误,整个系统无法运行。 2—主要错误,对于系统有很主要的影响,且严重影响系统运行。 3——般错误,影响到系统的部分部件,但不影响系统正常操作流程的执行。 4—微小错误,仅对系统造成不重要的影响。

4.5 设置闹钟

描述:用户说出包含如“设置闹钟”“新闹钟”“闹铃”等内容的命令语句。

创建时间:2012-06-29。

类型:手动测试。

执行状态:未通过。

具体描述如下:

测试用例编号		T. UC. YYK. 005		测试案例名称		设置闹钟	
测试目的		正常输入:系统界面显示并且有语音反馈“已设定闹钟于××点××分” 异常输入:系统提示“无法识别设定时间,请重新输入”;返回欢迎界面,等待语音输入					
测试角色		普通角色					
测试条件							
设计人		＊＊＊	设计时间	2012-06-29	测试人		测试时间
备注:							
步骤	测试流程名或者界面名称	测试规程		预期结果		实际结果	
						通过	问题等级
1	正常输入	输入正确时间		系统界面显示并且有语音反馈“已设定闹钟于××点××分”			
2	异常输入	输入错误时间		系统提示“无法识别设定时间,请重新输入”;返回欢迎界面,等待语音输入			
测试结果复查/监督:							

续表

注:问题等级: 1—严重错误,整个系统无法运行。 2—主要错误,对于系统有很主要的影响,且严重影响系统运行。 3——一般错误,影响到系统的部分部件,但不影响系统正常操作流程的执行。 4—微小错误,仅对系统造成不重要的影响。

4.6 设置备忘录

描述:用户发出命令设置备忘录。

创建时间:2012-06-29。

类型:手动测试。

执行状态:未通过。

具体描述如下:

测试用例编号	T. UC. YYK. 006	测试案例名称		设置备忘录		
测试目的	正常输入:系统界面显示并且有语音反馈“备忘录设置完成” 异常输入:系统提示“未识别到备忘录内容,请重新输入”;返回欢迎界面,等待语音输入					
测试角色	普通角色					
测试条件						
设计人	* * *	设计时间	2012-06-29	测试人		测试时间
备注:						

步骤	测试流程名或者界面名称	测试规程	预期结果	实际结果	
				通过	问题等级
1	正常输入	“设置备忘录 ……”	系统界面显示并且有语音反馈“备忘录设置完成”		
2	异常输入	“备忘录”之后乱吼	“未识别到备忘录内容,请重新输入”;返回欢迎界面,等待语音输入		
测试结果复查/监督:					
注:问题等级: 1—严重错误,整个系统无法运行。 2—主要错误,对于系统有很主要的影响,且严重影响系统运行。 3——一般错误,影响到系统的部分部件,但不影响系统正常操作流程的执行。 4—微小错误,仅对系统造成不重要的影响。					

4.7　播放音乐

描述:用户说出包含如“播放音乐”“打开播放器”“音乐”等内容的命令语句。

创建时间:2012-06-29。

类型:手动测试。

执行状态:未通过。

具体描述如下:

<table>
<tr><td colspan="2">测试用例编号</td><td>T. UC. YYK. 007</td><td colspan="2">测试案例名称</td><td colspan="5">播放音乐</td></tr>
<tr><td colspan="2">测试目的</td><td colspan="8">系统提示:“正在打开播放器”</td></tr>
<tr><td colspan="2">测试角色</td><td colspan="8">普通角色</td></tr>
<tr><td colspan="2">测试条件</td><td colspan="8"></td></tr>
<tr><td colspan="2">设计人</td><td>* * *</td><td>设计时间</td><td>2012-06-29</td><td>测试人</td><td></td><td>测试时间</td><td colspan="2"></td></tr>
<tr><td colspan="10">备注:</td></tr>
<tr><td rowspan="2">步　骤</td><td rowspan="2">测试流程名或者界面名称</td><td rowspan="2" colspan="2">测试规程</td><td rowspan="2" colspan="4">预期结果</td><td colspan="2">实际结果</td></tr>
<tr><td>通　过</td><td>问题等级</td></tr>
<tr><td>1</td><td>打开音乐</td><td colspan="2">语音输入“打开播放器”</td><td colspan="4">系统提示“正在打开播放器”</td><td></td><td></td></tr>
<tr><td colspan="10">测试结果复查/监督:</td></tr>
<tr><td colspan="10">注:问题等级:
1—严重错误,整个系统无法运行。
2—主要错误,对于系统有很主要的影响,且严重影响系统运行。
3——一般错误,影响到系统的部分部件,但不影响系统正常操作流程的执行。
4—微小错误,仅对系统造成不重要的影响。</td></tr>
</table>

4.8　查询天气

描述:用户说出包含如“查询天气”“天气预报”“天气”等内容的命令语句。

创建时间:2012-06-29。

类型:手动测试。

执行状态:未通过。

具体描述如下:

<table>
<tr><td>测试用例编号</td><td>T. UC. YYK. 00</td><td colspan="2">测试案例名称</td><td colspan="4">查询天气</td></tr>
<tr><td>测试目的</td><td colspan="7">正常输入:系统界面显示并且有语音播报天气查询的结果
异常输入:系统提示“无法识别城市名称,请重新输入”;返回欢迎界面,等待语音输入</td></tr>
<tr><td>测试角色</td><td colspan="7">普通角色</td></tr>
<tr><td>测试条件</td><td colspan="7"></td></tr>
<tr><td>设计人</td><td>* * *</td><td>设计时间</td><td>2012-06-29</td><td>测试人</td><td></td><td>测试时间</td><td></td></tr>
</table>

续表

备注：					
步　骤	测试流程名或者界面名称	测试规程	预期结果	实际结果	
				通　过	问题等级
1	正常输入	输入正确的城市名称	系统界面显示并且有语音播报天气查询的结果		
2	异常输入	输入不存在的城市名称	系统提示“无法识别城市名称，请重新输入”；返回欢迎界面，等待语音输入		
测试结果复查/监督：					
注：问题等级： 1—严重错误，整个系统无法运行。 2—主要错误，对于系统有很主要的影响，且严重影响系统运行。 3——一般错误，影响到系统的部分部件，但不影响系统正常操作流程的执行。 4—微小错误，仅对系统造成不重要的影响。					

4.9　搜索资料

描述：用户说出包含如“搜索资料”“查询”“什么是”等内容的命令语句。

创建时间：2012-06-29。

类型：手动测试。

执行状态：未通过。

具体描述如下：

测试用例编号	T. UC. YYK. 009		测试案例名称		搜索资料	
测试目的	正常输入：系统界面显示并且有语音播报相关查询结果 异常输入：系统提示“无法识别查询内容，请重新输入”					
测试角色	普通角色					
测试条件						
设计人	＊＊＊	设计时间	2012-06-29	测试人		测试时间	
备注：						

续表

步　骤	测试流程名或者界面名称	测试规程	预期结果	实际结果	
				通　过	问题等级
1	正常输入	搜索正确内容	系统界面显示并且有语音播报相关查询结果		
2	异常输入	搜索错误内容	系统提示“无法识别查询内容,请重新输入”		
测试结果复查/监督:					
注:问题等级: 1—严重错误,整个系统无法运行。 2—主要错误,对于系统有很主要的影响,且严重影响系统运行。 3—一般错误,影响到系统的部分部件,但不影响系统正常操作流程的执行。 4—微小错误,仅对系统造成不重要的影响。					

4.10　搜索地标

描述:用户说出包含如“搜索位置”“搜索地标”“附近哪里有”等内容的命令语句。

创建时间:2012-06-29。

类型:手动测试。

执行状态:未通过。

具体描述如下:

测试用例编号	T. UC. YYK. 010	测试案例名称	搜索地标				
测试目的	正常输入: 系统返回搜索结果 异常输入:系统提示“无法识别查询内容,请重新输入”						
测试角色	普通角色						
测试条件							
设计人	* * *	设计时间	2012-06-29	测试人		测试时间	
备注:							

步　骤	测试流程名或者界面名称	测试规程	预期结果	实际结果	
				通　过	问题等级
1	正常输入	输入正确地表名称	系统返回搜索结果		
2	异常输入	输入错误地表名称	无法识别查询内容,请重新输入		

续表

测试结果复查/监督:
注:问题等级: 1—严重错误,整个系统无法运行。 2—主要错误,对于系统有很主要的影响,且严重影响系统运行。 3——一般错误,影响到系统的部分部件,但不影响系统正常操作流程的执行。 4—微小错误,仅对系统造成不重要的影响。

5　**压力测试**

无。

6　**部署测试**

无。

7　**工作交付件**(Deliverables)

名称(Name)	作者(Author)	应交付日期(Delivery Date)
测试计划	* * *	2012-06-28
测试设计	* * *	2012-06-28

3.7　系统测试报告

1　**概述**(Overview)

COE 项目管理系统测试报告,说明了 COE 项目管理软件测试的执行情况和软件质量,并分析缺陷原因。

2　**测试时间、地点及人员**(Test Date, Address and Tester)

测试模块	天数/d	开始时间	结束时间	人　员
打电话	1	2012-07-01		* * *
发短信	1	2012-07-01		* * *
发邮件	1	2012-07-01		* * *
设置闹钟	1	2012-07-02		* * *
播放音乐	1	2012-07-01		* * *
查询天气	1	2012-07-02		* * *
搜索资料	1	2012-07-02		* * *

3　**环境描述**(Test Environment)

Android 2.3.3

Cpu:1 024 MHz

Sd card:2 GB

Rom 768 mb

4　测试概要(Test Overview)

4.1　对测试计划的评价(Test Plan Evaluation)

测试计划设计比较合理,在测试过程中未出现较大的改动。由于项目规模较小,单人在5 d内完成测试,并将问题反馈,完成了回归测试。测试过程进行得比较流畅,未出现重大问题耽误测试进度。

4.2　测试进度控制(Test Progress Control)

测试人员的测试效率:较高。

开发人员的修改效率:较高。

在原定测试计划时间内顺利完成功能符合性测试和部分系统测试,对软件实现的功能进行全面系统的测试,并对软件的安全性、易用性、健壮性各个方面进行选择性测试,达到测试计划的测试类型要求。实施情况如下:

编号	任务描述	时　间	负责人	任务状态
1	需求获取和测试计划	2012-07-01	* * *	完成
2	案例设计、评审、修改	2012-07-01	* * *	完成
3	功能点、业务流程、并发性测试	2012-07-01	* * *	完成
4	回归测试	2012-07-01	* * *	完成
5	用户测试	2012-07-01	* * *	完成

5　缺陷统计(Defect Statistics)

5.1　测试结果统计(Test Result Statistics)

Bug修复率:第一、二、三级问题报告单的状态为Close和Rejected状态。

Bug密度分布统计:项目共发现Bug总数N个,其中有效bug数目为N个,Rejected和重复提交的bug数目为N个。

按问题类型分类的bug分布如下(包括状态为Rejected和Pending的bug):

问题类型	问题个数
代码问题	2
数据库问题	0
易用性问题	0
安全性问题	0
健壮性问题	0
功能性错误	0
测试问题	0
测试环境问题	0
界面问题	0
特殊情况	0
交互问题	0
规范问题	0

按级别的 bug 分布如下(不包括 Cancel):

严重程度	1 级	2 级	3 级	4 级	5 级
问题个数	2				

按模块以及严重程度的 bug 分布统计如下(不包括 Cancel):

模　块	1-Urgent	2-Very High	3-High	4-Medium	5-Low	Total
打电话	0	0	0	0	0	0
发短信	0	0	0	0	0	0
发邮件	0	0	0	0	0	0
设置闹钟	2	0	0	0	0	0
播放音乐	0	0	0	0	0	0
查询天气	0	0	0	0	0	0
搜索资料	0	0	0	0	0	0
Total	2	0	0	0	0	0

5.2　测试用例执行情况(Situation of Conducting Test Cases)

需求功能名称	测试用例名称	执行情况	是否通过
打电话	T. UC. YYK. 001	已测试	是
发短信	T. UC. YYK. 002	已测试	是
发邮件	T. UC. YYK. 003	已测试	是
设置闹钟	T. UC. YYK. 004	已测试	是
播放音乐	T. UC. YYK. 005	已测试	是
查询天气	T. UC. YYK. 007	已测试	是
搜索资料	T. UC. YYK. 008	已测试	是

6　**测试活动评估**(Evaluation of Test)

对项目提交的缺陷进行分类统计,测试组提出的有价值的缺陷总个数 N 个。以下是归纳缺陷的结果:

按照问题原因归纳缺陷:

问题原因包括需求问题、设计问题、开发问题、测试环境问题、交互问题、测试问题。

需求问题　　Requirement　　0 个

设计问题　　Design　　0 个

开发问题　　Development　　2 个

典型 1:闹钟设置指令中,当含有“一刻”的关键字,程序崩溃。

分析:代码实现有缺陷。

7　**覆盖率统计**(Test Cover Rate Statistics)

需求功能名称	覆盖率/%
打电话	100
发短信	100
发邮件	100
设置闹钟	100
播放音乐	100
查询天气	100
搜索资料	100
整体覆盖率	要求100

8　**测试对象评估**(Evaluation of the Test Target)

本项目所开发出的应用程序符合需求功能说明书的要求,安装简便,能够实现一般性语音交互功能,易用简单,程序运行稳定,经测试发现各方面指标皆符合标准。

9　**测试设计评估及改进**(Evaluation of Test Design and Improvement Suggestion)

测试设计和操作的评估及改进建议:正常符合标准。

10　**规避措施**(Mitigation Measures)

对测试活动过程中出现的问题在客观环境不允许或无法实现的情况下给出折中方案,通过采用的规避措施,确保软件的正常运行、版本可用,以避免最大利益损失。

11　**遗留问题列表**(List of Bequeathal Problems)

	问题总数 (Number of Problem)	致命问题 (Fatal)	严重问题 (Serious)	一般问题 (General)	提示问题 (Suggestion)	其他统计项 (Others)
数目 (Number)	0	0	0	0	0	0
百分比 (Percent)	0	0	0	0	0	0

12　**附件**(Annex)

12.1　交付的测试工作产品(Deliveries of the Test)

①测试计划(Test Plan)。

②测试用例(Test Cases)。

3.8　项目验收报告

1　**项目介绍**

科技是为了让生活更加便捷,继图形化操作界面和接触式按钮大大方便了人们对计算机终端的操作后,语音控制功能逐渐进入人们的视野。随着iphone 4S中搭载的Siri受到英语国家用户的广泛好评,人们逐渐意识到完全解放双手的终端操作是可能的。无论你是在开车、做饭,还是双手提包,一句简单的命令就可调用几乎所有电器设备和终端系统,与设备进行语音交流,这无疑是所有致力于语音识别和智能分析研究人员的愿景。

说到语音识别,Google公司开发的Voice Action和Apple公司旗下的Siri在英语的识别方面都取得了令人满意的效果。其中,Siri的智能分析更是超越了一般的语音控制系统,能够与用户进行非功能性的交流,而且不限语法;而Voice Action则侧重于对不同人语音识别的准确度和速度上,对于大词汇量非特定人连续语音识别有着高效的识别率,但需要一定的语法规则支持。然而,目前Siri和Voice Action都不能支持中文。原因是中文的复杂不仅在于庞大的语法系统,更在于不同语境中的语调变化,起转平仄的变换是中文语音识别的瓶颈之一。另外,中文的方言问题也是造成识别率低下的主要原因。而将所有的可能性都存到一个足够大的数据库里又会太慢,毕竟声控代替手动主要是为了节省时间和方便操作。如果等待时间过长而识别率又得不到保证的话,该识别系统就难以让用户接受。可喜的是,利用云计算技术可基本解决大数据量处理的问题。在较少的考虑网络数据速率和服务器计算能力的前提下,通过远程处理语音识别并反馈本机进行调用操作的思路是可行的。本项目正是以此思路进行展开,以实现大部分移动终端功能,并以语音合成的形式进行反馈,达到人机语音交互的效果。

2　项目验收原则

①审查项目实施进度的情况。

②审查项目项目管理情况,是否符合过程规范。

③审查提供验收的各类文档的正确性、完整性和统一性,审查文档是否齐全、合理。

④审查项目功能是否达到了合同规定的要求。

⑤对项目的技术水平做出评价,并得出项目的验收结论。

3　项目验收计划

①审查项目进度。

②审查项目管理过程。

③应用系统验收测试。

④项目文档验收。

4　项目验收情况

4.1　项目进度

序　号	阶段名称	计划起止时间	实际起止时间	交付物列表	备　注
1	项目立项	2012-06-18—2012-06-20	2012-06-18—2012-06-20	《项目立项报告书》	
2	项目计划	2012-06-18—2012-06-22	2012-06-19—2012-06-22	《项目计划书》	
3	业务需求分析	2012-06-19—2012-06-25	2012-06-22—2012-06-26	《软件需求规格说明书》	
4	系统设计	2012-06-22—2012-06-30	2012-06-25—2012-06-30	《软件系统设计说明书》	
5	编码及测试	2012-06-26—2012-07-03	2012-07-03—2012-07-03	项目工程源码包 《测试设计说明书》 《测试报告》	
6	验收	2012-07-04—2012-07-05	2012-07-05—2012-07-05	源码包,相关文档	

4.2　项目变更情况

(1)项目合同变更情况

无。

(2)项目需求变更情况

无。

(3)其他变更情况

无。

4.3　项目管理过程

序　号	过程名称	是否符合过程规范	存在问题
1	项目立项	符合	
2	项目计划	符合	
3	需求分析	符合	
4	详细设计	符合	
5	系统实现	符合	

4.4　应用系统

序　号	需求功能	验收内容	是否符合代码规范	验收结果
1	语音输入	语音输入	是	合格
2	语音识别	语音识别	是	合格
3	语音转写	语音转写	是	合格
4	语义分析	语义分析	是	合格
5	系统服务处理	系统服务处理	是	合格
6	语音播报	语音播报	是	合格

4.5　文档

过　程		需提交文档	是否提交(√)	备　注
01-COEBegin		学员清单、课程表、学员软酷网测评(软酷网自动生成)、实训申请表、学员评估表(初步)、开班典礼相片	√	
02-Initialization	01-Business Requirement	项目立项报告	√	
03-Plan		1.项目计划报告 2.项目计划评审报告	√	
04-RA	01-SRS	1.需求规格说明书(SRS) 2.SRS评审报告	√	
	02-STP	1.系统测试计划 2.系统测试计划评审报告	√	
05-System Design		1.系统设计说明书(SD) 2.SD评审报告	√	
06-Implement	01-Coding	代码包	√	

续表

过　程		需提交文档	是否提交(√)	备　注
	02-System Test Report	1. 测试计划检查单 2. 系统测试设计 3. 系统测试报告	√	
07-Accepting	01-User Accepting Test Report	用户验收报告	√	
	02-Final Products	最终产品	√	
	03-User Handbook	用户操作手册	√	
08-COEEnd		1. 学员个人总结 2. 实训总结(项目经理,一个班1份) 3. 照片(市场) 4. 实验室验收检查报告(IT) 5. 实训验收报告(校方盖章)	√	
09-SPTO	01- Project Weekly Report	项目周报	√	
	02-Personal Weekly Report	个人周报	√	
	03-Exception Report	项目例外报告	√	
	04-Project Closure Report	项目关闭总结报告	√	
10-Meeting Record	01-Project kick-off Meeting Record	项目启动会议记录	√	
	02-Weekly Meeting Record	项目周例会记录	√	

4.6　项目验收情况汇总表

验收项	验收意见	备　注
应用系统	通过	
文档	通过	
项目过程	通过	
总体意见: 通过 项目验收负责人(签字):* * * 项目总监(签字):喻国良		
未通过理由: 项目验收负责人(签字):		

5　项目验收附件

无。

3.9　项目关闭报告

1　项目基本情况

项目名称	智能语音控	项目类别	Android
项目编号	v6.4502.1069.1	采用技术	云服务器、Android手机、自然语言处理等
开发环境	Eclipse	运行平台	Android 2.2
项目起止时间	2012-06-18—2012-07-05	项目地点	DS1502
项目经理	* * *	现场经理	* * *
项目组成员	* * *,* * *,* * *,* * *,* * *,* * *,* * *		
项目描述	由于iphone以及siri的兴起流行,智能语音控制成为当今的热门话题。鉴于市场上以中文的智能语音控制较少的实例和不成熟的技术背景,本小组选取了这个具有挑战性的项目——基于Android平台的智能语音控。本项目系统中,主要分为手机端、服务器端和云服务器端。采用这样的结构能够减轻手机端的处理压力,同时缩短处理时间和相应时间。本系统的具体处理过程如下:手机端通过声音数据采集将声音数据发射到云服务器端,云服务器进行声音识别将生成的声音文本传入本地服务器。本地服务器对文本进行模式识别、分词处理、字段提取。其中,模式识别分为查询模式、命令模式、聊天模式。在每一个模式中根据字段提取调用相应的动作,如在百科中查询、发送短信、与机器人进行聊天。机器人的应答分为文本式与语音式,这些均由云服务器端实现并返回给手机客户端 虽然本项目的界面简单,但是本系统的界面同后台一样尽善尽美。启动界面以动态的方式展现,而主界面以气泡会话的方式进行,可谓简单时尚。本项目最终可通过用户的语音交流实现发送短信、打电话、发邮件、设定闹钟、播放视频等手机基本功能,同时也可实现在浏览器中查询多种多样的信息以及与用户进行聊天等功能		

2　项目的完成情况

总体上,通过语音处理与使用者进行智能对话,完成使用者提出的针对移动终端的所有任务处理。完成的主要功能模块如下:

①自然语言处理:完成中文分词、断句、编写规则、寻找关键词、语句情感分析。

②声音识别:将声音片段发送到云服务器,获得声音信息。

③命令模块:包括命令分析处理和命令执行两大子模块。主要根据关键词或者感情色彩分析语句命令式或者普通聊天模式,从而获取命令类型如短信、电话、邮件、闹铃、歌曲视频、地图GPS(声音识别经纬度)以及打开其他应用。

④查询模块:通过语句情感分析后、打开查询模式,从本地服务与云服务器语料库进行答案搜索。

⑤聊天模块:主要根据关键词或者感情色彩分析语句命令式或者普通聊天模式,从而获取聊天内容,再从本地服务与云服务器语料库进行答案搜索。

总体代码规模:约 7 000 行。

代码缺陷率:20% 。

3 学员任务及其工作量总结

姓　名	职　责	负责模块	代码行数/注释行数	文档页数
* * *	组长	项目集成与测试、自然语言处理模块、手机端应用模块、项目立项书与计划书等	4 400	15 79
* * *	后台代码	自然语言处理模块	450	0
* * *	文档、美工、部分代码	云服务器语料库建设、数据采集、系统概要设计文档	550	48
* * *	文档、美工、部分代码	语音识别模块、需求分析说明书	600	31
* * *	前台界面实现、美工	手机端界面	500	0
* * *	数据采集	数据采集	0	0
* * *	前台界面实现、美工	手机端界面	500	0
合　计			7 000	94

4 项目进度

项目阶段	计　划		实　际		项目进度偏移/d
	开始日期	结束日期	开始日期	结束日期	
立项	2012-06-18	2012-06-18	2012-06-18	2012-06-18	0
计划	2012-06-18	2012-06-19	2012-06-18	2012-06-19	0
需求	2012-06-19	2012-06-22	2012-06-20	2012-06-22	1
设计	2012-06-22	2012-06-25	2012-06-22	2012-06-25	0
编码	2012-06-26	2012-07-03	2012-06-26	2012-07-03	0
测试	2012-07-04	2012-07-05	2012-07-04	2012-07-05	0

5 经验教训及改进建议

经验教训:通过几天的调试,我们了解到调试是一门艺术,好的调试是提升项目性能的重要保证。同时,我们对 Android 平台开发还不是很熟悉,前期花了很多时间学习,很多例子现学现用,降低工作效率。

改进建议:项目开始前加强代码基础,提高实力,提高编码效率。

第4章 软件工程实训项目案例2：手机个人健康

【项目介绍】

健康管理是指对个人或人群的健康危险因素进行全面监测、分析、评估以及预测和预防的全过程。其宗旨是调动个人及集体的积极性,有效地利用有限的资源来达到最大的健康改善效果。作为一种服务,其具体做法是根据个人的健康状况进行评价和为个人提供有针对性的健康指导,使他们采取行动来改善健康。

健康管理的经验证明,通过有效的主动预防与干预,健康管理服务的参加者按照医嘱定期服药的几率提高了50%,其医生能开出更为有效的药物与治疗方法的几率提高了60%,从而使健康管理服务的参加者的综合风险降低了50%。

本项目主要针对医生做出的各项目指标进行了有效处理整合,可让用户适时了解自己的个人健康情况,帮助用户有效改进饮食、休息、调节相关健康指标,让用户达到健康最佳标准。本项日中,通过心电图识别报告可针对医生所开具的心电图进行手机摄像头扫描并进行识别,对识别结果进行分析得出用户关于心率上的相关问题,如是否早搏、心衰等现代亚健康人士的重要指标。通过对以上指标分析处理,产出曲线图、周期报表来适时针对个人健康情况及时采取措施。

本系统的功能结构图如图4.1所示。

【项目特色】

手机个人健康管理系统具有以下特色(见图4.2、图4.3):

提供用户一些健康的饮食菜谱,以及它们的具体做法等内容。

提供用户一些关于特殊情况下,如发烧感冒、跌打损伤时不应该吃什么食物等知识,维护用户的健康。

根据用户录入的身高体重信息,计算用户的BMI值,对用户的体质状况进行判断。

利用摄像头获取用户心率信息,并对用户健康状况进行判断。

提供用户自测功能,根据此功能判断出用户当前视力状况。

个性化的设置,使其更符合用户个人的习惯与喜好。

【项目技术】

手机个人健康管理系统是一款基于Android平台的软件,项目采用Android SDK开发框架,开发工具为Eclipse。根据项目技术特色,开发人员可学到一些安卓项目的开发经验,如Webservices服务技术、XML解析、Jason数据解析技术、跨平台的数据交互技术,嵌入式HTML技术文件存储、SQLite数

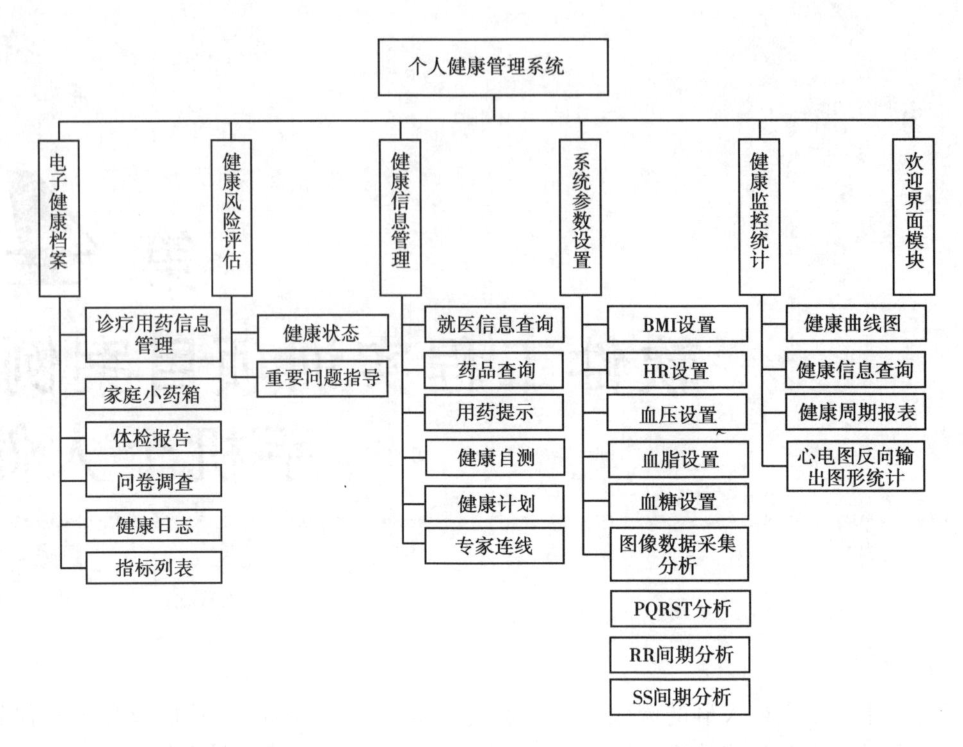
个人健康管理系统
电子健康档案
健康风险评估
健康信息管理
系统参数设置
健康监控统计
欢迎界面模块
诊疗用药信息管理
家庭小药箱
体检报告
问卷调查
健康日志
指标列表
健康状态
重要问题指导
就医信息查询
药品查询
用药提示
健康自测
健康计划
专家连线
BMI设置
HR设置
血压设置
血脂设置
血糖设置
图像数据采集分析
PQRST分析
RR间期分析
SS间期分析
健康曲线图
健康信息查询
健康周期报表
心电图反向输出图形统计

图 4.1

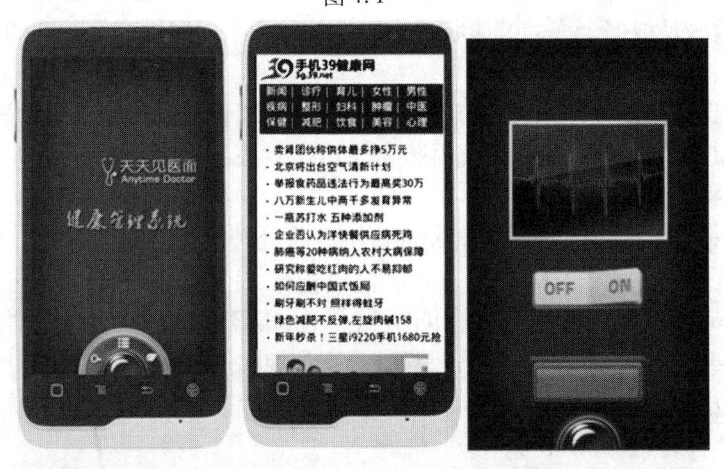
天天见医面
Anytime Doctor
健康管理系统
手机39健康网
新闻 | 诊疗 | 育儿 | 女性 | 男性
疾病 | 整形 | 妇科 | 肿瘤 | 中医
保健 | 减肥 | 饮食 | 美容 | 心理
OFF
ON

图 4.2

---BMI测试---
健康食谱
食物搭配表
天气预报
重庆
今日天气 1月17日
今日天气实况
阴
1月18日
1月19日
1月20日
多云
6℃/12℃
多云转阴
9℃/11℃
阴转小雨
8℃/12℃

图 4.3

据存储、Android 底层硬件 API 调用等。经过此项目,开发人员可获得一个基本完备的项目开发经验,了解大概的软件开发的概念,得到基本的 Android 平台开发的知识储备。

4.1　项目立项报告

1　**项目提出**(Project Proposal)

项目 ID(Project ID)	项目名称(Project Name)
v7.2086.1365.8	手机个人健康管理系统

1.1　项目简介

健康管理是指对个人或人群的健康危险因素进行全面监测、分析、评估以及预测和预防的全过程。其宗旨是调动个人及集体的积极性,有效地利用有限的资源来达到最大的健康改善效果。作为一种服务,其具体做法是根据个人的健康状况进行评价和为个人提供有针对性的健康指导,使他们采取行动来改善健康。

健康管理的经验证明,通过有效的主动预防与干预,健康管理服务的参加者按照医嘱定期服药的几率提高了 50% ,其医生能开出更为有效的药物与治疗方法的几率提高了 60% ,从而使健康管理服务的参加者的综合风险降低了 50% 。

本项目主要针对医生做出的各项目指标进行了有效处理整合,可让用户适时了解自己的个人健康情况,帮助用户有效改进饮食、休息、调节相关健康指标,让用户达到健康最佳标准。本项目中通过心电图识别报告可针对医生所开具的心电图进行手机摄像头扫描并进行识别,对识别结果进行分析得出用户关于心率上的相关问题,如是否早搏、心衰等现代亚健康人士的重要指标。通过对以上指标分析处理,产出曲线图、周期报表来适时针对个人健康情况及时采取措施。

1.2　项目目标

做出一个人性化的个人健康管理软件,在能实现健康管理的基本数据录入统计功能,并能适时提醒用户注意其健康问题的同时,强调系统和用户的互动性,让用户更加方便和更乐于使用本软件,而不单单是一个健康手册。

1.3　系统边界

手机客户端包括:

基本功能:通过摄像头识别采集心电图信息,然后进行分析,产出曲线图、周期报表来适时针对个人健康情况及时采取措施。系统支持一些特殊的用户(盲人、聋哑人等)对本系统的正常使用。

拓展功能:进行条形码扫描记录药品,测试心率、测试视力、测试运动量(跑步)等交互功能;健康提醒功能;查询功能。用户界面清楚美观。

本项目总工作量大概为 40 人天,项目准备阶段为 8 人天,项目实施阶段 30 人天,项目验收阶段 2 人天。

1.4　工作量估计

模　块	子模块	工作量估计/人天	说　明
数据录入采集	就医用药信息录入	4	
	健康日志	4	
	问卷调查	4	
	心电图采集	8	

续表

模　块	子模块	工作量估计/人天	说　明
数据处理分析结果	健康曲线图	8	
	健康报表	8	
	心电图反向输出	8	
	用药就医提醒	8	
健康测试工具	BMI 测试	8	
	血压血糖血脂测试	8	
	心率测试	9	利用手机摄像头和闪光灯测试心率
查询功能	体重是否正常查询	8	身高体重比例得出结论,并给出建议
	药品查询	8	
	就医查询	8	
	专家连线	8	
用户界面	用户界面设计美化	8	
总工作量/人天	40		

注:"人天"即几个人几天的工作量。

2　开发团队组成和计划时间(Team Building and Schedule)

2.1　开发团队(Project Team)

团队成员(Team)	姓名(Name)	人员来源(Source of Staff)
项目总监(Chief Project Manager)	***	软酷网络科技有限公司
项目经理(Project Manager)	***	软酷网络科技有限公司
项目成员(Project Team Member Number)	***,***,***	重庆大学软件学院

2.2　计划时间(Project Plan)

项目计划:2013-04-10—2013-05-11(计 1 个月)。

3　项目预计支出(Budget)

支出项(Budget Item)	费用(Fee)	说明(Remark)
设备、场地占用费 (Cost on Facilities and Office)	无(None)	3 台计算机 重庆大学 2 号卓越实验室 (None)
本地人员工资 (Local Staff Salary)(管理费)	无 (None)	(平均工资 + 管理费) × 人员数目 × 月份 [(average salary + management fee) × number of staff × months]
外协人员工资 (Supporting Staff Salary)	无 (None)	无 (None)
加班费(Call-back Pay)	无 (None)	无 (None)
交通费(Traffic Fee)	无 (None)	无 (None)
住宿费(Accommodation Fee)	无 (None)	无 (None)
其他费用(Other Fees) (如业务交往、招待、办公等)	无 (None)	无 (None)
总计 (Total)	无 (None)	无 (None)

4　**风险评估和规避**(Risks Evaluating and Mitigating)

4.1　技术风险(Technical Risks)

①组员对 Android 开发不熟悉,前期要花大量时间学习。

②医学专业知识涉及多,医学数据处理要查询大量资料。

解决(Resolution):

加强 Android 学习,查询参考资料合理分配给每个组员,分摊工作压力。

4.2　管理风险(Management Risks)

①组员出勤风险,考研面试,找工作花费的时间会减少项目工作时间。也可能会出现病假。

②工作分配不尽合理,工作量太多或者太少都可能影响任务完成的效率。

解决(Resolution):

组员有事情要提前请假,对缺勤人员的任务做好安排。加强组员之间的交流,尽量让工作量合理化。

4.3　其他风险(Other Risks)

①设备风险,机房机器可能出现崩溃导致数据丢失。

②设施虽到位,但不配套,如没有电话、网线、办公用品等。

解决(Resolution):

及时进行备份,数据上传 SVN 服务器。尽量配套相对完整的设备。

4.2　软件项目计划

1　**项目简介**(Introduction)

健康管理是指对个人或人群的健康危险因素进行全面监测、分析、评估以及预测和预防的全过程。其宗旨是调动个人及集体的积极性,有效地利用有限的资源来达到最大的健康改善效果。作为一种服务,其具体做法是根据个人的健康状况进行评价和为个人提供有针对性的健康指导,使他们采取行动来改善健康。

健康管理的经验证明,通过有效的主动预防与干预,健康管理服务的参加者按照医嘱定期服药的几率提高了50%,其医生能开出更为有效的药物与治疗方法的几率提高了60%,从而使健康管理服务的参加者的综合风险降低了50%。

本项目主要针对医生做出的各项目指标进行了有效处理整合,可让用户适时了解自己的个人健康情况,帮助用户有效改进饮食、休息、调节相关健康指标,让用户达到健康最佳标准。本项目中,通过心电图识别报告可针对医生所开具的心电图进行手机摄像头扫描并进行识别,对识别结果进行分析得出用户关于心率上的相关问题,如是否早搏、心衰等现代亚健康人士的重要指标。通过对以上指标分析处理,产出曲线图、周期报表来适时针对个人健康情况及时采取措施。

2　**交付件**(Deliverables and Acceptance Criteria)

序号(S. No.)	交付件(Deliverable)
01	项目立项报告
02	项目计划(简版)
03	需求规格说明书
04	系统设计说明书

续表

序号(S. No.)	交付件(Deliverable)
05	项目最终代码
06	项目介绍 PPT
07	项目关闭总结报告
08	个人总结

3 WBS 工作任务分解

序号	工作包	工作量/人天	前置任务	任务易难度	负责人
1	项目启动	2	0	易	***,***
2	项目规划	2	1	中	***,***
3	需求分析	4	2	难	***,***
4	需求评审	2	3	中	***,***
5	系统设计	8	4	难	***,***
6	设计评审	2	5	中	***,***
7	数据录入采集模块	6	6	中	***,***
8	数据处理分析模块	6	7	中	***,***
9	健康测试模块	6	$n-1$	中	***,***
10	系统测试	6	n	中	***,***
11	项目验收	2	$n+1$	中	***,***
工作量总计/人天:40					

4 项目甘特图

编号	任务名称	工期	时间																															
			2013 年 4 月																					2013 年 5 月										
			10	11	12	13	14	15	16	17	18	19	20	21	22	23	24	25	26	27	28	29	30	1	2	3	4	5	6	7	8	9	10	11
1	项目启动	1	—																															
2	项目规划	1		—																														
3	需求分析	2			—																													
4	需求评审	1					—																											
5	系统设计	4						—				—																						
6	设计评审	1											—																					
7	数据录入采集模块	3														—																		
8	数据处理分析模块	3																	—			—												
9	数据查询模块	3																						—					—					
10	系统测试	3																													—			
11	项目验收	1																																—

4.3　软件需求规格说明书

关键词(Keywords):移动、个人健康。

摘要(Abstract):本软件可使用户通过移动终端对自身的身体健康状况进行自测,并记录用户体检状况以及用户所测出的各项指标,进行分析和健康提醒。

缩略语清单(List of Abbreviations)如下:

缩略语(Abbreviations)	英文全名(Full Spelling)	中文解释(Chinese Explanation)
APK	Android Package	Android 安装包
SDK	Software Development Kit	软件开发套件
API	Application Programming Interface	应用程序编程接口
Sqlite DB	Sqlite Database	Sqlite 数据库
BMI	Body Mass Index	医学术语:体质指数
HR	Hate Rate	医学术语:心率
ECG	Electrocardiogram	医学术语:心电图
SBP	Systolic Blood Pressure	医学术语:收缩压
DBP	Diastolic Blood Pressure	医学术语:舒张压
GPS	Global Positioning System	全球定位系统
HTML	Hypertext Markup Language	超文本标记语言

1　**简介**(Introduction)

1.1　目的(Purpose)

本文档用于描述“手机个人健康管理系统”的需求点分析,本文档主要针对个人健康管理系统各个业务功能模块所包含的需求点,进行业务、用例、功能上的分析,文档主要面向负责开发本项目的项目组成员,让项目组成员充分了解个人健康管理系统项目开发的需求、功能模块、业务逻辑等,从而完整、有效地开发以及实现软件全部的功能。

1.2　范围(Scope)

手机个人健康管理系统需求规格说明文档包括总体概述、功能需求、性能需求、接口需求、总体设计约束、软件质量特性、其他需求、需求分级、待确定问题、附录相关章节,每章节分别提出针对此个人健康管理系统不同层面的分析。

2　**总体概述**(General Description)

2.1　软件概述(Software Perspective)

2.1.1　项目介绍(About the Project)

健康管理是指对个人或人群的健康危险因素进行全面监测、分析、评估以及预测和预防的全过程。其宗旨是调动个人及集体的积极性,有效地利用有限的资源来达到最大的健康改善效果。作为一种服务,其具体做法是根据个人的健康状况进行评价和为个人提供有针对性的健康指导,使他们采取行动来改善健康。

健康管理的经验证明,通过有效的主动预防与干预,健康管理服务的参加者按照医嘱定期服药的几率提高了50%,其医生能开出更为有效的药物与治疗方法的几率提高了60%,从而使健康管理服务的参加者的综合风险降低了50%。

本项目主要针对医生作出的各项目指标进行了有效处理整合,可让用户适时了解自己的个人健康情况,帮助用户有效改进饮食、休息、调节相关健康指标,让用户达到健康最佳标准。本项目中,通过心电图扫描、视力检测、运动机能等测试,可报告给用户一些现代亚健康人士的重要指标。通过对以上指标分析处理,产出曲线图、周期报表来适时针对个人健康情况及时采取措施。

2.1.2 产品环境介绍(Environment of Product)

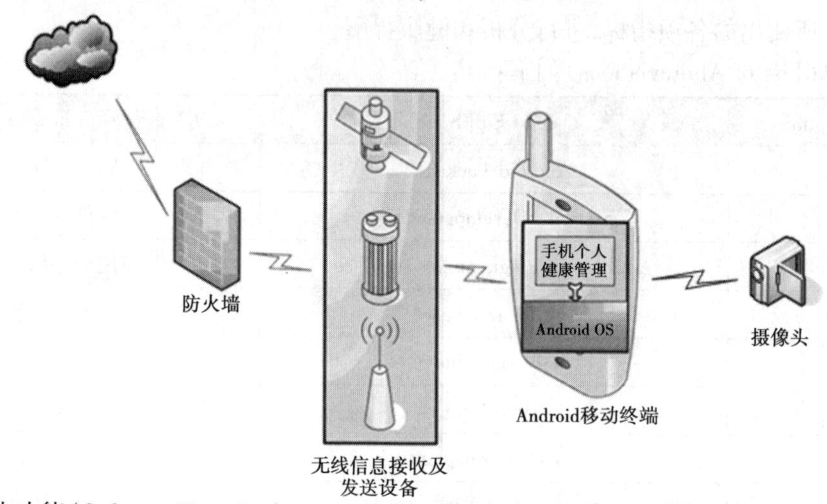

2.2 软件功能(Software Function)

系统功能模块描述说明如下:

(1)欢迎界面

欢迎界面为进入本系统的初始页面,用户可根据密码设置在此进行密码输入,以进入个人健康管理系统。

(2)生活助手

生活助手模块主要包含健康饮食模块,可分为健康菜谱和饮食禁忌等内容。

健康菜谱:提供用户一些健康的饮食菜谱及其具体做法等内容,方便用户快捷地查询健康的饮食菜谱。

饮食禁忌:提供用户一些关于特殊情况下,如发烧感冒、跌打损伤时不应该吃些什么食物等知识,维护用户的健康。

(3)测试工具

测试工具主要包含3部分,以此来对用户相应的健康状况进行采集。

BMI计算:根据用户录入的身高体重信息,计算用户的BMI值,对用户的体质状况进行判断。

心率测试:利用摄像头获取用户心率信息,并对用户健康状况进行判断。

视力检测:提供用户自测功能,根据此功能判断出用户当前视力状况。

(4)系统设置

系统设置页面包含3项功能,分别为个人设置、页面设置以及密码设置以用户可以根据相关的功能,来对本健康管理系统做更个性化的调整,使其更符合用户个人的习惯与喜好。

个人设置:包括用户名、性别、年龄设置。

页面设置:包括页面风格变换、字体大小变换以及是否开启横竖屏切换。

密码设置:在此用户可以设置是否开启进入本系统时所需要用到的入口密码,并对密码进行创建、修改。

2.3　用户特征(User Characteristics)

用户:Android 手机智能操作系统移动终端中所有安装了本系统软件的手机移动终端操作用户。

2.4　假设和依赖关系(Assumptions & Dependencies)

①该系统功能全面,操作设计简单,用户不需要具备相应的专业业务知识。本软件配有帮助说明文档,方便用户快速学习使用过程。同时,本软件使用过程中有明显的操作提示,用户可根据提示进行相关操作,检测个人身体状况,查看健康记录等。

②依赖的运行环境指定为:基于 Android 智能操作系统 5E73 的手机,或是基于 Android 智能操作系统平台的手机模拟器(Cell Phone Emulator)。

③本项目依赖 Android 构架进行开发,Android 构架如下:

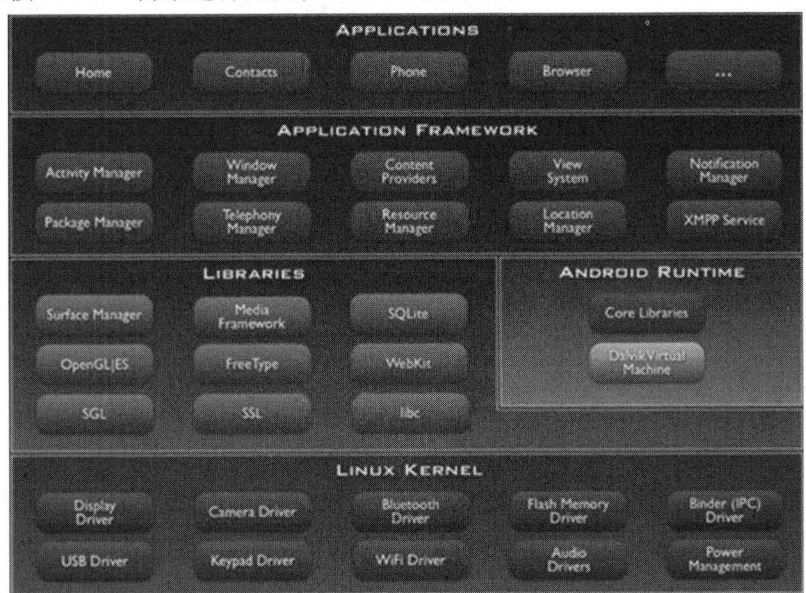

3　**具体需求**(Specific Requirements)

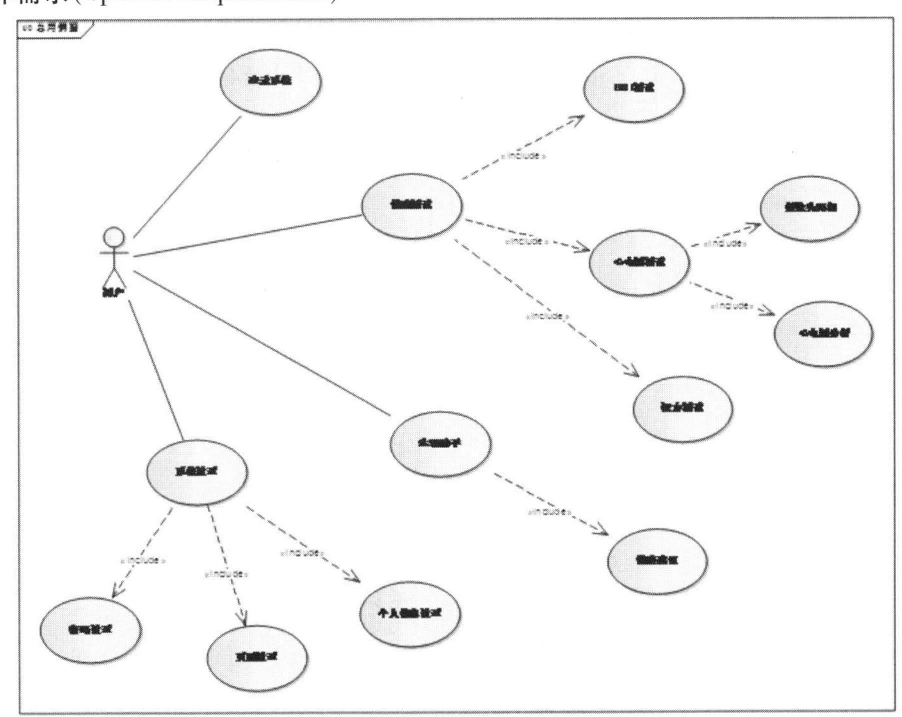

3.1 欢迎信息(Welcome)

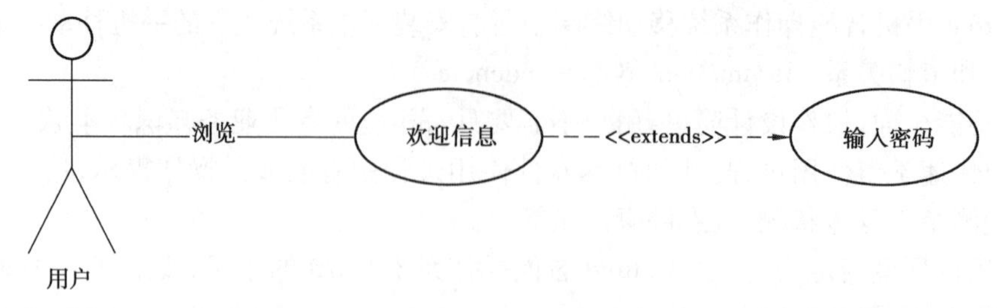

3.1.1 简要说明(Goal in Context)

Logo界面展示本软件名称(中英文)和欢迎用语,提示用户本系统的主要功能,友好的交互界面将会给用户带来愉悦的第一印象。用户通过本界面图形显示可快速、方便、及时地了解本软件的意图;配合友好的UI图形显示Logo图标,加强产品影响力;给智能平台手机移动终端操作用户带来使用便捷的操作提升用户亲和力。

本移动终端上的个人健康管理系统旨在调动个人及集体的积极性,有效地利用有限的资源来达到最大的健康改善效果。作为一种服务,其具体做法是:根据个人的健康状况进行评价和为个人提供有针对性的健康指导,使他们采取行动来改善健康。主要针对医生作出的各项目指标进行了有效处理整合,可让用户适时了解自己的个人健康情况,帮助用户有效改进饮食、休息,调节相关健康指标,让用户达到健康最佳标准。

3.1.2 前置条件(Preconditions)

需要智能平台手机移动终端操作用户打开Android智能平台手机移动终端,并且安装本手机个人健康管理系统程序。在安装成功后,运行本手机个人健康管理系统程序,手机个人健康管理系统将会给智能平台手机移动终端操作用户呈现这个Logo界面进行展示相关欢迎的文字信息及UI友好的图形信息内容。

用户第一次使用本软展示完欢迎信息Logo后自动转入系统主界面,如果用户在该软件系统设置中设置了密码,则会在启动Logo界面上出现密码输入框,提示输入密码。

3.1.3 后置条件(End Condition)

用户:Android手机智能操作系统移动终端中所有安装了本系统软件的手机移动终端操作用户。

3.1.4 角色(Actors)

用户:Android手机智能操作系统移动终端中所有安装了本系统软件的手机移动终端操作用户。

3.1.5 触发条件(Trigger)

在安装本手机个人健康管理系统成功后运行该程序,手机个人健康管理系统将会给智能平台手机移动终端操作用户呈现这个Logo界面进行展示相关欢迎的文字信息及UI友好的图形信息内容。

3.1.6 基本事件流描述(Description)

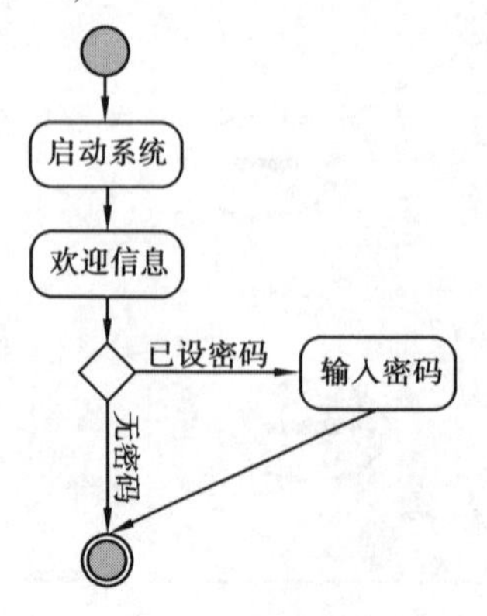

步骤(Step):

①成功安装并运行手机个人健康管理系统。

②本系统展示欢迎界面 Logo,首次使用或者没有设定密码情况下等待 5 s 进入健康管理主界面。

③已设定密码情况下,欢迎界面上显示增加显示密码输入框,密码输入成功,进入健康管理系统主界面。

3.1.7　特殊需求(Special Requirement)

用户密码在首次进入本软件后通过系统设置中密码设置来设定。

3.2　测试工具(Testing Tools)

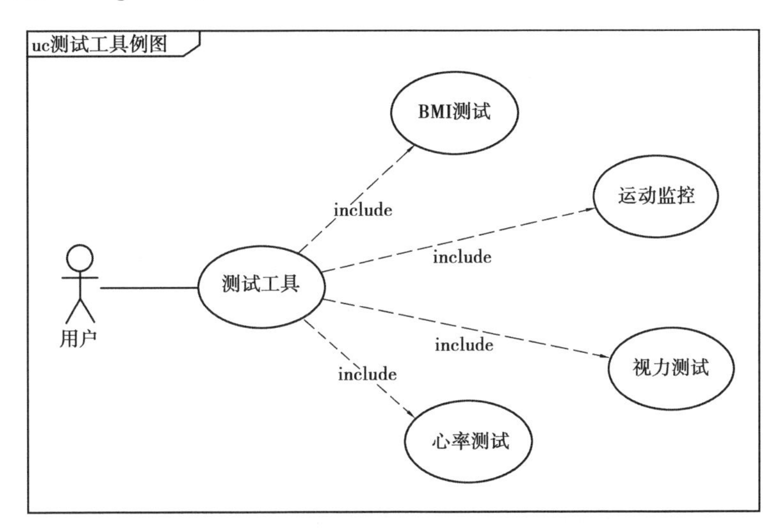

3.2.1　简要说明(Goal in Context)

用户输入自己的身高和体重,测试 BMI 值,系统会反馈所测 BMI 值及其对应的健康提示信息。

查看 BMI 信息增进用户对 BMI 的了解。

3.2.2　前置条件(Preconditions)

用户选择“BMI 测试”这个功能选项。

输入自己的身高、体重,开始测试。

也可选择“了解 BMI”选项。

3.2.3　后置条件(End Condition)

成功后置条件(Success End Condition)如下:

①BMI 计算成功,显示 BMI 值并反馈健康提示信息。

②BMI 信息静态网页显示,内容为 BMI 基本介绍。

③用户可选择返回前一页。

失败后置条件(Failed End Condition)如下:

①BMI 计算失败,弹出提示信息,用户输入数据的形式有问题。

②用户取消测试,返回前一页。

3.2.4　角色(Actors)

用户:Android 手机智能操作系统移动终端中所有安装了本系统软件的手机移动终端操作用户。

3.2.5　触发条件(Trigger)

智能平台手机移动终端操作用户运行手机中个人健康管理系统,选择菜单选项中“健康自测工具”选项,进入界面后选择“BMI 测试”选项。

3.2.6 基本事件流描述(Description)

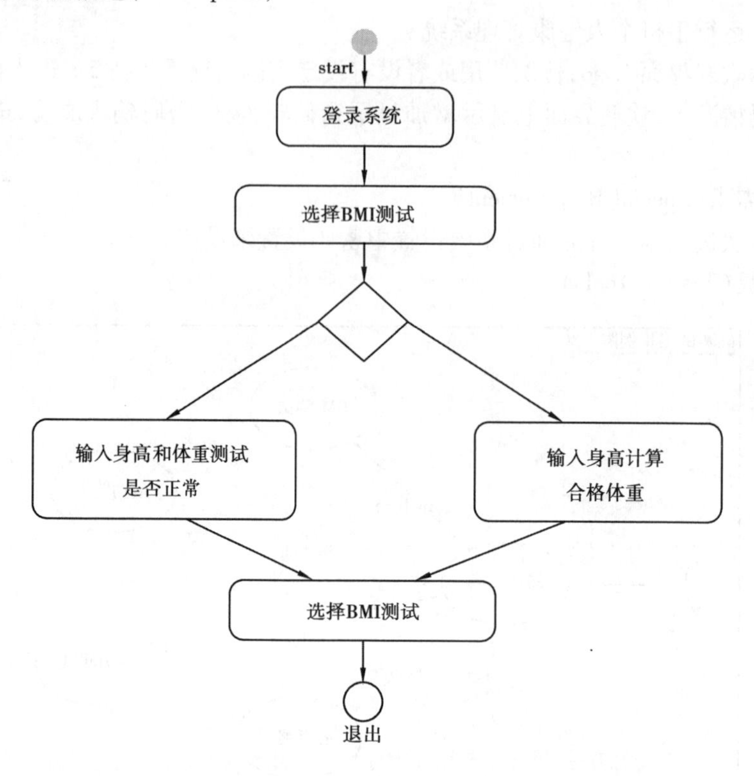

步骤(Step):

①用户输入身高和体重,进行测试,系统计算并分析 BMI 值,并反馈给用户对应信息。

②用户可了解 BMI,系统反馈相应信息。

③用户可返回前一页,选择其他操作。

④用户取消测试,系统返回前一页。

3.2.7 备选时间流(Extentions)

步骤(Step):

①用户输入数据形式错误。

②系统弹出提示信息,用户单击“确定”按钮后,返回继续测试。

3.2.8 特殊需求(Special Requirement)

只有用户输入准确的身高、体重数据,系统才能反馈正确的个人健康提示信息。

3.3 心率测试

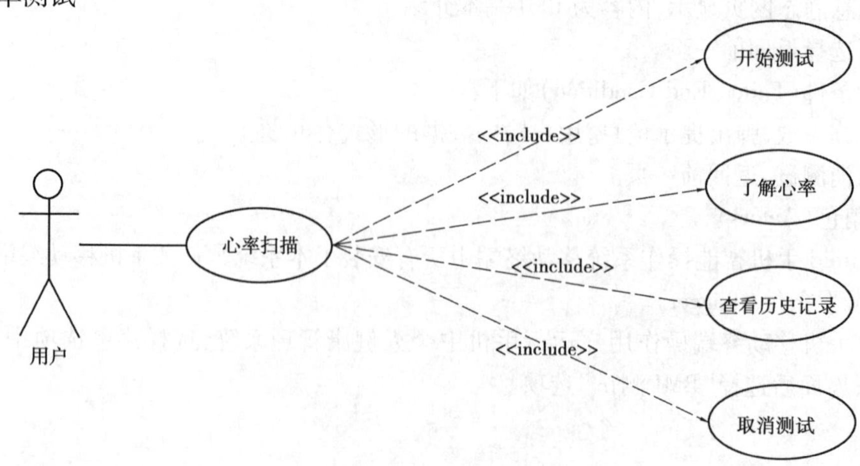

3.3.1　简要说明(Goal in Context)

用户用摄像头拍摄相应心电图。

系统根据得到的心电图信息进行分析,输出心率值。

查看心率信息,显示心率介绍网页。

查看历史记录,显示用户测试心率的历史,包括时间日期及心率值。

3.3.2　前置条件(Preconditions)

用户选择“心率测试”这个功能选项,并拍摄导入心电图片。

3.3.3　后置条件(End Condition)

成功后置条件(Success End Condition)如下:

①心率测试成功,显示心率值及对应的健康提示信息。

②用户可选择返回前一页。

失败后置条件(Failed End Condition)如下:

①心率测试失败,弹出提示信息,关闭提示框继续测试。

②用户取消测试,返回前一页。

3.3.4　角色(Actors)

用户:Android 手机智能操作系统移动终端中所有安装了本系统软件的手机移动终端操作用户。

3.3.5　触发条件(Trigger)

用户:Android 手机智能操作系统移动终端中所有安装了本系统软件的手机移动终端操作用户。

3.3.6　基本事件流描述(Description)

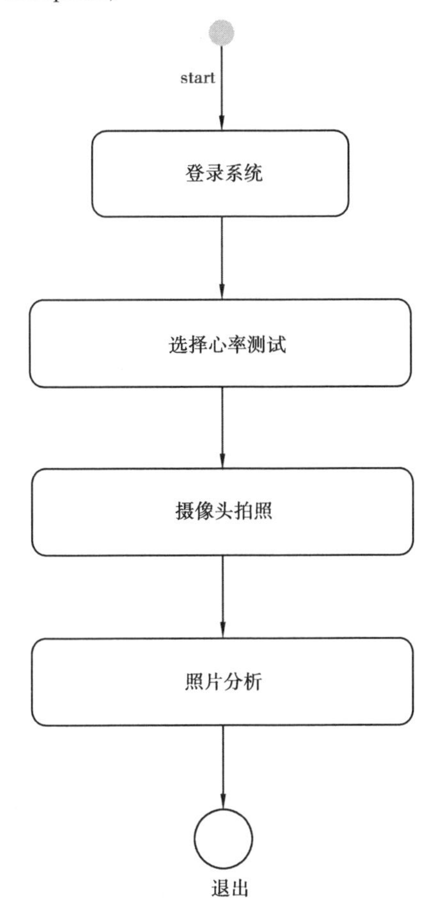

步骤(Step):

①用户选择心率测试,开始测试。

②系统根据用户摄像头拍摄导入的心率图,输出心率值。

③用户选择了解心率,系统提供心率常识信息。

④用户选择查看历史记录,系统提供个人心率历史信息。

⑤用户可返回前一页,选择其他操作。

⑥用户取消测试,系统返回前一页。

3.3.7 备选时间流(Extentions)

步骤(Step):

①系统无法感应到用户。

②弹出提示窗口,用户关闭后返回重新测试。

3.3.8 特殊需求(Special Requirement)

用户配置手机的摄像头感应功能的好坏可能影响到测试结果。

3.4 视力检测

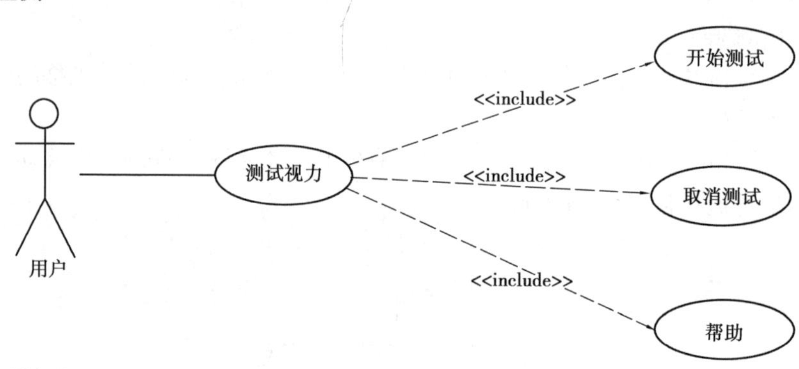

3.4.1 简要说明(Goal in Context)

用户根据系统显示的当前测试图片E,选择其方向。

直到判断错误的数量达到规定的上限,停止测试。

(或者用户浏览到最后一张图片,同样选择停止)

系统即可根据当前信息分析用户当前的视力数据并反馈给用户。

用户可选择帮助,获得视力测试操作方法。

3.4.2 前置条件(Preconditions)

用户选择“视力测试”这个功能选项,进入界面开始测试。

3.4.3 后置条件(End Condition)

成功后置条件(Success End Condition)如下:

①视力测试成功,系统反馈测试结果并显示对应的视力信息。

②用户可选择返回前一页。

失败后置条件(Failed End Condition)如下:

用户取消测试,返回前一页。

3.4.4 角色(Actors)

用户:Android手机智能操作系统移动终端中所有安装了本系统软件的手机移动终端操作用户。

3.4.5 触发条件(Trigger)

智能平台手机移动终端操作用户运行手机中个人健康管理系统,选择菜单选项中“健康自测工具”选项,进入界面后选择“视力测试”选项。

3.4.6　基本事件流描述(Description)

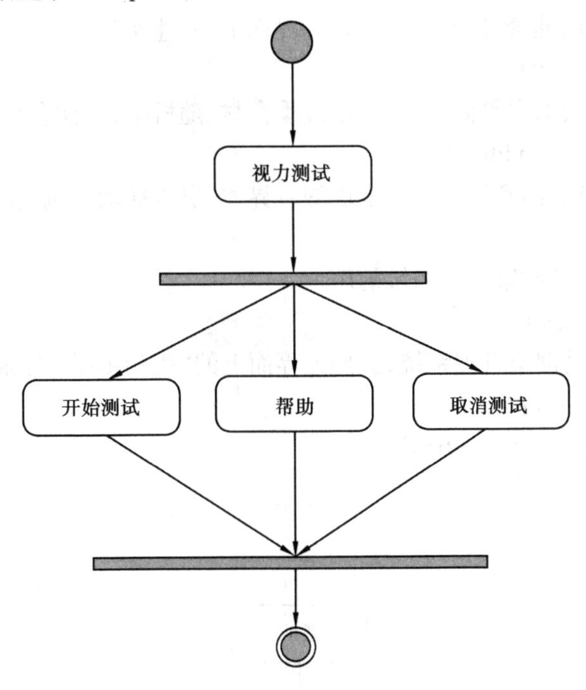

步骤(Step):

①用户进入测试界面,开始测试。

②用户无法看清图片数量达到规定上限,测试停止。

③系统即时反馈测试结果。

④用户单击“帮助”按钮,获得帮助信息。

⑤用户可返回前一页,选择其他操作。

⑥用户取消测试,系统返回前一页。

3.4.7　特殊需求(Special Requirement)

用户需要自己控制眼睛与画面的距离。

3.5　健康饮食

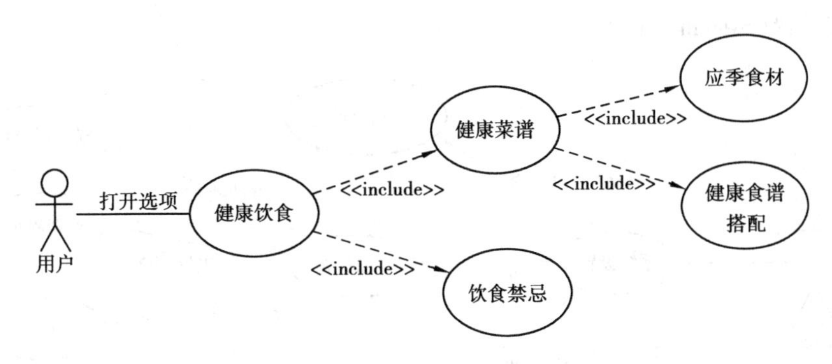

3.5.1　简要说明(Goal in Context)

健康饮食助手可根据时令为用户提供应季食材和健康菜谱搭配方案,同时根据用户健康状况,提醒相关的饮食禁忌信息。

本健康管理系统在此模块中可根据当前季节从内置的食材和菜谱数据库中随机选取应季食材或菜谱进行搭配组合,供用户选择,用户如果不满意,可通过摇动手机重新生成饮食搭配。同时,本模块会根据用户身体健康情况(如高血压、感冒)为用户显示利于身体健康和应注意避免的饮食。

3.5.2　前置条件(Preconditions)

用户运行手机中本移动健康管理系统,选择主界面上的“生活助手”图标进入生活助手模块,然后单击“健康饮食”图标进入本界面。

本界面是健康饮食模块的主界面,分栏显示应季食材、随机菜谱、饮食禁忌提示(如果存在)。

3.5.3　后置条件(End Condition)

用户可单击手机返回键,回到生活助手模块的主界面,也可摇动手机,获得新的菜谱搭配。

3.5.4　角色(Actors)

用户:所有安装了本移动健康管理系统的用户。

3.5.5　触发条件(Trigger)

用户运行手机中本移动健康管理系统,选择主界面上的“生活助手”图标进入生活助手模块,然后单击“健康饮食”图标进入本界面。

3.5.6　基本事件流描述(Description)

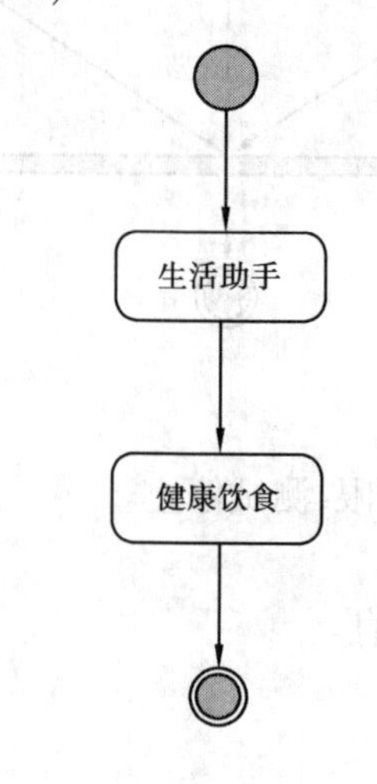

步骤(Step):

①用户运行本移动健康管理系统,选择主界面的生活助手进入生活助手模块主界面。

②用户单击“健康饮食”图标,进入健康饮食子模块界面,查看食材、菜谱、饮食禁忌信息。

③用户返回上一层界面。

3.6　系统设置(System Set)

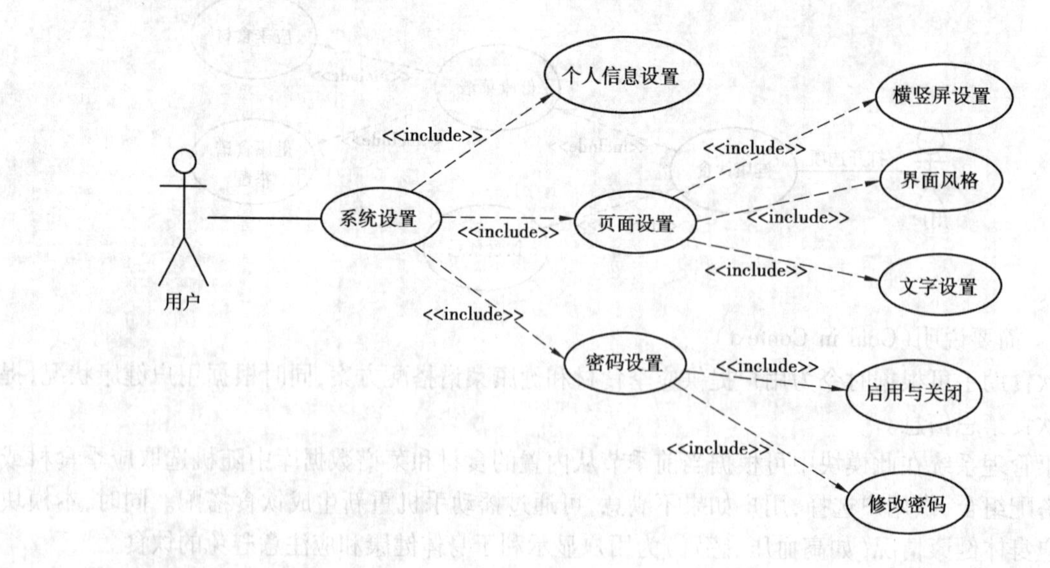

3.6.1　简要说明(Goal in Context)

由于不同区域不同国家不同年龄不同性别的人的饮食生活作息不同,身体素质不同,身体各项指标的正常范围也不同,因此,本系统提供一个接口为用户设置个人信息来设置相应的BMI、血压、血脂等的正常范围。

3.6.2　前置条件(Preconditions)

智能平台手机移动终端操作用户运行手机中手机个人健康管理系统,在UI界面显示成功后,选择功能菜单选项中的“系统设置”选项进入“系统设置”界面后,选择“个人信息设置”进入本界面。

本界面主要提供个人信息设置,从而改变身体各项指标的健康指数范围,通过本界面用户可随自己的心意设置相应的数据。

3.6.3　后置条件(End Condition)

成功后置条件(Success End Condition)如下:

①根据智能平台手机移动终端操作用户自行决定进行,可转向到页面设置界面,对横竖屏的设置,也可改变界面风格,也可对字体进行设置。

②可转到密码设置界面,选择是否开启密码保护的功能,也可设置密码。

③可转向到上级菜单界面,选择系统的其他功能模块,如健康档案、健康分析等功能。

失败后置条件(Failed End Condition)如下:

①可能是智能平台手机移动终端操作用户在进行个人信息设置时设置的某些信息超出了系统范围,系统提示出现错误项,并通知用户重新设定。

②可取消个人信息设定,由用户决定可转向到页面设置界面,对横竖屏的设置,也可改变界面风格,也可对字体进行设置。

③可转到密码设置界面,选择是否开启密码保护的功能,也可设置密码。

④可转向到上级菜单界面,选择系统的其他功能模块,如健康档案、健康分析等功能。

3.6.4　角色(Actors)

用户:Android手机智能操作系统移动终端中所有安装了本系统软件的手机移动终端操作用户。

3.6.5　触发条件(Trigger)

智能平台手机移动终端操作用户运行手机中本手机个人健康管理系统,选择菜单选项中“系统设置”选项进入系统设置界面之后,选择“个人信息设置”选项进入本界面。

3.6.6　基本事件流描述(Description)

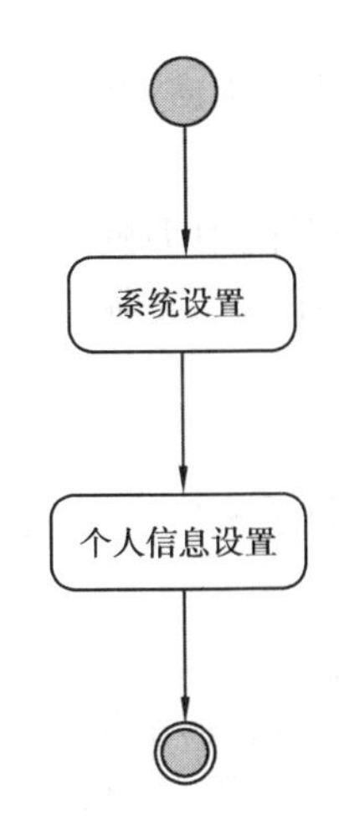

步骤(Step):

①智能平台手机移动终端操作用户运行手机中个人健康管理系统,选择菜单选项中“系统设置”

选项进入系统设置界面。

②选择“个人信息设置”进入本界面。

③提供智能平台手机移动终端在本界面可使用的服务,如对个人信息的设置性别、年龄等。

④用户选择所需要的服务,界面转向到各个不同功能模块如页面设置、密码设置等,也可返回到主界面的功能模块的界面进行相应操作处理。

3.6.7 特殊需求(Special Requirement)

个人信息设置需要在系统规定的数据类型和范围之内,超出范围个人信息无法进行保存和处理。

3.7 页面设置

3.7.1 简要说明(Goal in Context)

由于用户的不同需求,对界面的各种喜好,本功能模块用来满足用户对界面的各种需求,提高界面的多样性。

3.7.2 前置条件(Preconditions)

智能平台手机移动终端操作用户运行手机中手机个人健康管理系统,在UI界面显示成功后,选择功能菜单选项中的“系统设置”选项进入“系统设置”界面,再选择“页面设置”进入本界面。

本界面主要提供页面的一些显示方面的设置,如横竖屏的设置用户可选择观看的方式,界面设置中用户可选择不同的背景界面。同时,在字体设置中可设置用户自己喜欢的字体大小和字体风格。

3.7.3 后置条件(End Condition)

成功后置条件(Success End Condition)如下:

①根据智能平台手机移动终端操作用户自行决定进行,可转向到个人信息设置界面,对用户个人的信息进行设置来设置一些数据的标准范围。

②可转到密码设置界面,选择是否开启密码保护的功能,也可设置密码。

③可转向到上级菜单界面,选择系统的其他功能模块,如健康档案、健康分析等功能。

失败后置条件(Failed End Condition)如下:

①智能平台手机移动终端操作用户在进行页面设置时系统出现异常,此时系统提示出现异常的原因,并通知用户重新设定。

②可取消对页面的设定,由用户决定可转向到个人信息设置界面,对用户的个人信息进行设置

③可转到密码设置界面,选择是否开启密码保护的功能,也可设置密码。

④可转向到上级菜单界面,选择系统的其他功能模块,如健康档案、健康分析等功能。

3.7.4 角色(Actors)

用户:Android手机智能操作系统移动终端中所有安装了本系统软件的手机移动终端操作用户。

3.7.5 触发条件(Trigger)

智能平台手机移动终端操作用户运行手机中手机个人健康管理系统,选择菜单选项中“系统设置”选项进入系统设置界面之后,选择“页面设置”选项进入本界面。

3.7.6 基本事件流描述(Description)

步骤(Step):

①智能平台手机移动终端操作用户运行手机中个人健康管理系统,选择菜单选项中“系统设置”选项进入系统设置界面。

②选择“页面设置”进入本界面。

③提供智能平台手机移动终端在本界面可使用的服务,如对横竖屏的设置,是否保持横屏使用等;可进行界面风格的设置,对背景图片的切换等;可进行字体设置,改变字体的风格、大小等。

④用户选择所需要的服务,界面转向到各个不同功能模块,如个人信息设置、密码设置等,也可返回到主界面的功能模块的界面进行相应操作处理。

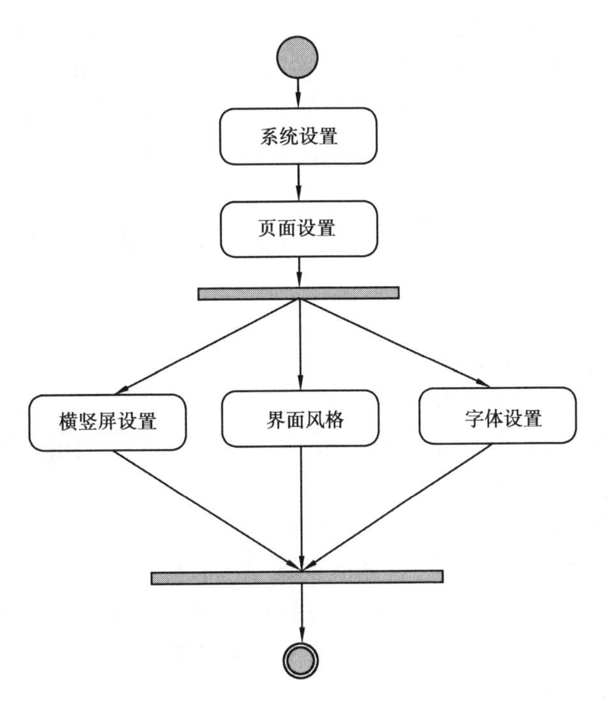

3.7.7　备选时间流(Extentions)

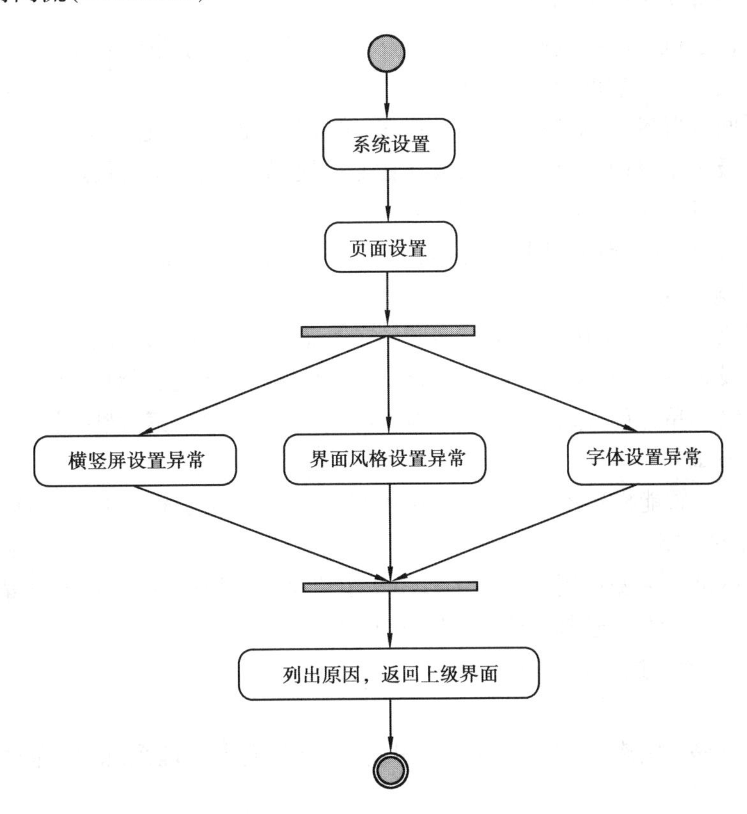

步骤(Step):

①智能平台手机移动终端操作用户运行手机中个人健康管理系统,选择菜单选项中“系统设置”选项进入系统设置界面。

②选择“页面设置”进入本界面。

③出现异常:

a. 智能平台手机移动终端操作用户对横竖屏设置功能进行操作,出现异常。

b. 智能平台手机移动终端操作用户对界面风格设置功能进行操作,出现异常。

c. 智能平台手机移动终端操作用户对字体设置功能进行操作,出现异常。

④系统列出出现异常的原因并给出相应建议之后,返回上级界面。

3.7.8 特殊需求(Special Requirement)

在对页面进行设置时,需要在系统设定的范围内进行设置。如图片的大小规格、字体的大小规格等,需按照系统的设定来实现。

3.8 密码设置

3.8.1 简要说明(Goal in Context)

由于本系统涉及用户个人的信息及身体状况信息,系统为用户提供一个密码功能,在开机时可输入密码来打开本软件,也可不选择使用隐私保护功能,直接开机即可使用本软件。

3.8.2 前置条件(Preconditions)

智能平台手机移动终端操作用户运行手机中手机个人健康管理系统,在UI界面显示成功后,选择功能菜单选项中的"系统设置"选项进入"系统设置"界面,再选择"密码"进入本界面。

本界面主要为用户提供一些隐私保护措施。用户可选择是否使用本功能,若开启本功能即可设置密码,在下次开始使用本软件时需输入密码才能使用本软件。

3.8.3 后置条件(End Condition)

成功后置条件(Success End Condition)如下:

①根据智能平台手机移动终端操作用户自行决定进行,可转向到个人信息设置界面,对用户个人的信息进行设置来设置一些数据的标准范围。

②可转向到页面设置界面,对横竖屏的设置,也可改变界面风格,也可对字体进行设置。

③可转向到上级菜单界面,选择系统的其他功能模块,如健康档案、健康分析等功能。

失败后置条件(Failed End Condition)如下:

①智能平台手机移动终端操作用户在进行密码设置时系统出现异常,此时系统提示出现异常的原因,并通知用户重新设定。

②可取消对密码的设定,由用户决定可转向到个人信息设置界面,对用户的个人信息进行设置。

③可转到页面设置界面,对横竖屏的设置,也可改变界面风格,也可对字体进行设置。

④可转向到上级菜单界面,选择系统的其他功能模块,如健康档案、健康分析等功能。

3.8.4 角色(Actors)

用户:Android 手机智能操作系统移动终端中所有安装了本系统软件的手机移动终端操作用户。

3.8.5 触发条件(Trigger)

智能平台手机移动终端操作用户运行手机中本手机个人健康管理系统,选择菜单选项中"系统设置"选项进入系统设置界面后,选择"密码设置"选项进入本界面。

3.8.6 基本事件流描述(Description)

步骤(Step):

①智能平台手机移动终端操作用户运行手机中本个人健康管理系统,选择菜单选项中"系统设置"选项进入系统设置界面。

②选择"密码设置"进入本界面。

③提供智能平台手机移动终端在本界面可使用的服务,如对密码功能模块是否开启的设置,对修改密码功能的设置。

④用户选择所需要的服务,界面转向到各个不同功能模块,如个人信息设置、页面设置等,也可返回到主界面的功能模块的界面进行相应操作处理。

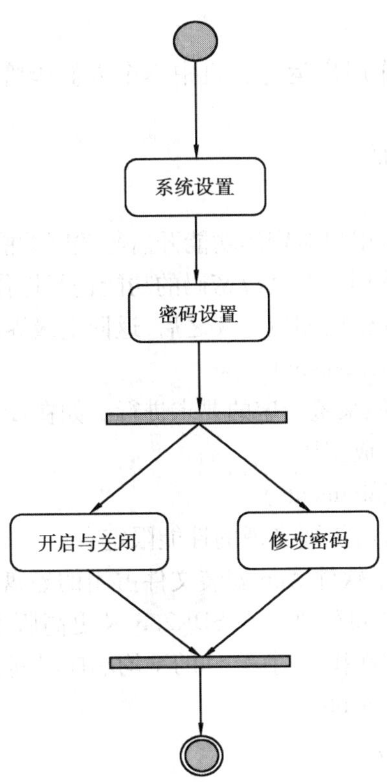

3.8.7　备选时间流(Extentions)

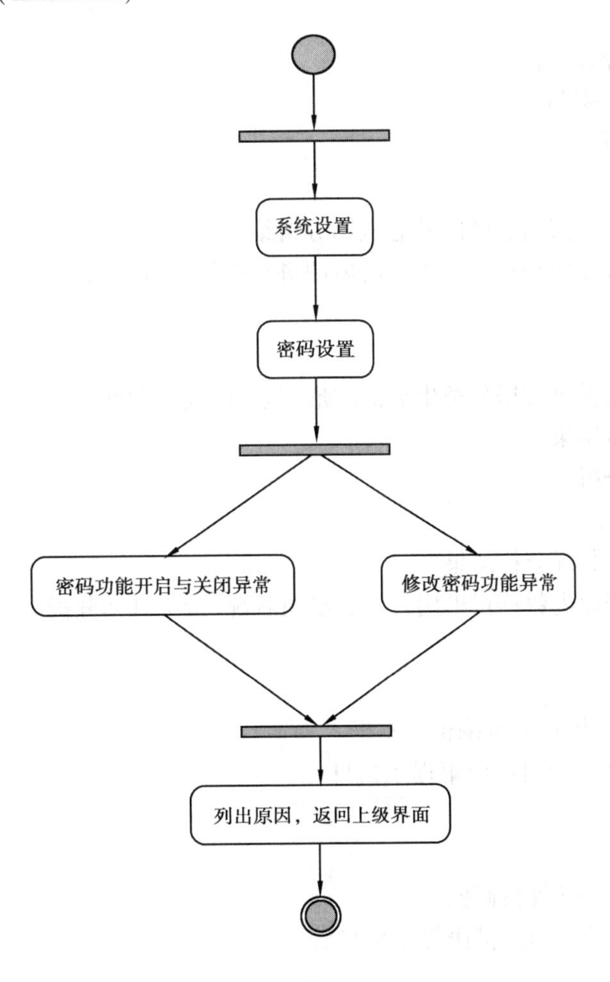

步骤(Step):

①智能平台手机移动终端操作用户运行手机中本个人健康管理系统,选择菜单选项中“系统设置”选项进入系统设置界面。

②选择“密码设置”进入本界面。

③出现异常:

a.智能平台手机移动终端操作用户对密码功能开启与关闭功能进行操作,出现异常。

b.智能平台手机移动终端操作用户对修改密码的功能进行操作,出现异常。

④系统列出出现异常的原因并给出相应建议之后,返回上级界面。

3.8.8 特殊需求(Special Requirement)

在对密码进行设置时,需要按照系统指定的要求进行。如在设定密码时,密码需要在指定的长度范围和指定范围内的字符来进行组成密码。

4 性能需求(Performance Requirements)

本手机个人健康管理系统设计时需要考虑的性能限定有:

App 安装文件大小:本手机流量软件 App 安装文件占用的磁盘空间(手机存储设备的空间)应在 1 M 左右范围; SDK 版本:本手机流量软件可在 SDK2.3 及更高版本的 Android 手机系统中安装并运行;操作响应时间:本手机流量软件在操作时,软件的平均响应时间,即反应速度应小于等于 1 s。

5 接口需求(Interface Requirements)

5.1 用户接口(User Interface)

5.1.1 欢迎信息(Welcome)

屏幕格式:自适应。

页面规划:登录图片。

输入输出:输入用户密码。

5.1.2 心电图分析

屏幕格式:自适应。

页面规划:显示心电图扫描进度以及心电图分析结果。

输入输出:用户通过摄像头对体检中的心电图进行扫描,并得出分析结果。

5.1.3 报表分析

屏幕格式:自适应。

页面规划:各种个人健康数据分类生成的图形,包括曲线图和列表。

输入输出:输出分析结果。

5.1.4 综合状况分析

屏幕格式:自适应。

页面规划:显示综合状况分析结果。

输入输出:根据数据库内数据得出用户综合健康状况,给出具体分析。

5.1.5 BMI 测试

屏幕格式:自适应。

页面规划:输入身高、体重的可编辑文本框。

输入输出:输出 BMI 值及对应健康提示信息。

5.1.6 心率测试

屏幕格式:自适应。

页面规划:感应摄像头的等待画面。

输入输出:输出心率值及对应健康提示信息。

5.1.7　系统设置(System Set)

屏幕格式:自适应。

页面规划:显示系统设置子目录。

(1)个人信息设置

屏幕格式:自适应。

输入输出:按照要求输入数据。

(2)页面设置

屏幕格式:自适应。

横竖屏设置:横竖屏切换,保持横屏,保持竖屏,按重力感应切换屏幕。

界面风格设置:更改背景。

文字设置:改变字体,改变字体大小。

输入输出:按照要求输入数据。

(3)密码设置

屏幕格式:自适应。

启用与关闭:开启,关闭。

修改密码:无密码时,创建新密码;有密码时,修改密码。

5.2　硬件接口(Hardware Interface)

个人健康管理系统只能在 Android 智能操作系统手机平台上正常运行,手机至少要有 2 M 的剩余空间。需要完全使用本软件功能,需提供摄像头、重力感应及 GPS 定位系统。

个人健康管理系统 PC 机模拟器的配置需要 2 GB 以上的内存,奔腾双核以上的处理器,Windows XP sp2 及以上升级包的 XP 系统。

5.3　其他接口(Other Interfaces)

如果需要,可与一些定时相关的程序建立连接,以提醒进行身体管理。

6　总体设计约束(Overall Design Constraints)

6.1　标准符合性(Standards Compliance)

个人健康管理系统的开发在源代码上遵循 java 编程规范及其开发标准。

运行 Eclipse 开发环境和 ADT 插件。

文档依据深圳软库网络科技公司文档标准。

6.2　硬件约束(Hardware Limitations)

个人健康管理系统只能在 Android 智能操作系统手机平台上正常运行,手机至少要有 2 M 的剩余空间。需要完全使用本软件功能,需提供摄像头、重力感应及 GPS 定位系统。

个人健康管理系统 PC 机模拟器的配置需要 2 GB 以上的内存,奔腾双核以上的处理器,Windows XP sp2 及以上升级包的 XP 系统。

6.3　技术限制(Technology Limitations)

6.3.1　数据库

个人健康管理系统使用 SQLite 数据库,数据库大小控制为 600 KB 左右。

6.3.2　操作系统

本个人健康管理系统只适用于 Android 智能操作系统平台 SDK 在 2.3 及以上的智能手机移动终端。

6.3.3　编程规范

个人健康管理系统的开发在源代码上遵循 java 编程规范及其开发标准。

6.3.4　设计约定

本软件支持移动终端重力感应功能,支持横竖屏切换,支持多分辨率手机使用。

7　软件质量特性(Software Quality Attributes)

①本软件逻辑清晰,结构明确,能够简明地将用户所需的数据直观可视地展现给用户,用户不必分心在寻找人机界面的菜单或理解软件结构、人机界面的结构与图标含义,不必分心考虑如何把自己的任务转换成计算机的输入方式和输入过程。

②本软件用人类语言向用户显示操作的提示与所需的数据内容,无须用户掌握任何软件知识。

③本软件交互界面接单直观,用户不必为操作分心。

④本软件运行独立,不依赖任何其他软件而运行。

⑤本软件交互界面接单直观,易于用户理解使用;此外本软件适当限制用户自主输入数据,并提供相应的错误提示机制,能有效地减少用户的操作错误。

⑥本软件操作简单,数据明确,用户即使不通过帮助文档,也能快速、正常地使用本软件,同时,本软件也会提供相应的帮助文档。

7.1　可靠性(Reliability)

容错性:本软件在用户进行非法输入时,系统会给出提示信息内容并返回输入界面。

可恢复性:本软件提供健康日志功能,可供用户查询系统使用情况,并且可通过查询报表了解用户曾经录入的数据,但不拥有系统恢复性。

7.2　易用性(Usability)

易懂性:简单清晰的交互界面,单单凭观察用户就应知道设备的状态,以及该设备供选择可采取的行动。

易学性:即使用户不通过帮助文件,用户也能对本软件有清晰的认识。同时,本软件也会提供简单的帮助文档。

易操作性:本软件操作简单,用户即使不通过帮助文件,也能够正常操作。同时,本软件也会提供简单的操作帮助文档。

8　其他需求(Other Requirements)

8.1　操作(Operations)

本软件只允许用户进行限制性操作,即只允许用户选择交互界面上所给出的提示进行操作,同时也不支持用户对任何代码进行任何形式的更改。

8.2　本地化(Localization)

本软件符合中国Android手机用户的需求,支持中文。

9　需求分级(Requirements Classification)

需求ID (Requirement ID)	需求名称 (Requirement Name)	需求分级 (Classification)
JKGL001-1-1	欢迎信息	A
JKGL001-4-1	BMI测试	A
JKGL001-7-1	个人信息设置	A
JKGL001-7-2	密码设置	A
JKGL002-4-1	视力测试	B
JKGL002-7-1	页面设置	B
JKGL003-2-2	心率测试	C
JKGL003-3-1	健康饮食	C

重要性分类如下:

①必需的绝对基本的特性:如果不包含,产品就会被取消。

②重要的不是基本的特性:但这些特性会影响产品的生存能力。

③最好有的期望的特性:但省略一个或多个这样的特性不会影响产品的生存能力。

10　**附录**(Appendix)

10.1　可行性分析结果(Feasibility Study Results)

基于以上的内容,本项目可行性很高。数据处理以及图表分析等都相对容易解决。核心功能在于心率测试功能的实现以及通过二维码获取体检信息功能的实现。根据开发人员自身知识掌握水平和开发时限估算,这两部分基本可实现。主要难点在心电图分析上,一是对图像识别要求较高,二是涉及较多的医学专业知识,该需求分级最低。其他基本都可顺利完成。

4.4　软件设计说明书

关键词(Keywords):个人健康、移动。

摘要(Abstract):本文档是手机个人健康管理的设计文档,主要就系统如何实现需求文档中定义的功能,进行设计。

缩略语清单(List of Abbreviations)如下:

缩略语(Abbreviations)	英文全名(Full Spelling)	中文解释(Chinese Explanation)
APK	Android Package	Android 安装包
SDK	Software Development Kit	软件开发套件
API	Application Programming Interface	应用程序编程接口
Sqlite DB	Sqlite Database	Sqlite 数据库
BMI	Body Mass Index	医学术语:体质指数
HR	Hate Rate	医学术语:心率
ECG	Electrocardiogram	医学术语:心电图
SBP	Systolic Blood Pressure	医学术语:收缩压
DBP	Diastolic Blood Pressure	医学术语:舒张压
GPS	Global Positioning System	全球定位系统
HTML	Hypertext Markup Language	超文本标记语言

1　**简介**(Introduction)

1.1　目的(Purpose)

本文档用于描述“手机个人健康管理系统”的需求点分析,本文档主要针对健康管理软件各个业务功能模块进行外界环境、系统框架、业务流程、功能类上的分析,文档主要面向本项目开发本的项目组成员,让项目组成员充分了解本健康管理软件开发项目的设计、功能模块、业务逻辑等,从而完整、有效地开发以及实现软件全部的功能。

1.2　范围(Scope)

本健康管理系统设计文档包括系统的第 0 层设计描述和第 1 层的设计描述。

1.2.1　软件名称(Name)

手机个人健康管理系统(Mobile Health Management System)。

1.2.2　软件功能(Functions)

健康管理是指对个人或人群的健康危险因素进行全面监测、分析、评估以及预测和预防的全过程。其宗旨是调动个人及集体的积极性,有效地利用有限的资源来达到最大的健康改善效果。作为一种服务,其具体做法是根据个人的健康状况进行评价和为个人提供有针对性的健康指导,使他们采取行动来改善健康。

健康管理的经验证明,通过有效的主动预防与干预,健康管理服务的参加者按照医嘱定期服药的几率提高了50%,其医生能开出更为有效的药物与治疗方法的几率提高了60%,从而使健康管理服务参加者的综合风险降低了50%。

本软件可通过健康档案的存取,并对其档案信息进行分析,得出用户的健康状况信息,并给予相关的有效建议。同时,提供各种测试工具以及生活助手等功能帮助用户更好地进行自测,更好地对自我的健康饮食、定期运动进行管理。此外,用户还可通过在线咨询的方式获取更多的健康管理知识,以及在线的寻医问诊功能。

1.2.3　软件应用(Applications)

本软件属于Android用户的日常健康辅助工具,用于保存个人健康信息以及基本自测。

2　系统总体设计

2.1　软件系统上下文定义(Software System Context Definition)

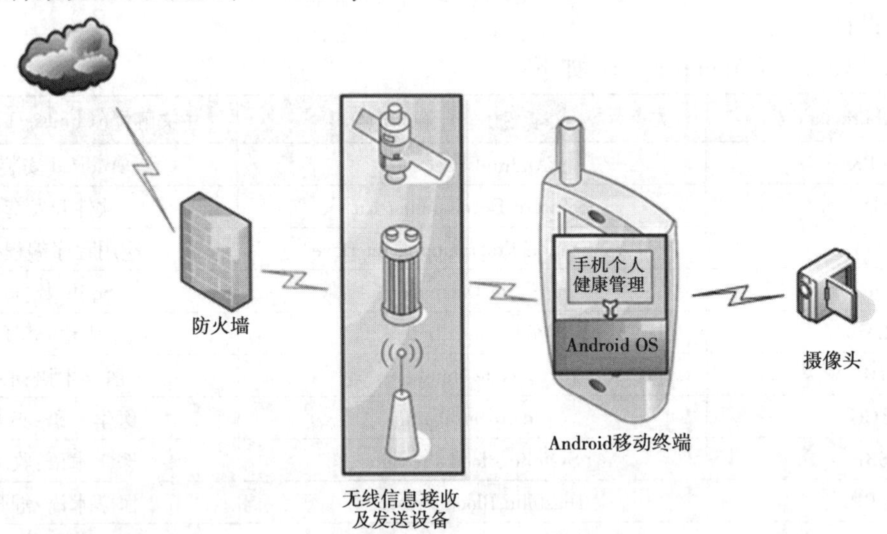

2.2　设计思路(可选)[Design Considerations (Optional)]

2.2.1　设计约束(Design Constraints)

(1)遵循标准(Standards Compliance)

个人健康管理系统的开发在源代码上遵循java编程规范及其开发标准。

运行Eclipse开发环境和ADT插件。

文档依据深圳易思博公司文档标准。

(2)硬件限制(Hardware Limitations)

个人健康管理系统只能在Android智能操作系统手机平台上正常运行,手机至少要有2 M的剩余空间。需要完全使用本软件功能,需提供摄像头。

个人健康管理系统PC机模拟器的配置需要2 GB以上的内存,奔腾双核以上的处理器,Windows XP sp2及以上升级包的XP系统。

(3)技术限制(Technology Limitations)

1)数据库(Database)

个人健康管理系统使用SQLite数据库,数据库大小控制为600 kB左右。

2)操作系统(Operating System)

个人健康管理系统只适用于Android智能操作系统平台SDK在2.1及以上的智能手机移动终端。

3)编程规范(Programming Standards)

个人健康管理系统的开发在源代码上遵循java编程规范及其开发标准。

4)设计约定(Design Agreed)

本软件支持移动终端重力感应功能,支持横竖屏切换,支持多分辨率手机使用。

2.2.2 其他(Other Design Considerations)

描述其他有关的设计考虑。

2.3 系统结构(System Architecture)

如果本文档是针对增强开发/小特性的设计,继承了原有的系统结构,那么应拷贝原有的系统结构说明,如系统结构图和相应的文字说明,然后在系统结构中明显标识出新增功能在原有系统结构中的位置(属于原来哪一个模块的新增功能,与原有各模块之间有什么交互)。在后续的业务流程说明、模块分解描述、依赖性描述和接口描述中,如果与本次增强开发/小特性无关的,可不再重复描述;如果有关联的,应该拷贝原有的设计说明,在此基础上再说明更改的内容。

2.3.1 系统结构描述(Description of the Architecture)

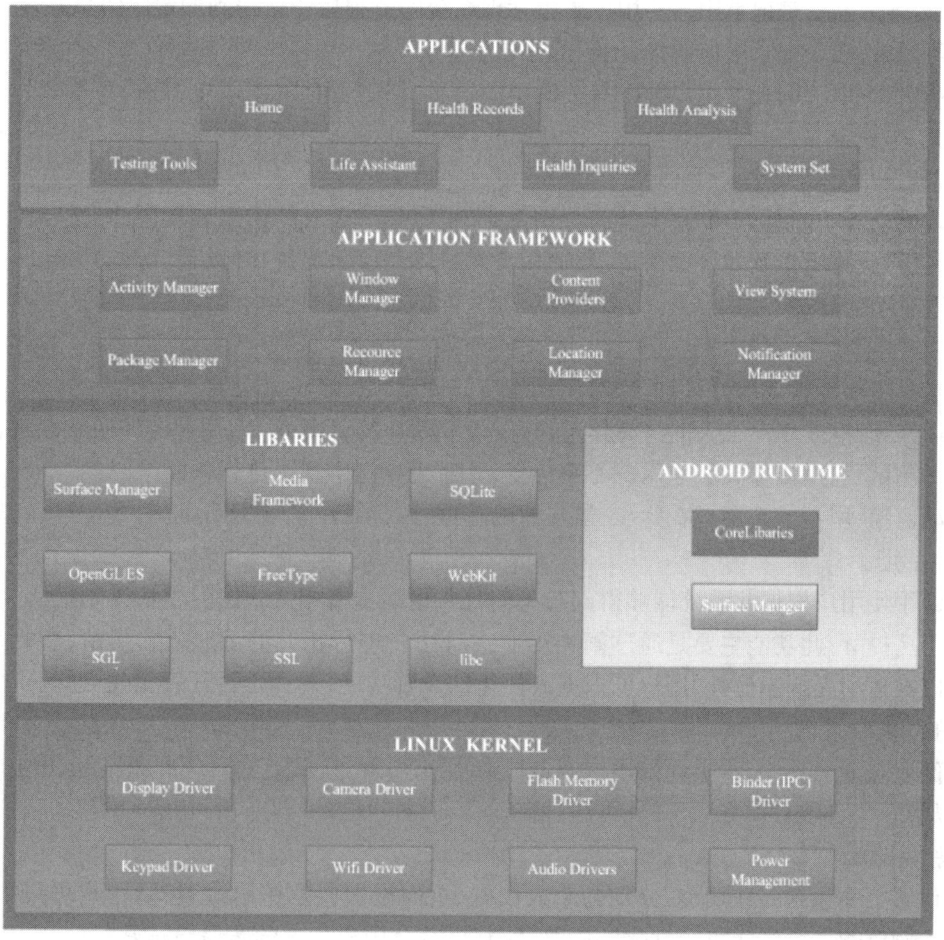

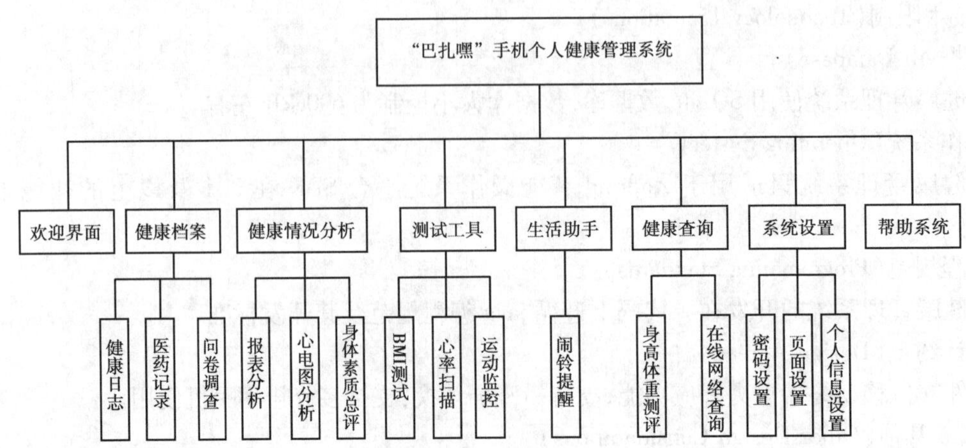

系统功能模块描述说明如下：

(1)欢迎界面

欢迎界面为进入本系统的初始页面，用户可根据密码设置在此进行密码输入，以进入个人健康管理系统。

(2)健康档案

健康档案部分主要显示用户各种治疗、体检的录入页面，并归类存档，生成归属于用户个人的档案。另外，还可通过健康日志功能显示用户使用本操作系统历史记录，以此来帮助用户更好地检测自身健康情况。它主要包含以下3部分功能：

①健康日志：主要是记录用户使用该健康管理系统的各种操作所得到的健康信息并传递给用户。

②医药记录：用于记录用户问诊、用药的相关信息。

③问卷调查：用于调查与用户健康有关的生活信息，如是否有家族病史，是否有不良生活嗜好，是否有过敏史，等等。

(3)健康分析

健康状况分析功能，显示的是本健康管理系统，根据用户录入的信息以及用户通过本系统提供的测试工具，进行检测所得到的数据采集，对使用者的身体健康状况进行健康状况的判定。它包括总体健康状况以及单项分析。

(4)测试工具

测试工具主要包含3部分，以此来对用户相应的健康状况进行采集。

①BMI计算：根据用户录入的身高体重信息，计算用户的BMI值，对用户的体质状况进行判断。

②心率测试：利用摄像头获取用户心率信息，并对用户健康状况进行判断。

③运动监控：用于监控用户在跑步、散步时的速度，并计算出消耗卡路里。

(5)生活助手

生活助手使用户根据此系统能够得到与人们日常生活紧密相关就医养生行为的提醒。

就医用药提醒：此功能主要是通过闹钟等形式对用户进行相应的健康监督提醒，包括用药提醒、体检提醒以及运动提醒。另外，用户可根据人性化的设置功能，选择是否开启相关提醒。

(6)在线健康查询

在线健康查询工具，显示页面采用内嵌HTML，用户可通过搜索功能，凭此浏览互联网中相关的医学常识，以及一些自救自护方法，并且可通过在线咨询，对自己的病症进行初步诊断。

(7)系统设置

系统设置页面包含3项功能，分别为个人设置、页面设置以及密码设置，以用户可以根据相关的功能来对本健康管理系统作更个性化的调整，使其更符合用户个人的习惯与喜好。

①个人设置:包括用户名、性别、年龄设置。

②页面设置:包括主题变换、字体大小变换以及是否开启横竖屏切换。

③密码设置:用户在此可以设置是否开启进入本系统时所需要用到的入口密码,并对密码进行创建、修改。

(8)帮助功能

该模块提供用户使用指南,对各个功能进行解释,使用户能更流畅顺手地使用本系统。

2.3.2 业务流程说明(Representation of the Business Flow)

(1)总体业务流程

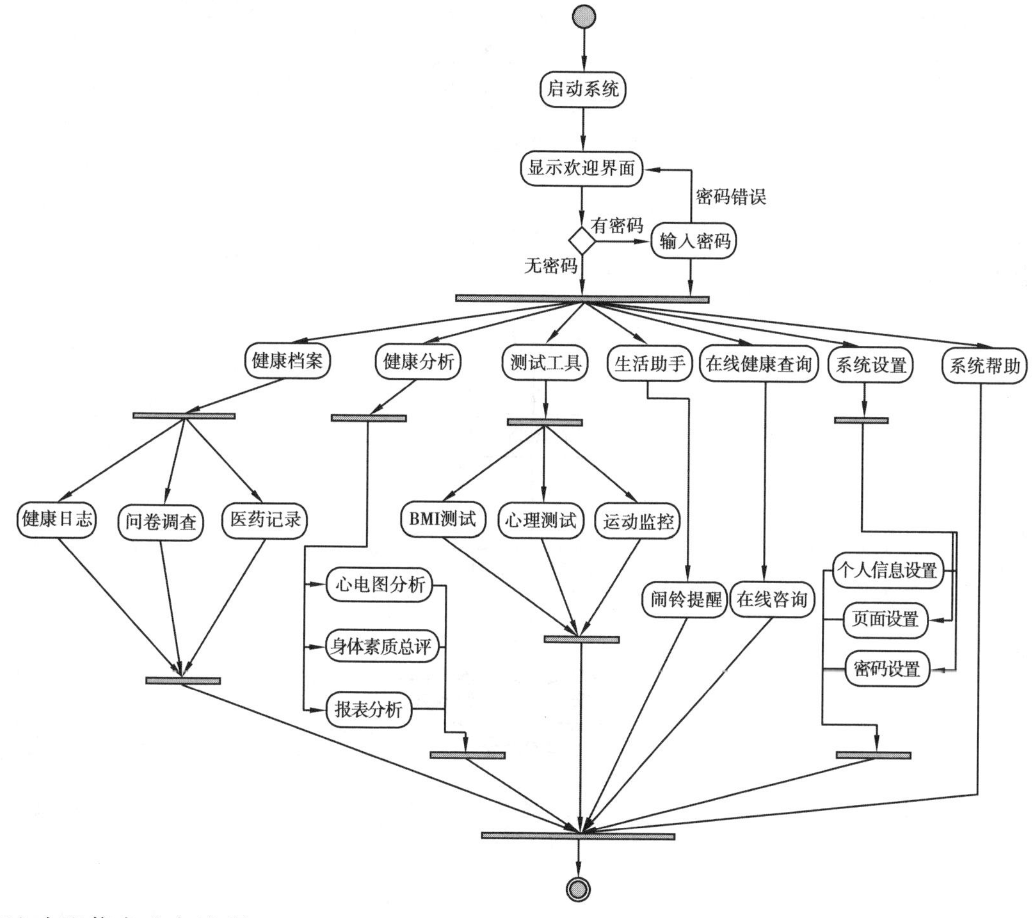

(2)欢迎信息业务流程

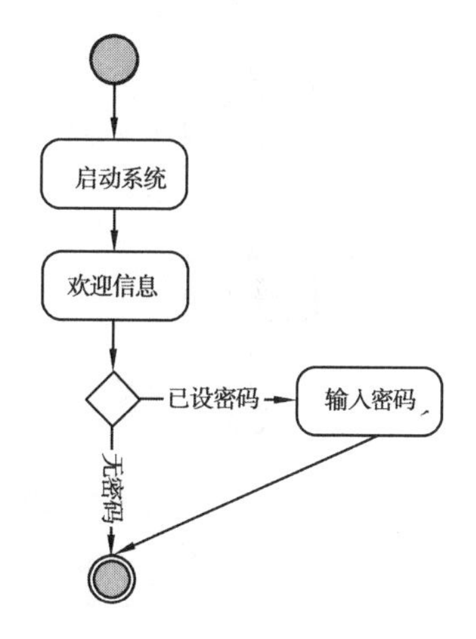

(3)健康档案业务流程

1)健康日志

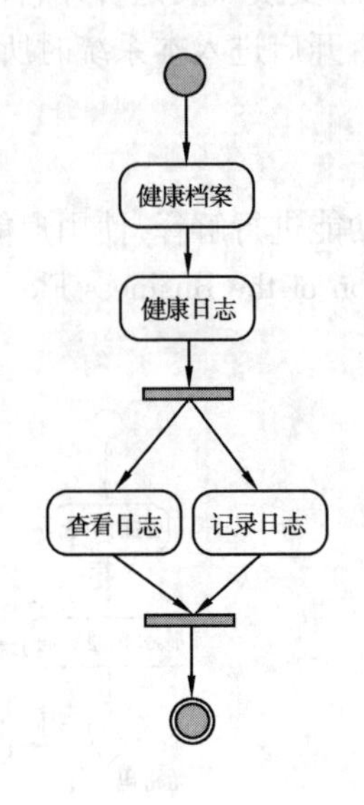

2)医药记录

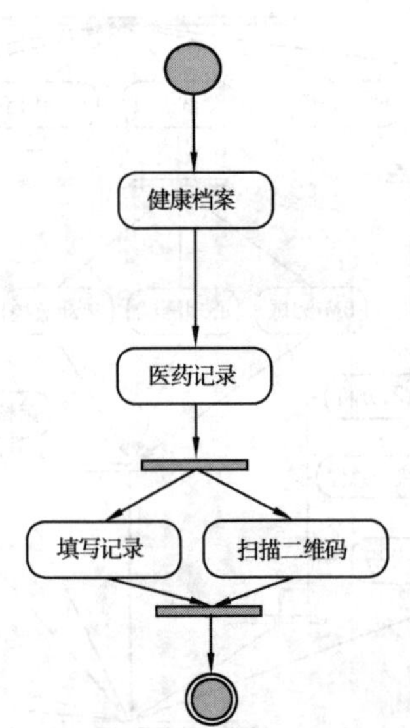

3)问卷调查

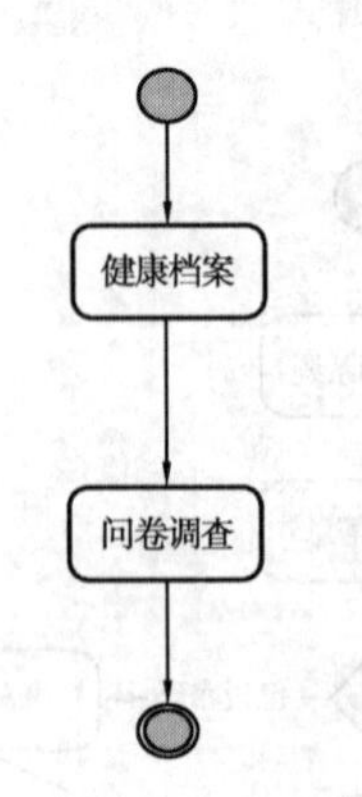

(4)健康分析业务流程

1)心电图分析

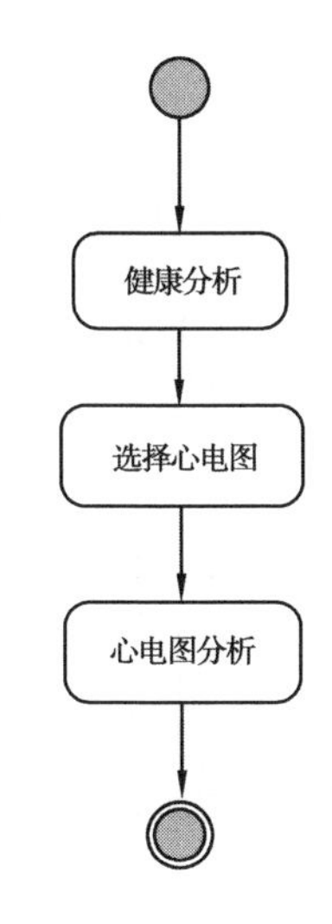

2)报表分析

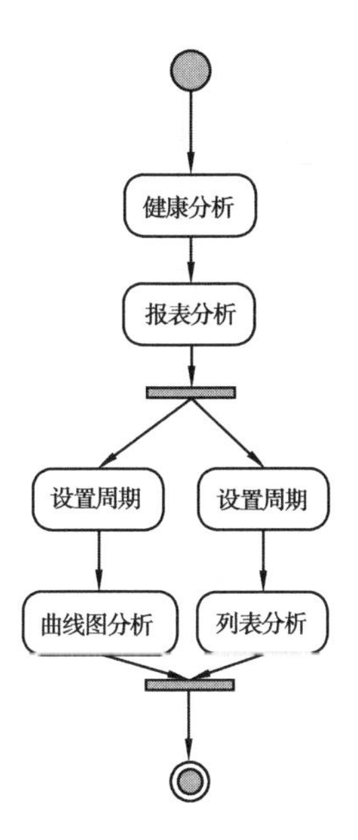

3)身体素质总评

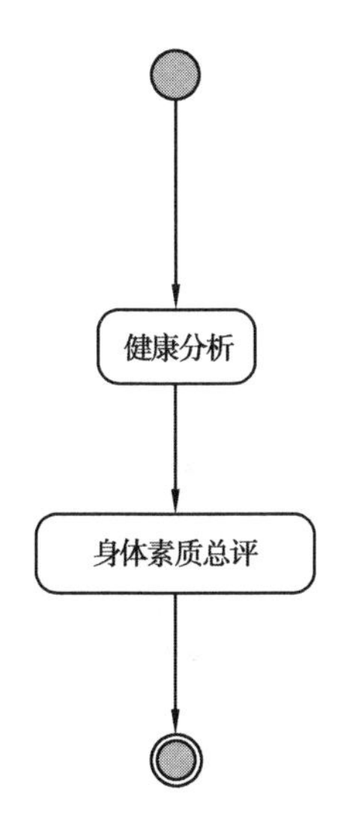

(5)测试工具业务流程

1)BMI 测试

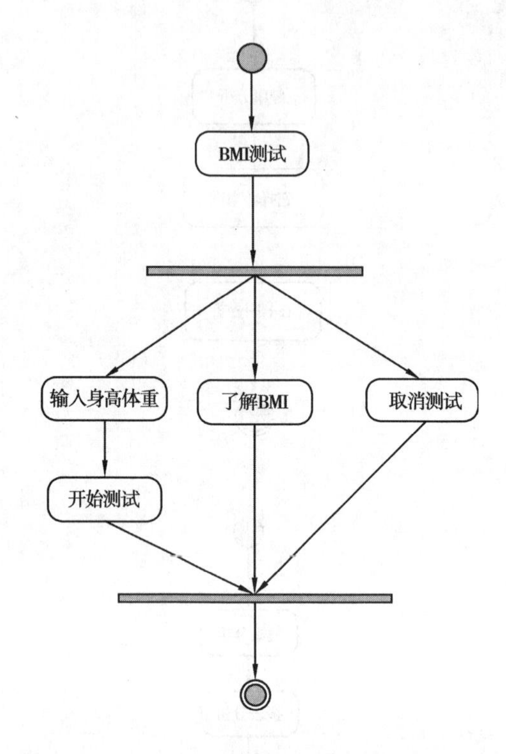

2)心率扫描

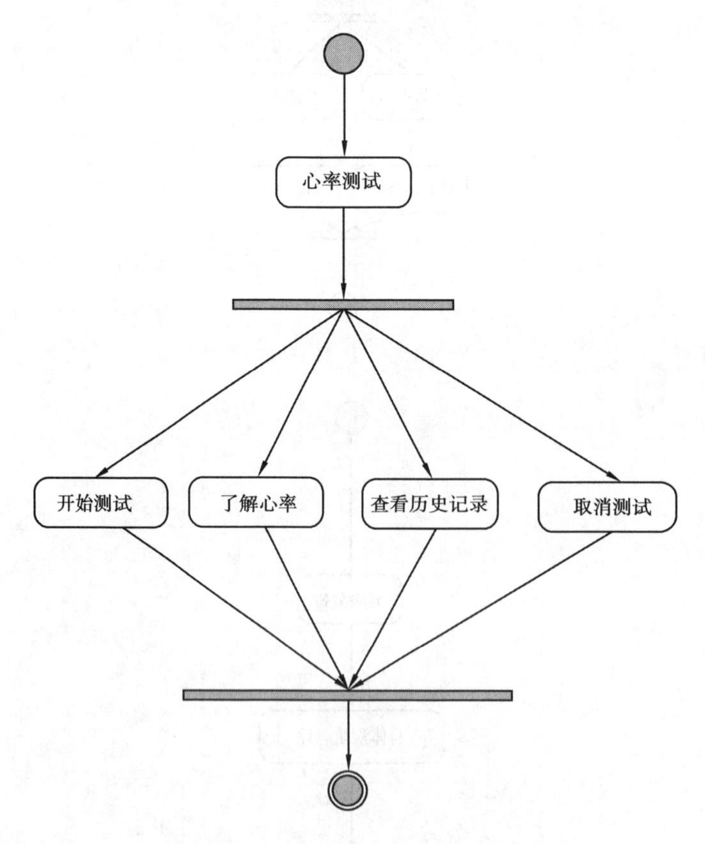

3)运动监控

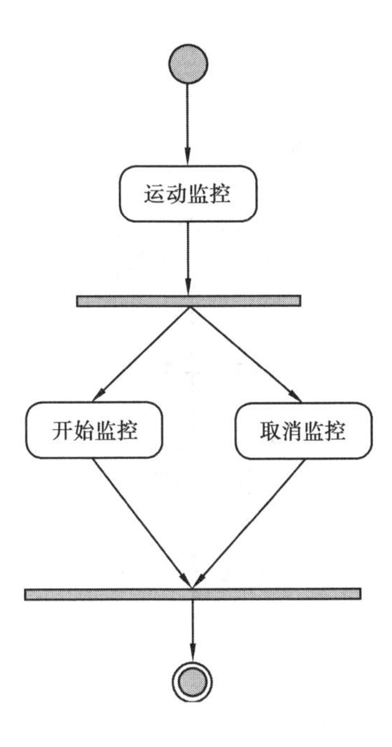

(6)生活助手业务流程

闹铃提醒

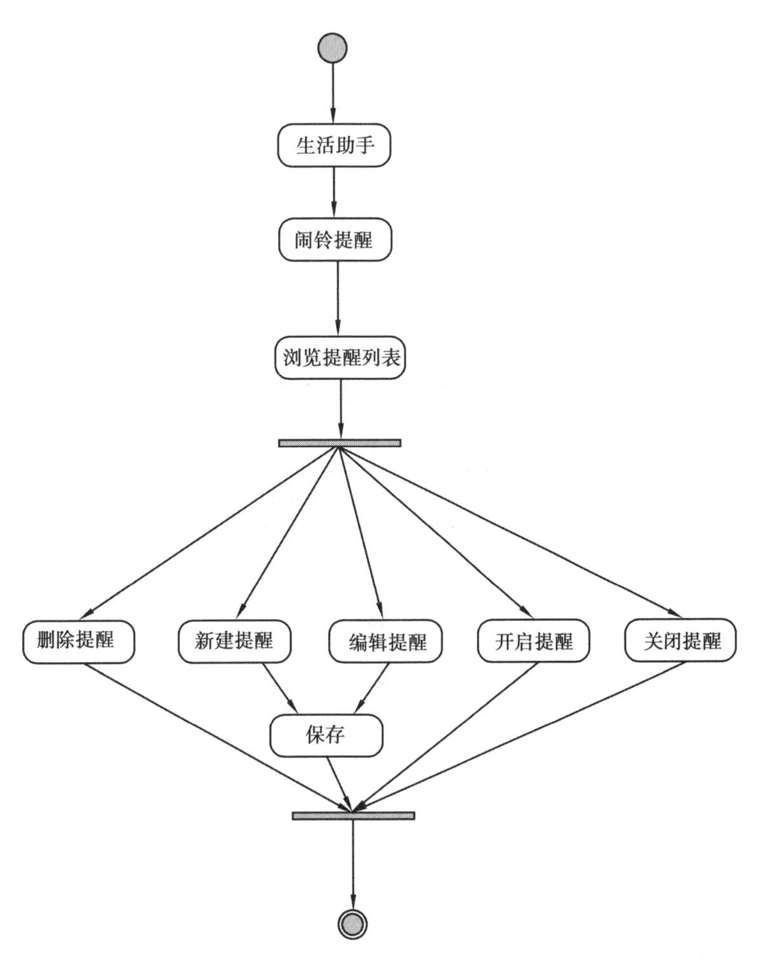

(7)健康查询业务流程

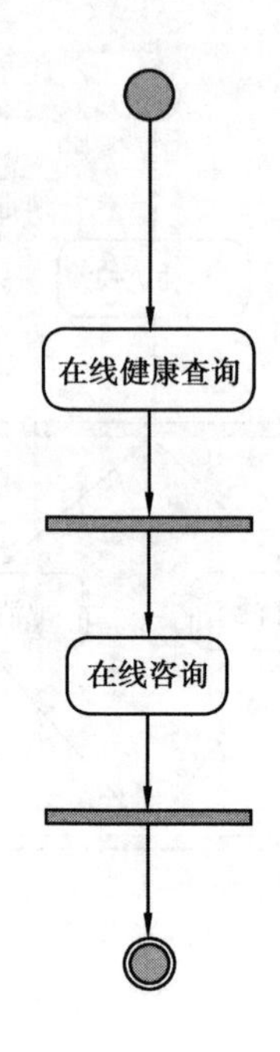

(8)系统设置业务流程

1)个人信息设置

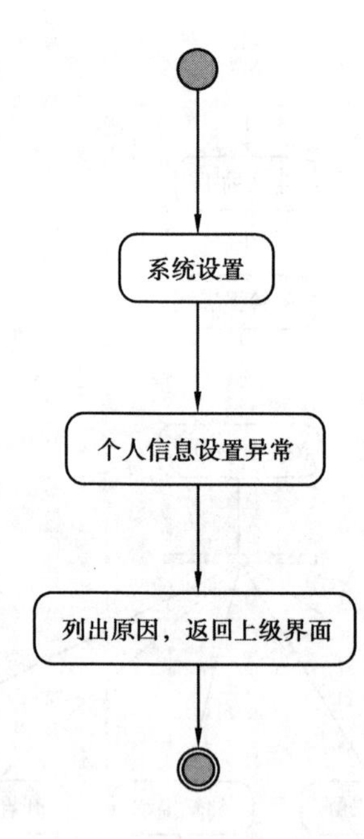

2)页面设置

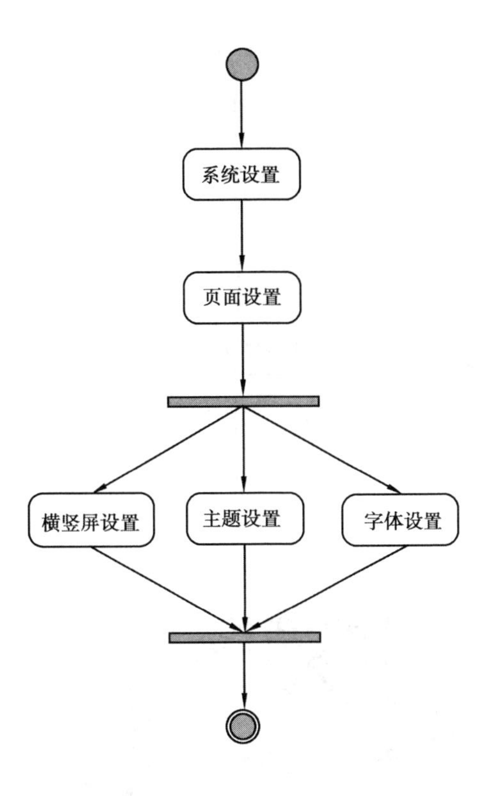

3)密码设置

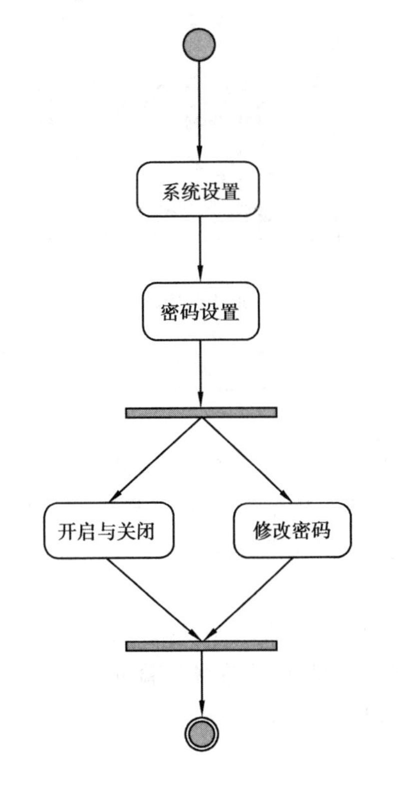

(9)帮助系统业务流程

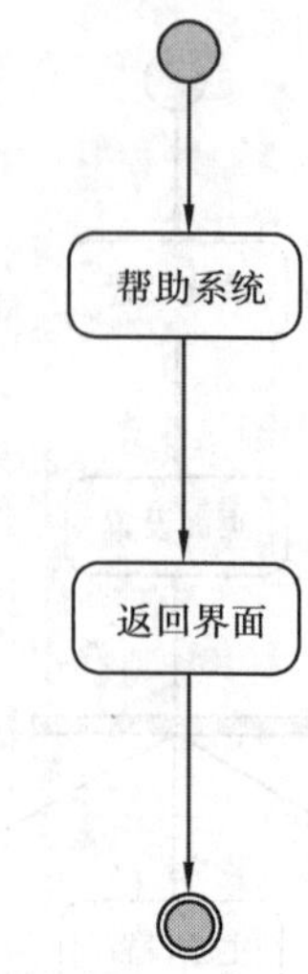
帮助系统
返回界面

2.4 分解描述(Decomposition Description)

2.4.1 欢迎信息描述

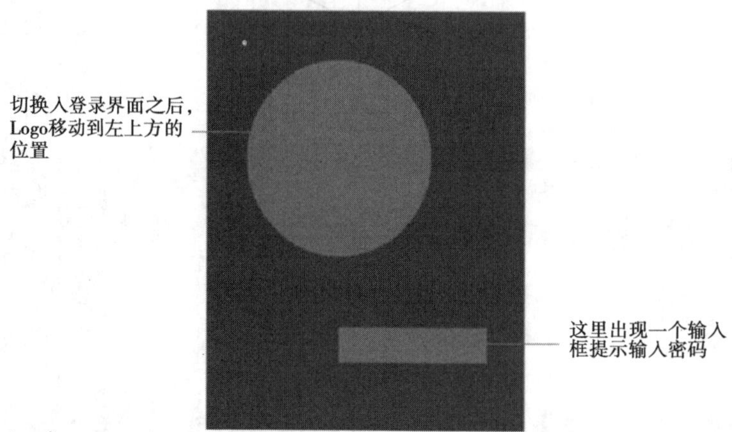
切换入登录界面之后，
Logo移动到左上方的
位置
这里出现一个输入
框提示输入密码

(1)简介(Overview)

Logo 界面展示本软件名称(中英文)和欢迎用语,提示用户本系统的主要功能,友好的交互界面将会给用户带来愉悦的第一印象。用户通过本界面图形显示可快速、方便、及时地了解本软件的意图;配合友好的 UI 图形显示 Logo 图标,加强产品影响力;给智能平台手机移动终端操作用户带来使用便捷的操作提升用户亲和力。

智能平台手机移动终端操作用户在启动本系统后,如果初次使用或未设置密码,Logo 界面展示完成后,本系统就会进入主界面,在主界面显示个人健康管理相关内容。如果已设定密码,成功输入正确密码系统进入主界面;如果密码输入不正确,则提示“密码错误,请输入正确密码”。

(2)功能列表(Functions)

欢迎界面:展示内容有本软件中英文名称及欢迎词,欢迎 Logo。

密码验证:首次使用和未设置密码情况下无密码验证,欢迎界面展示完成后进入系统主界面;已设置密码情况下进行密码验证,密码输入正确进入系统主界面,密码不正确提示输入正确密码。

2.4.2 测试工具描述

(1)BMI 测试

1)简介(Overview)

用户可了解 BMI,可输入身高体重,计算 BMI 值。

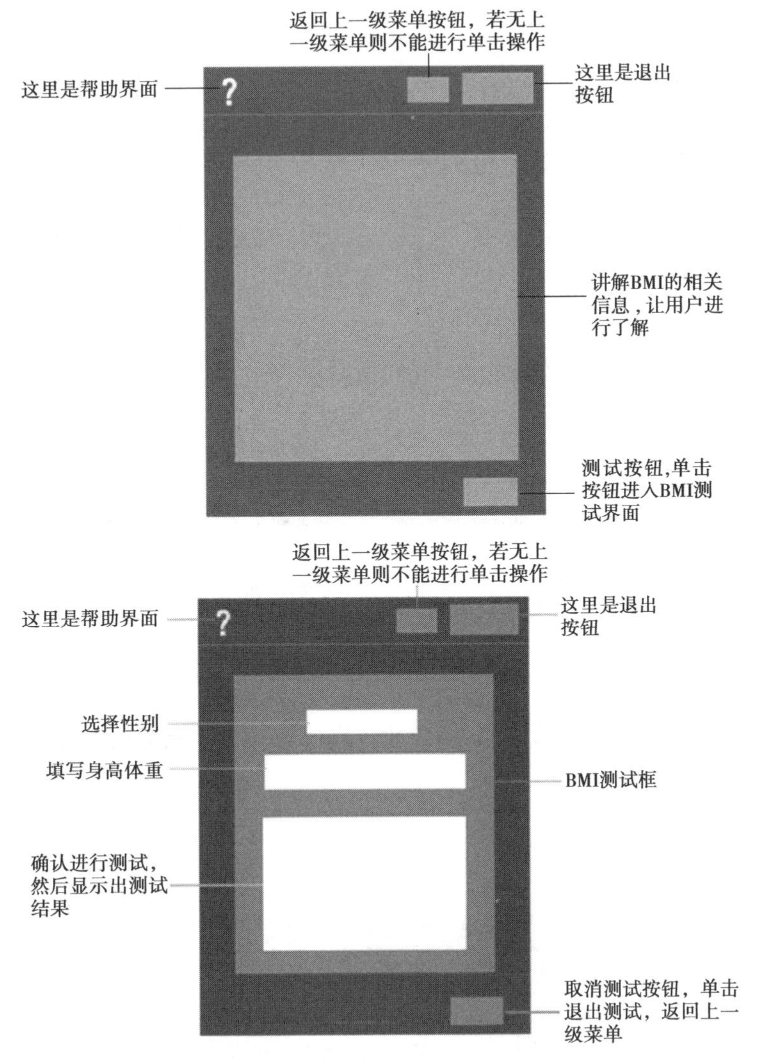

2)功能列表(Functions)

系统根据用户的选择反馈相应的信息,系统根据用户输入的身高体重计算 BMI 值,返回用户 BMI 值以及对应的健康信息。

(2)心率测试

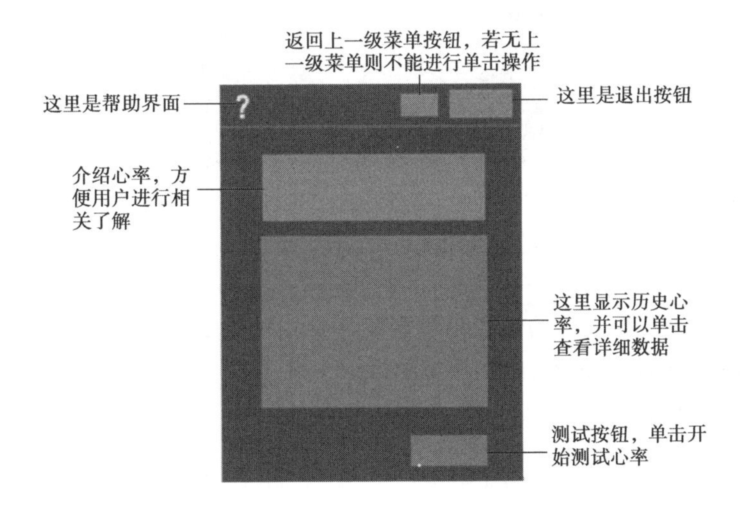

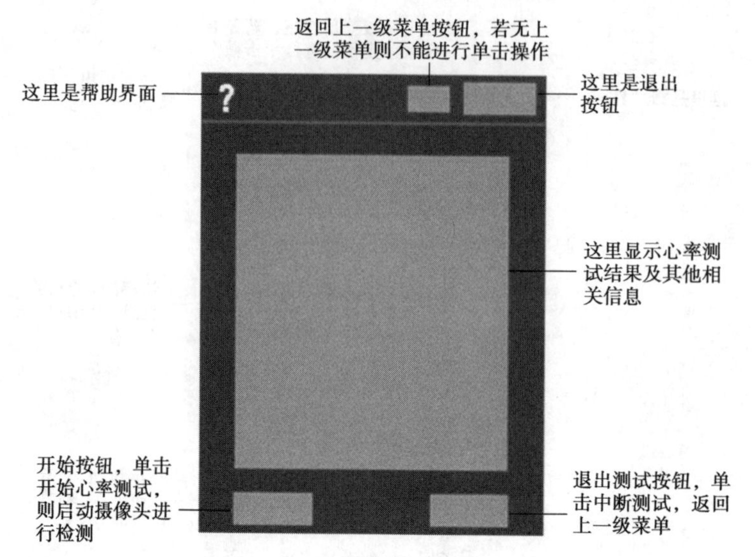

1）简介（Overview）

用户可选择了解心率，获得心率信息；可查看历史记录，查看以前测试的心率情况；可选择开始测试，将手指置于摄像头，进行心率测试。

2）功能列表（Functions）

系统根据用户的选择反馈相应的信息，用户通过摄像头获取手指处的光线变化信息，得出心率结果，返回心率值及其对应的健康信息。

（3）视力检测

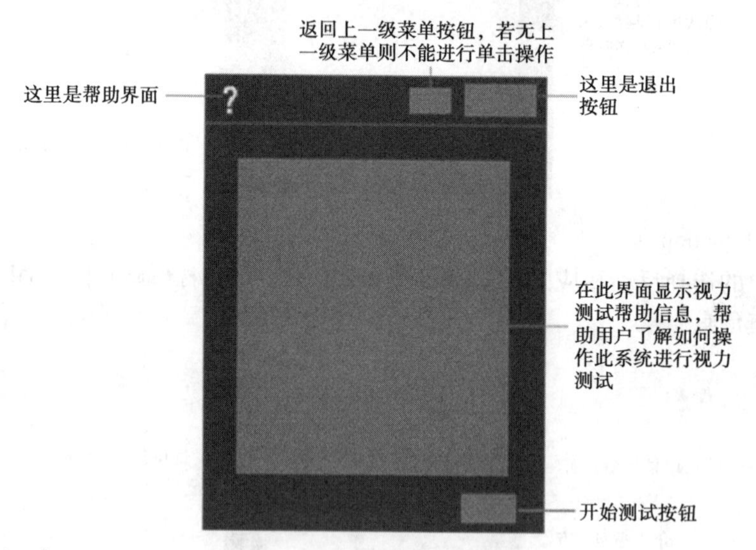

1）简介（Overview）

用户可选择帮助，获得测试视力的温馨提示；可选择测试，判断显示图片的方向，进行视力测试。

2）功能列表（Functions）

系统根据用户的选择反馈相应的信息系统根据用户对图片的判断正确与否，显示不同的图片供用户操作；系统统计用户的判断情况，给出测试结果。

2.4.3　生活助手描述

健康饮食如下：

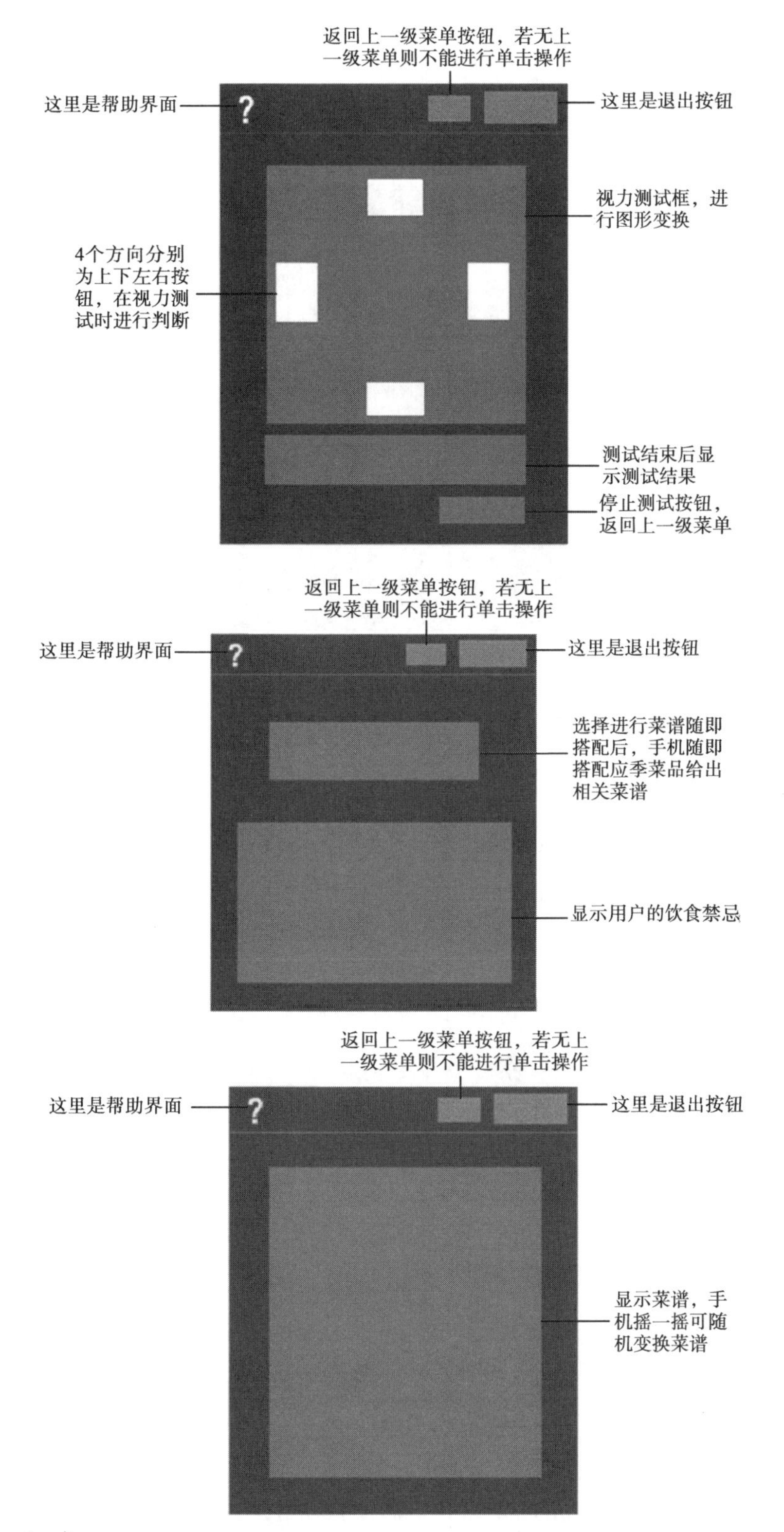
返回上一级菜单按钮，若无上一级菜单则不能进行单击操作
这里是帮助界面
这里是退出按钮
视力测试框，进行图形变换
4个方向分别为上下左右按钮，在视力测试时进行判断
测试结束后显示测试结果
停止测试按钮，返回上一级菜单
返回上一级菜单按钮，若无上一级菜单则不能进行单击操作
这里是帮助界面
这里是退出按钮
选择进行菜谱随即搭配后，手机随即搭配应季菜品给出相关菜谱
显示用户的饮食禁忌
返回上一级菜单按钮，若无上一级菜单则不能进行单击操作
这里是帮助界面
这里是退出按钮
显示菜谱，手机摇一摇可随机变换菜谱

1)简介(Overview)

健康饮食随机推荐显示一道应季的菜谱。

2)功能列表(Functions)

健康饮食使用自带数据库中的菜谱数据,根据当前季节时令,为用户随机推荐健康的饮食方案,

同时允许用户通过摇动手机来重新随机推荐一道菜谱。

2.4.4 系统设置

(1)个人信息设置

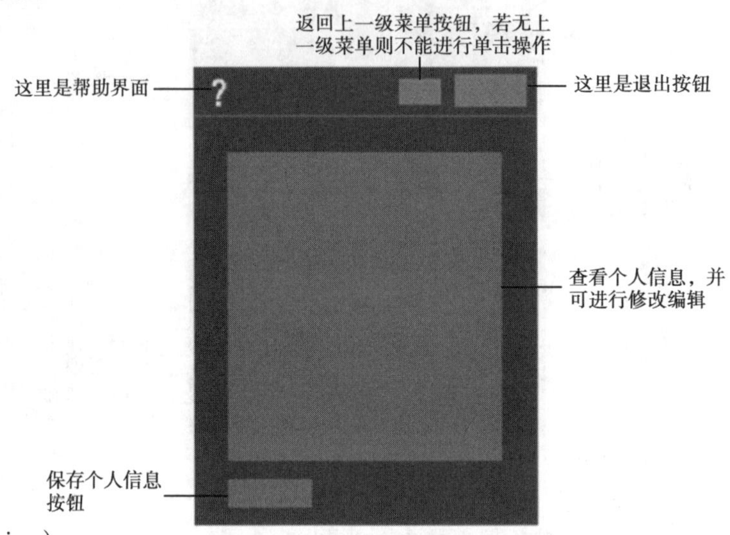
返回上一级菜单按钮，若无上一级菜单则不能进行单击操作
这里是帮助界面
这里是退出按钮
查看个人信息，并可进行修改编辑
保存个人信息按钮

1)简介(Overview)

由于不同区域、不同国家、不同年龄、不同性别的人饮食生活作息不同,身体素质不同,身体各项指标的正常范围也不同。因此,本系统提供一个接口为用户设置个人信息来设置相应的 BMI、血压、血脂等的正常范围。

2)功能列表(Functions)

用户在本模块中输入个人的相关信息提交后,系统将这些信息存入 SQLite 数据库中,可供测试工具及健康分析时与通过用户的个人信息而得到的各项正常值进行比较及判断用户的健康状况。

(2)页面设置

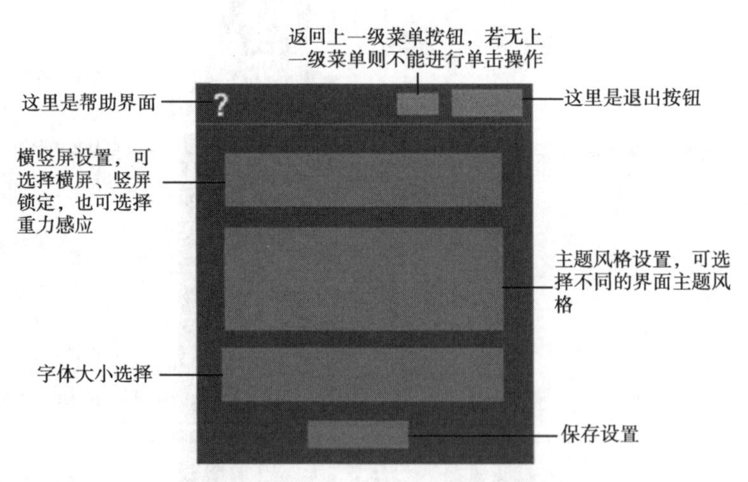
返回上一级菜单按钮，若无上一级菜单则不能进行单击操作
这里是帮助界面
这里是退出按钮
横竖屏设置，可选择横屏、竖屏锁定，也可选择重力感应
主题风格设置，可选择不同的界面主题风格
字体大小选择
保存设置

1)简介(Overview)

由于用户的不同需求,对界面的各种喜好,本功能模块用来满足用户对界面的各种需求,提高界面的多样性。有 3 项功能,可设置界面的背景、横竖屏设置及字体大小的设置。

2)功能列表(Functions)

手机个人健康管理系统在本功能模块下可进行系统的个性化设置。手机终端用户可通过本功能模块下的横竖屏设置来实现横竖屏的切换操作,界面风格可改变界面的背景、文字设置来改变界面中字体的大小等。用户提交后,系统将这些信息存入相关的 SQLite 数据库表中,并在返回上级页面后将实现用户所设置的样式。

(3)密码设置

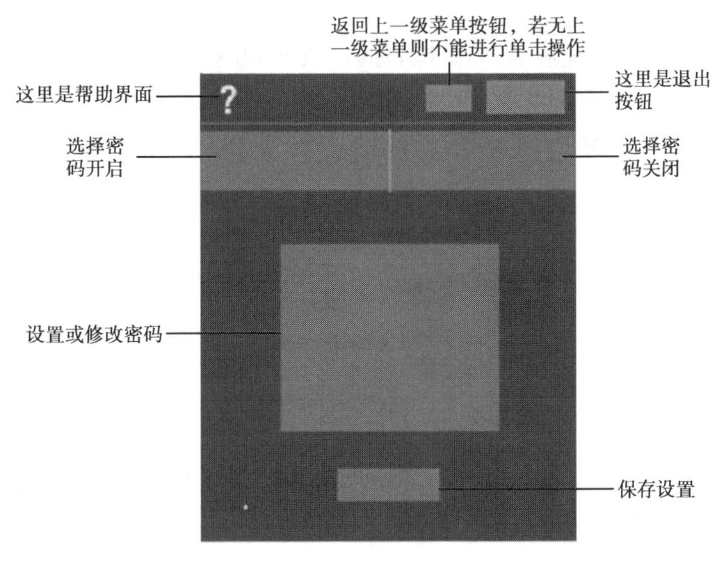

返回上一级菜单按钮，若无上一级菜单则不能进行单击操作
这里是帮助界面
这里是退出按钮
选择密码开启
选择密码关闭
设置或修改密码
保存设置

1)简介(Overview)

由于本系统涉及用户个人的信息及身体状况信息,系统为用户提供了一个密码功能,在开机时可输入密码来打开本软件,也可不选择使用隐私保护功能,直接开机即可使用本软件。

2)功能列表(Functions)

手机个人健康管理系统在本功能模块下可对系统进行安全设置。手机终端用户可选择是否开启密码保护功能。当用户选择开启时,可在下次启动本系统时在欢迎页面中输入正确的密码才可进入本系统。同时,无论密码保护功能是否开启,用户都可修改当前密码,需要先输入正确的当前密码之后再输入想要设定的密码。

2.4.5　帮助系统

(1)简介(Overview)

本系统为个人健康管理系统,用户在使用此系统时存在操作理解问题。本界面主要通过文字说明帮助用户理解操作方法,解答一些基本疑惑,使之了解熟悉如何正确使用本系统。

(2)功能列表(Functions)

手机个人健康系统在本功能模块下帮助用户了解本系统的版本和操作等。手机端用户在遇到操作问题时可选择此单击此功能块,里面有本系统按键等相关操作解释;若是了解完毕,可选择返回回到主页面。

2.5　依赖性描述(Dependency Description)

该系统的操作设计简单,用户不需要具备相应的专业业务知识。本软件配有帮助说明文档,方便用户快速学习使用过程。同时,本软件使用过程中有明显的操作提示,用户可根据提示进行相关操作。

依赖的运行环境指定为:基于Android智能操作系统平的手机,或是基于Android智能操作系统平的手机模拟器(Cell Phone Emulator)。

依赖的网络环境为Android操作系统的手机通过联通互联的uninet、移动互联cmnet、电信互联ctnet或者Wi-Fi连接Internet。

3 **接口描述**(Interface Description)

3.1 欢迎信息接口

名称(Name):欢迎信息接口。

说明(Description):Logo 界面展示本软件名称(中英文)和欢迎用语。

定义(Definition):屏幕格式:800×480,建议使用 800×480 分辨率的图片资源,但也可使用低分辨率或高分辨率的图片资源,根据所使用图片资源分辨率的高、中、低分别存储在项目不同的图片资源目录中。

页面规划:登录图片。

输入:用户密码。

输出:无。

3.2 测试工具接口

3.2.1 BMI 测试

名称(Name):BMI 测试。

说明(Description):用户输入自己的身高和体重,测试 BMI 值,系统会反馈所测 BMI 值及其对应的健康提示信息;查看 BMI 信息增进用户对 BMI 的了解。

定义(Definition):屏幕格式:自适应。

页面规划:显示 BMI 值以及相应的健康建议。

输入输出:输出 BMI 值。

3.2.2 心率扫描

名称(Name):心率扫描。

说明(Description):用户将手指置于摄像头上 10 s 以上,系统根据感应到的信息,输出心率值。查看心率信息,显示心率介绍网页;查看历史记录,显示用户测试心率的历史,包括时间日期及心率值。

定义(Definition):屏幕格式:自适应。

页面规划:显示测试结果以及相应的健康建议。

输入输出:输出心率测试结果。

3.2.3 运动监控

名称(Name):运动监控。

说明(Description):系统使用 GPS 定位,记录距离、时间信息,计算运动速度,并及时显示此速度所在范围对应的健康提示信息,提醒用户的运动强度是否合适。

定义(Definition):屏幕格式:自适应。

页面规划:显示运动时间、距离、速度以及相应的健康建议。

输入输出:输出运动时间、距离、速度。

3.3 生活助手工具接口

3.3.1 健康饮食

名称(Name):健康饮食。

说明(Description):健康饮食助手可根据时令为用户提供应季食材和健康菜谱搭配方案,同时根据用户健康状况,提醒相关的饮食禁忌信息。

定义(Definition):屏幕格式:自适应。

页面规划:通过嵌入网页显示菜谱信息。

输入输出:摇动手机(可选),菜谱信息(嵌入的网页)。

3.4　系统设置工具接口

3.4.1　个人信息设置

名称(Name):个人信息设置。

说明(Description):由于不同区域、不同国家、不同年龄、不同性别的人饮食生活作息不同,身体素质不同,身体各项指标的正常范围也不同。因此,本系统提供一个接口为用户设置个人信息来设置相应的BMI、血压、血脂等的正常范围。

定义(Definition):屏幕格式:自适应。

输入输出:按照要求输入数据。

3.4.2　页面设置

名称(Name):页面设置。

说明(Description):由于用户的不同需求,对界面的各种喜好,本功能模块用来满足用户对界面的各种需求,提供界面的多样性。

定义(Definition):屏幕格式:自适应。

横竖屏设置:横竖屏切换,保持横屏,保持竖屏,按重力感应切换屏幕。

界面风格设置:更改背景。

文字设置:改变字体,改变字体大小。

输入输出:按照要求输入数据。

3.4.3　密码设置

名称(Name):密码设置。

说明(Description):本接口为用户提供了一个密码功能,在启动系统时可选择输入密码的方式打开软件,也可不用直接打开。

定义(Definition):屏幕格式:自适应。

启用与关闭:开启,关闭。

修改密码:无密码时,创建新密码;有密码时,修改密码。

输入输出:按照要求输入数据。

3.5　帮助系统工具接口

名称(Name):帮助系统。

说明(Description):本系统为个人健康管理系统,用户在使用此系统时存在操作理解问题,本界面主要通过文字说明帮助用户理解操作方法,解答一些基本疑惑,使之了解熟悉如何正确使用本系统。

定义(Definition):屏幕格式:自适应。

横竖屏设置:横竖屏切换,保持横屏,保持竖屏,按重力感应切换屏幕。

输入输出:无。

4.5　系统测试计划

关键词(Keywords):手机个人健康管理系统。

摘要(Abstract):本软件可使用户通过移动终端对自身的身体健康状况进行自测,并记录用户体检状况以及用户所测出的各项指标,进行分析和健康提醒。

缩略语清单(List of Abbreviations)如下:

缩略语(Abbreviations)	英文全名(Full Spelling)	中文解释(Chinese Explanation)
APK	Android Package	Android 安装包
SDK	Software Development Kit	软件开发套件
API	Application Programming Interface	应用程序编程接口
Sqlite DB	Sqlite Database	Sqlite 数据库

1 简介(Introduction)

1.1 目的(Purpose)

本测试计划文档作为指导此测试项目循序渐进的基础,帮助我们安排合适的资源和进度,避免可能的风险。本文档有助于实现以下目标:

确定现有项目的信息和相应测试的软件构件。

列出推荐的测试需求(高级需求)。

推荐可采用的测试策略,并对这些策略加以详细说明。

确定所需的资源,并对测试的工作量进行估计。

列出测试目的可交付元素,包括用例以及测试报告等。

1.2 范围(Scope)

由于活动的相互影响和制约,系统的设计完成中可能存在某些错误,软件测试主要是对电子化仓储管理系统进行全面的检查,及时发现系统中的逻辑错误,以保证产品的正确性和可靠性。

具体结合到操作,应该测试以下内容:

易用性:即人机交互。

性能:即检查快速载入和导出数据、检查系统响应等。

功能:即用户在系统中可以进行的各种操作。

业务规则:即检查对业务流程的描述是否准确、考虑与目标用户的业务环境是否契合等。

事务准确性:即保证事务正确完成、确保被取消的事务回滚正确等。

数据有效性与完整性:即检查数据的格式是否正确、确保字符集适当等。

2 测试计划(Test Plan)

2.1 资源需求(Resource Requirements)

2.1.1 软件需求(Software Requirements)

资源(Resource)	描述(Description)	数量(Qty)
操作系统	Windows XP,Android2.2	2
数据库	SQL Server 2005	1
编译器	Eclipse	1
测试工具	JUnit(单元测试)	2

2.1.2 硬件需求(Hardware Requirements)

资源(Resource)	描述(Description)	数量(Qty)
计算机	模拟 Android 环境	1
Android 手机	实际测试系统的功能	1

2.1.3　其他设备(Other Materials)

无。

2.1.4　人员需求(Personnel Requirements)

资源(Resource)	技能级别(Skill Level)	数量(Qty)	到位时间(Date)	工作期间(Duration)
单元测试工程师	高级	1		
集成测试工程师	中级	1		
系统测试工程师	中级	1		
功能测试工程师	中级	2		
UI 测试工程师	中级	2		

2.2　过程条件(Process Criteria)

2.2.1　启动条件(Entry Criteria)

需求规格说明书完成以后。

2.2.2　结束条件(Exit Criteria)

各项测试完成,项目交付。

2.2.3　挂起条件(Suspend Criteria)

①项目进度出现问题,程序不能按时完成,无法进行相关测试。

②测试人员缺乏相关测试技术,不能很快完成测试工作。

2.2.4　恢复条件(Resume Criteria)

①要求开发人员加快开发速度,按时完成程序。

②进行相关测试培训,提高测试人员的技能。

2.3　测试目标(Objectives)

程序能正常运行,实现了需求中的各项功能,人机交互良好,程序健壮,经过测试,系统无严重缺陷,设计的测试用例90%执行,确定的所有缺陷都已得到了商定的解决结果,而且没有发现新的缺陷。

2.4　导向/培训计划(Orientation/Training Plan)

培训可包括用户指引、操作指引、维护控制组指引测试人员学习测试规格说明书。

对测试人员进行相关测试培训。

2.5　回归测试策略(Strategy of Regression Test)

在下一轮测试中,对本轮测试发现的所有缺陷对应的用例进行回归,确认所有缺陷都已经过修改。

3　**测试用例**(Test Cases)

需求功能名称	测试用例名称	作　者	应交付日期
欢迎界面	欢迎界面测试用例	***	2013-01-07
健康档案	健康档案测试用例	***	2013-01-07
健康分析	健康分析测试用例	***	2013-01-07
测试工具	测试工具测试用例	***	2013-01-07
生活助手	生活助手测试用例	***	2013-01-07
在线健康查询工具	在线健康查询工具测试用例	***	2013-01-07
系统设置	系统设置测试用例	***	2013-01-07

4　**工作交付件**(Deliverables)

名称(Name)	作者(Author)	应交付日期(Delivery Date)
测试计划评审报告	***	2013-01-07
测试计划	***	2013-01-07
测试用例说明书	***	2013-01-07

5　**参考资料清单**(List of Reference)

[1] D B Leeson. A Simple Model of Feedback Oscillator Noise Spectrum. Proc. IEEE, pp329-330, February 1966.
[2] D Wolaver. Phase-Locked Loop Circuit Design. Prentice Hall, New Jersey,1991.
[3] 王阳元,奚雪梅,等.薄膜SOI/CMOS SPICE电路模拟[J].电子学报,1994,22(5).
[4] 郑筠.MOS存储系统及技术[M].北京:科学出版社,1990.

4.6　系统测试设计

1　**简介**(Introduction)

1.1　目的(Purpose)

系统测试设计规划项目中所有的测试方法和必要条件。它包括单元测试脚本、功能测试测试用例、压力测试策略、安装/反安装测试策略、回归测试策略。

文档的预期读者为项目经理、测试经理、测试人员、验收客户。

1.2　范围(Scope)

测试设计包括:

测试类型设计。

功能测试用例。

回归测试设计。

压力测试设计。

安全测试设计。

安装/反安装测试设计。

2　**测试类型设计**(Test Design)

项目测试过程中会用的测试方法:

功能测试用例。

回归测试设计。

压力测试设计。

安全测试设计。

安装/反安装测试设计。

3　**功能测试设计**(Function Test)

3.1　用户注册测试用例

Description:测试注册正常数据是否成功。

Creation Date:2013-01-15。

Type:MANUAL/AUTO。

Description：测试注册正常数据是否成功。

Execution Status：Passed。

Steps：

<table>
<tr><td>测试用例</td><td colspan="2">testcase-001</td><td>测试案例名称</td><td colspan="4">注　册</td></tr>
<tr><td>测试目的</td><td colspan="7">测试注册正常数据是否成功</td></tr>
<tr><td>测试角色</td><td colspan="7">游客</td></tr>
<tr><td>测试条件</td><td colspan="7">可显示主界面</td></tr>
<tr><td>设计人</td><td>***</td><td>设计时间</td><td>2013-01-15</td><td>测试人</td><td>***</td><td>测试时间</td><td>2013-01-15</td></tr>
<tr><td colspan="8">备注:</td></tr>
</table>

<table>
<tr><td rowspan="2">测试流程名或者界面名称</td><td rowspan="2">步骤</td><td rowspan="2">测试规程</td><td rowspan="2">预期结果</td><td colspan="2">实际结果</td></tr>
<tr><td>通过</td><td>问题等级</td></tr>
<tr><td>注册</td><td>1</td><td>1. 输入用户名“xiaoming”;姓名:“小明”;密码:“123456”;重复密码:“123456”;邮箱:“xiaoming@163.com”
2. 单击“注册”按钮</td><td>用户注册成功</td><td>是</td><td></td></tr>
<tr><td>注册</td><td>2</td><td>1. 输入用户名“xiaoming”;姓名:“小明”;密码:“123456”;重复密码:“654321”;邮箱:“xiaoming163.com”
2. 单击“注册”按钮</td><td>提示两次密码不一致,邮箱格式错误</td><td>是</td><td></td></tr>
<tr><td colspan="6">测试结果复查/监督:
通过</td></tr>
<tr><td colspan="6">注:问题等级:
1—严重错误,整个系统无法运行。
2—主要错误,对于系统有很主要的影响,且严重影响系统运行。
3—一般错误,影响到系统的部分部件,但不影响系统正常操作流程的执行。
4—微小错误,仅对系统造成不重要的影响。</td></tr>
</table>

3.2　用户登录测试用例

Description:测试登录正常数据是否成功。

Creation Date：2013-01-15。

Type：MANUAL/AUTO。

Description:测试登录正常数据是否成功。

Execution Status：Passed。

Steps：

<table>
<tr><td>测试用例</td><td colspan="2">testcase-002</td><td>测试案例名称</td><td colspan="5">登　录</td></tr>
<tr><td>测试目的</td><td colspan="8">测试登录是否成功</td></tr>
<tr><td>测试角色</td><td colspan="8">用户</td></tr>
<tr><td>测试条件</td><td colspan="8">可显示主界面</td></tr>
<tr><td>设计人</td><td>* * *</td><td>设计时间</td><td>2013-01-15</td><td>测试人</td><td>* * *</td><td>测试时间</td><td colspan="2">2013-01-15</td></tr>
<tr><td colspan="9">备注：</td></tr>
<tr><td rowspan="2">测试流程名或者界面名称</td><td rowspan="2">步骤</td><td colspan="3" rowspan="2">测试规程</td><td colspan="2" rowspan="2">预期结果</td><td colspan="2">实际结果</td></tr>
<tr><td>通过</td><td>问题等级</td></tr>
<tr><td>登录</td><td>1</td><td colspan="3">输入用户名和密码单击“登录”按钮
username：xiaoming
PW：123456</td><td colspan="2">登录成功</td><td>是</td><td></td></tr>
<tr><td>登录</td><td>2</td><td colspan="3">输入用户名和密码单击“登录”按钮
username：xiaoming
PW：11111</td><td colspan="2">提示用户名密码错误</td><td>是</td><td></td></tr>
<tr><td colspan="9">测试结果复查/监督：
通过</td></tr>
<tr><td colspan="9">注：问题等级：
1—严重错误，整个系统无法运行。
2—主要错误，对于系统有很主要的影响，且严重影响系统运行。
3—一般错误，影响到系统的部分部件，但不影响系统正常操作流程的执行。
4—微小错误，仅对系统造成不重要的影响。</td></tr>
</table>

3.3　用户健康日志测试用例

Description：测试健康日志正常数据是否成功。

Creation Date：2013-01-15。

Type：MANUAL/AUTO。

Description：测试是否成功。

Execution Status：Passed。

Steps:

<table>
<tr><td>测试用例</td><td colspan="2">testcase-003</td><td>测试案例名称</td><td colspan="4">健康日志</td></tr>
<tr><td>测试目的</td><td colspan="7">测试健康日志是否成功</td></tr>
<tr><td>测试角色</td><td colspan="7">用户</td></tr>
<tr><td>测试条件</td><td colspan="7">可显示主界面</td></tr>
<tr><td>设计人</td><td>* * *</td><td>设计时间</td><td>2013-01-15</td><td>测试人</td><td>* * *</td><td>测试时间</td><td>2013-01-15</td></tr>
<tr><td colspan="8">备注:</td></tr>
</table>

<table>
<tr><td rowspan="2">测试流程名或者界面名称</td><td rowspan="2">步骤</td><td rowspan="2">测试规程</td><td rowspan="2">预期结果</td><td colspan="2">实际结果</td></tr>
<tr><td>通过</td><td>问题等级</td></tr>
<tr><td>健康日志</td><td>1</td><td>单击“查询”按钮</td><td>健康管理系统的各种操作所得到的健康信息</td><td>是</td><td></td></tr>
<tr><td>健康日志</td><td>2</td><td>输入:体检单号 001
身高:180
体重:75 kg
视力:1.5
用户输入并记录用户在各大医院门诊进行的体检报告信息</td><td>录入成功</td><td>是</td><td></td></tr>
<tr><td colspan="6">测试结果复查/监督:
通过</td></tr>
<tr><td colspan="6">注:问题等级:
1—严重错误,整个系统无法运行。
2—主要错误,对于系统有很主要的影响,且严重影响系统运行。
3——一般错误,影响到系统的部分部件,但不影响系统正常操作流程的执行。
4—微小错误,仅对系统造成不重要的影响。</td></tr>
</table>

3.4　用户 BMI 计算测试用例

Description:测试 BMI 计算是否成功。

Creation Date: 2013-01-15。

Type: MANUAL/AUTO。

Description:测试 BMI 计算是否成功。

Execution Status: Passed。

Steps：

<table>
<tr><td>测试用例</td><td>testcase-004</td><td colspan="2">测试案例名称</td><td colspan="4">BMI 计算</td></tr>
<tr><td>测试目的</td><td colspan="7">测试 BMI 计算数据是否成功</td></tr>
<tr><td>测试角色</td><td colspan="7">游客</td></tr>
<tr><td>测试条件</td><td colspan="7">可显示主界面</td></tr>
<tr><td>设计人</td><td>***</td><td>设计时间</td><td>2013-01-15</td><td>测试人</td><td>***</td><td>测试时间</td><td>2013-01-15</td></tr>
<tr><td colspan="8">备注：</td></tr>
</table>

<table>
<tr><td rowspan="2">测试流程名或者界面名称</td><td rowspan="2">步骤</td><td rowspan="2">测试规程</td><td rowspan="2">预期结果</td><td colspan="2">实际结果</td></tr>
<tr><td>通过</td><td>问题等级</td></tr>
<tr><td>BMI 计算</td><td>1</td><td>输入：
身高:180
体重:75 kg(录入的身高体重信息)</td><td>显示:标准</td><td>是</td><td></td></tr>
<tr><td>BMI 计算</td><td>2</td><td>摄像头获取用户心率信息单击按钮</td><td>健康状况良好</td><td>是</td><td></td></tr>
<tr><td colspan="6">测试结果复查/监督：
通过</td></tr>
<tr><td colspan="6">注:问题等级：
1—严重错误,整个系统无法运行。
2—主要错误,对于系统有很主要的影响,且严重影响系统运行。
3—一般错误,影响到系统的部分部件,但不影响系统正常操作流程的执行。
4—微小错误,仅对系统造成不重要的影响。</td></tr>
</table>

3.5 健康饮食测试用例

Description:测试健康饮食正常数据是否成功。

Creation Date：2013-01-15。

Type：MANUAL/AUTO。

Description:测试健康饮食正常数据是否成功。

Execution Status：Passed。

Steps：

<table>
<tr><td>测试用例</td><td>testcase-005</td><td colspan="2">测试案例名称</td><td colspan="4">健康饮食</td></tr>
<tr><td>测试目的</td><td colspan="7">测试健康饮食正常数据是否成功</td></tr>
<tr><td>测试角色</td><td colspan="7">游客</td></tr>
<tr><td>测试条件</td><td colspan="7">可显示主界面</td></tr>
<tr><td>设计人</td><td>***</td><td>设计时间</td><td>2013-01-15</td><td>测试人</td><td>***</td><td>测试时间</td><td>2013-01-15</td></tr>
<tr><td colspan="8">备注：</td></tr>
</table>

续表

测试流程名或者界面名称	步骤	测试规程	预期结果	实际结果	
				通过	问题等级
健康饮食	1	通过趣味性的随机获取菜谱,进行餐点的选择	给出基于用户健康考虑的相应建议	是	
健康饮食	2	设置9:00闹钟功能选择开启相关提醒	等待9:00闹钟响起	是	
测试结果复查/监督: 通过					
注:问题等级: 1—严重错误,整个系统无法运行。 2—主要错误,对于系统有很主要的影响,且严重影响系统运行。 3——般错误,影响到系统的部分部件,但不影响系统正常操作流程的执行。 4—微小错误,仅对系统造成不重要的影响。					

4 **回归测试**

回归测试策略:在测试修改BUG后,下一轮测试中,对本轮测试发现的所有缺陷对应的用例进行回归,确认所有缺陷都已经过修改。测试被修复的BUG时要求测试与其相关的模块和接口。重新执行该模块的测试用例。

基于风险选择测试:基于一定的风险标准来从基线测试用例库中选择回归测试包。首先运行最重要的、关键的和可疑的测试,而跳过那些非关键、优先级别低或者高稳定的测试用例,这些用例即便可能测试到缺陷,这些缺陷的严重性也仅有3级或4级。

5 **部署测试**

执行以下环境的安装与反安装测试:

(1)测试环境一

应用配置:小米2手机。

操作系统:Android 3.5。

(2)测试环境二

应用配置:三星Note2。

操作系统:Android 3.5。

6 **工作交付件**(Deliverables)

名称(Name)	作者(Author)	应交付日期(Delivery Date)
测试计划	***	2013-01-15
测试设计	***	2013-01-15
测试报告	***	2013-01-15

4.7 系统测试报告

关键词(Keywords):手机个人健康管理系统。

摘要(Abstract):本软件可使用户通过移动终端对自身的身体健康状况进行自测,并记录用户体检状况以及用户所测出的各项指标,进行分析和健康提醒。

缩略语清单(List of Abbreviations)如下:

缩略语(Abbreviations)	英文全名(Full Spelling)	中文解释(Chinese Explanation)
APK	Android Package	Android 安装包
SDK	Software Development Kit	软件开发套件
API	Application Programming Interface	应用程序编程接口
Sqlite DB	Sqlite Database	Sqlite 数据库
BMI	Body Mass Index	医学术语:体质指数
HR	Hate Rate	医学术语:心率
ECG	Electrocardiogram	医学术语:心电图
SBP	Systolic Blood Pressure	医学术语:收缩压
DBP	Diastolic Blood Pressure	医学术语:舒张压
GPS	Global Positioning System	全球定位系统
HTML	Hypertext Markup Language	超文本标记语言

1 **概述**(Overview)

本文档为系统测试报告,具体描述了系统在测试期间的执行情况和软件质量,统计系统存在的缺陷,分析缺陷产生原因并追踪缺陷解决情况。

2 **测试时间、地点及人员**(Test date, Address and Tester)

测试模块	天数/d	开始时间	结束时间	人 员
用户注册	0.5	2013-01-15	2013-01-20	***
用户登录	0.5	2013-01-15	2013-01-20	***
健康日志	0.5	2013-01-15	2013-01-20	***
体检报告	0.5	2013-01-15	2013-01-20	***
BMI 计算	0.5	2013-01-15	2013-01-20	***
心率测试	0.5	2013-01-15	2013-01-20	***
视力检测	0.5	2013-01-15	2013-01-20	***
运动监控	0.5	2013-01-15	2013-01-20	***
健康饮食	0.5	2013-01-15	2013-01-20	***
健康提醒	0.5	2013-01-15	2013-01-20	***
个人设置	0.5	2013-01-15	2013-01-20	***
页面设置	0.5	2013-01-15	2013-01-20	***
密码设置	0.5	2013-01-15	2013-01-20	***

3　**环境描述**(Test Environment)

应用服务器配置如下:

CPU:Inter Cel430。

ROM:1 G。

OS:Windows XP SP4。

DB:Sql Server 2000。

客户端:Android 3.5。

4　**测试概要**(Test Overview)

4.1　对测试计划的评价(Test Plan Evaluation)

测试案例设计评价:测试框架设计清晰,测试案例书写较全面,设计较合理,并满足功能需求覆盖的要求。业务流程案例覆盖系统主要流程。

执行进度安排:测试进度安排比较合理。根据项目情况分为两次提交测试:第一次提交主要功能部分,第二次后台部分。根据项目提交内容,分别安排编写测试案例和实测,符合测试计划定义的测试过程。

执行情况:安排功能点测试、业务流程测试、并发性测试和回归测试、二次回归测试。功能测试相对充分彻底。

4.2　测试进度控制(Test Progress Control)

测试人员的测试效率:达到预期要求,按时保质完成实测工作的执行,并保证BUG的顺利修改与跟踪。

开发人员的修改效率:达到预期要求,按时保质完成程序代码的修改,并保证BUG的顺利修改与跟踪。

在原定测试计划时间内顺利完成功能符合性测试和部分系统测试,对软件实现的功能进行全面系统的测试。并对软件的安全性、易用性、健壮性各个方面进行选择性测试,达到测试计划的测试类型要求。

测试的具体实施情况如下:

编　号	任务描述	时　间	负责人	任务状态
1	需求获取和测试计划	2013-01-20	***	完成
2	案例设计、评审、修改	2013-01-21	***	完成
3	功能点、业务流程、并发性测试	2013-01-23	***	完成
4	回归测试	2013-01-24	***	完成
5	用户测试	2013-01-25	***	完成

5　**缺陷统计**(Defect Statistics)

5.1　测试结果统计(Test Result Statistics)

Bug修复率:第一、二、三级问题报告单的状态为Close和Rejected状态。

Bug密度分布统计:项目共发现Bug总数20个,其中有效bug数目为20个, Rejected和重复提交的bug数目为0个。

按问题类型分类的bug分布图如下(包括状态为Rejected和Pending的bug):

问题类型	问题个数
代码问题	15
数据库问题	
易用性问题	2
安全性问题	
健壮性问题	
功能性错误	
测试问题	3
测试环境问题	
界面问题	
特殊情况	
交互问题	
规范问题	

按级别的 bug 分布如下(不包括 Cancel):

严重程度	1 级	2 级	3 级	4 级	5 级
问题个数		5	5	5	5

按模块以及严重程度的 bug 分布统计如下(不包括 Cancel):

模　块	1- Urgent	2- Very High	3- High	4- Medium	5- Low	Total
用户注册				1		1
用户登录		1			1	2
健康日志			1	1		2
体检报告		1	1			2
BMI 计算		1		1		2
心率测试		1				1
视力检测			1			1
运动监控		1			1	2
健康饮食			1			1
健康提醒				1	1	2
个人设置			1		1	2
页面设置					1	1
密码设置				1		1
总　计		5	5	5	5	20

5.2　测试用例执行情况(Situation of Conducting Test Cases)

需求功能名称	测试用例名称	执行情况	是否通过
用户注册	用户注册测试用例	Y	Y
用户登录	用户登录测试用例	Y	Y
健康日志	健康日志测试用例	Y	Y
体检报告	体检报告测试用例	Y	Y
BMI 计算	BMI 计算测试用例	Y	Y
心率测试	心率测试测试用例	Y	Y
视力检测	视力检测测试用例	Y	Y
运动监控	运动监控测试用例	Y	Y
健康饮食	健康饮食测试用例	Y	Y
健康提醒	健康提醒测试用例	Y	Y
个人设置	个人设置测试用例	Y	Y
页面设置	页面设置测试用例	Y	Y
密码设置	密码设置测试用例	Y	Y

6　**测试活动评估**(Evaluation of Test)

对项目提交的缺陷进行分类统计,测试组提出有价值的缺陷总个数 20 个。以下是归纳缺陷的结果:

按照问题原因归纳缺陷:

问题原因包括需求问题、设计问题、开发问题、测试环境问题、交互问题、测试问题。

开发问题 Development 15 个。

典型 1:跑步中卡路里消耗数据一直为 500 J。

分析:代码问题,代码中循环没有 break。

典型 2:BMI 数据错误。

分析:代码问题,调用字典错误。

7　**覆盖率统计**(Test Cover Rate Statistics)

需求功能名称	覆盖率/%
用户注册	100
用户登录	100
健康日志	100
体检报告	100
BMI 计算	100
心率测试	100
视力检测	100
运动监控	100
健康饮食	100
健康提醒	100
个人设置	100
页面设置	100
密码设置	100
整体覆盖率	100

8　测试对象评估(Evaluation of the Test Target)

手机个人健康管理系统安装简单,手机个人健康管理系统功能上满足客户需求,性能稳定,支持多客户端。界面设计简洁、易用度高。

手机个人健康管理系统功能满足需求规格说明书,无偏差点。

由于环境条件限制,没有测试在 Android 最新版操作系统上运行的情况。

手机个人健康管理系统该版本的质量评价:功能满足需求、性能稳定、操作简单易用。

9　测试设计评估及改进(Evaluation of Test Design and Improvement Suggestion)

本次测试过程活动安排合理,执行过程标准。

10　规避措施(Mitigation Measures)

使用 Android 各个版本均确保软件的正常运行、版本可用。

11　遗留问题列表(List of Bequeathal Problems)

11.1　遗留问题统计表(Statistic of Bequeathal Problems)

	问题总数(Number of Problem)	致命问题(Fatal)	严重问题(Serious)	一般问题(General)	提示问题(Suggestion)	其他统计项(Others)
数目(Number)	0	0	0	0	0	0
百分比(Percent)	0	0	0	0	0	

11.2　遗留问题详细列表(Details of Bequeathal Problems)

问题单号(No.)	无
问题简述(Overview)	
问题描述(Description)	
问题级别(Priority)	
问题分析与对策(Analysis and Actions)	
避免措施(Mitigation)	
备注(Remark)	

12　附件(Annex)

12.1　交付的测试工作产品(Deliveries of the Test)

本测试完成后交付的测试文档、测试代码及测试工具等测试工作产品:

①测试计划(Test Plan)。

②测试用例(Test Cases)。

③测试报告(Test Report)。

12.2　修改、添加的测试方案或测试用例(List of Test Schemes and Cases Need to Modify and Add)

无。

12.3　其他附件(Others)(如 PC-LINT 检查记录、代码覆盖率分析报告等)

无。

4.8　项目验收报告

1　**项目介绍**

健康管理是指对个人或人群的健康危险因素进行全面监测、分析、评估以及预测和预防的全过程。其宗旨是调动个人及集体的积极性,有效地利用有限的资源来达到最大的健康改善效果。作为一种服务,其具体做法是根据个人的健康状况进行评价和为个人提供有针对性的健康指导,使他们采取行动来改善健康。

健康管理的经验证明,通过有效的主动预防与干预,健康管理服务的参加者按照医嘱定期服药的几率提高了50%,其医生能开出更为有效的药物与治疗方法的几率提高了60%,从而使健康管理服务参加者的综合风险降低了50%。

2　**项目验收原则**

审查项目实施进度的情况。

审查项目项目管理情况,是否符合过程规范。

审查提供验收的各类文档的正确性、完整性和统一性,审查文档是否齐全、合理。

审查项目功能是否达到了合同规定的要求。

对项目的技术水平作出评价,并得出项目的验收结论。

3　**项目验收计划**

审查项目进度。

审查项目管理过程。

应用系统验收测试。

项目文档验收。

4　**项目验收情况**

4.1　项目进度

序　号	阶段名称	计划起止时间	实际起止时间	交付物列表	备　注
1	项目立项	2013-01-04—2013-01-04	2013-01-04—2013-01-04	01手机个人健康管理系统立项	
2	项目计划	2013-01-05—2013-01-05	2013-01-05—2013-01-05	02手机个人健康管理系统项目计划书	
3	业务需求分析	2013-01-06—2013-01-07	2013-01-06— 2013-01-07	03手机个人健康管理系统需求分析	
4	系统设计	2013-01-08—2013-01-10	2013-01-08—2013-01-10	04手机个人健康管理系统设计说明书	
5	编码及测试	2013-01-11—2013-01-18	2013-01-11—2013-01-18	05手机个人健康管理系统测试说明书	
6	验收	2013-01-19—2013-01-19	2013-01-19—2013-01-19	06项目验收报告 项目关闭总结报告	

4.2 项目管理过程

序 号	过程名称	是否符合过程规范	存在的问题
1	项目立项	是	
2	项目计划	是	
3	需求分析	是	
4	详细设计	是	
5	系统实现	是	

4.3 应用系统

序 号	需求功能	验收内容	是否符合代码规范	验收结果
1	欢迎界面	是否能正常进行验证系统使用环境	是	通过
2	健康档案	是否能正常存储及读取数据	是	通过
3	健康状况分析	是否能正常进行健康档案数据分析,提示个人健康档案状况	是	通过
4	健康测试工具	是否能正常进行 BMI 测试、心率测试	是	通过
5	生活助手	是否能正常进行健康档案饮食提示	是	通过
6	在线健康查询	是否能正常查看在线健康信息	是	通过
7	系统设置	是否能正常进行系统内部参数设置	是	通过

4.4 文档

过 程		需提交文档	是否提交(√)	备 注
01-Begin		01 手机个人健康管理系统项目立项	√	
02-Initialization	01-Business Requirement	02 手机个人健康管理系统项目计划书	√	
03-Plan		02 手机个人健康管理系统计划书	√	
04-RA	01-SRS	03 手机个人健康管理系统需求分析	√	
	02-STP	03 手机个人健康管理系统需求分析	√	
05-System Design		04 手机个人健康管理系统系统设计说明书	√	
06-Implement	01-Coding	05 手机个人健康管理系统测试说明书	√	

续表

过　程		需提交文档	是否提交(√)	备　注
	02-System Test Report	05 手机个人健康管理系统测试说明书	√	
07-Accepting	01-User Accepting Test Report	手机个人健康管理系统项目验收报告	√	
	02-Final Products			
	03-User Handbook	手机个人健康管理系统使用手册	√	
08-End				
09-SPTO	01-Project Weekly Report			
	02-Personal Weekly Report	个人周报	√	
	03-Exception Report			
	04-Project Closure Report	项目关闭报告	√	
10-Meeting Record	01-Project kick-off Meeting Record	项目启动会议	√	
	02-Weekly Meeting Record			

4.5　项目验收情况汇总表

验收项	验收意见	备　注
应用系统	通过	
文档	通过	
项目过程	通过	
总体意见: 通过 项目验收负责人(签字): 项目总监(签字):		
未通过理由: 项目验收负责人(签字):		

5　项目验收附件

[1] V7.4505.1234.1_Project Start Report_V1.0.doc.

[2] V7.4505.1234.1_Software Project Planning_V1.0.doc.

[3] V7.4505.1234.1_Software Requirements Specification_(OO)_V1.0.doc.

[4] V7.4505.1234.1_SD_(OO)_V1.0.doc.

[5] V7.4505.1234.1_System Test Plan_V1.0.doc.

[6] V7.4505.1234.1_System Test Design_V1.0.doc.

[7] V7.4505.1234.1_Project Acceptance Report_V1.0.doc.

[8] V7.4505.1234.1 _Project Closure Summary Report_V1.0.doc.

4.9 项目关闭报告

1 项目基本情况

项目名称	手机个人健康管理系统	项目类别	Android
项目编号	v7.2086.1365.8	采用技术	Android sdk
开发环境	Java	运行平台	Eclipse
项目起止时间	2013-01-04—2013-01-19	项目地点	××2号卓越实验室
项目经理:	***	现场经理	***
项目组成员	***,***,***,***,***		
项目描述	本项目主要针对医生作出的各项目指标进行了有效处理整合,可让用户适时了解自己的个人健康情况,帮助用户有效改进饮食、休息、调节相关健康指标,让用户达到健康最佳标准。本项目中通过心电图扫描、视力检测、运动机能等测试,可报告给用户一些现代亚健康人士的重要指标。通过对以上指标分析处理,产出曲线图、周期报表来适时针对个人健康情况及时采取措施。		

2 项目的完成情况

完成了生活助手测试工具中的大多数模块,原计划调差问卷报表分析将在后续工作中完成。

3 学员任务及其工作量总结

姓　名	职　责	负责模块	代码行数/注释行数	文档页数
***	组长	Bmi	2 304	60
***	组员	Ui + 天气	3 200	10
***	组员	健康饮食	1 880	10
***	组员	心率测试	1 935	40
***	组员	二维码	1020	0
合　计			12 306	120

4 项目进度

项目阶段	计　划		实　际		项目进度偏移/d
	开始日期	结束日期	开始日期	结束日期	
立项	2013-01-04	2013-01-04	2013-01-04	2013-01-04	0
计划	2013-01-05	2013-01-05	2013-01-05	2013-01-05	0
需求	2013-01-06	2013-01-06	2013-01-06	2013-01-06	0
设计	2013-01-07	2013-01-08	2013-01-07	2013-01-08	0
编码	2013-01-09	2013-01-16	2013-01-09	2013-01-16	0
测试	2013-01-17	2013-01-18	2013-01-17	2013-01-18	0

5 经验教训及改进建议

收获良多,其中包括专业知识和团队配合方面。希望时间再长一些。

第 5 章 软件工程实训项目案例 3：医药移动办公系统

【项目介绍】

医药移动办公系统主要应用于 Android 手机平台和计算机客户端上的移动销售应用业务，主要实现销售过程中的信息管理，包括移动端的查看公司通知和反馈、提交工作记录、查询商品的优惠信息、提交经销商的预购信息等功能。同时，客户端由系统管理员或经理进行信息的安排和管理，包括发布通知、向相应销售人员分配任务等功能。

本系统旨在提供用户一个方便快捷地管理销售流程的平台。针对销售人员来说，可随时掌握自己的工作进度，查询随时同步的商品信息防止错误，同时随时汇报自己的工作，在任务完成时提交预购信息；针对管理人员来说，方便他们管理销售人员的任务分配，同时掌握销售人员的工作进度，方便对他们的管理和绩效考核（见图 5.1—图 5.5）。

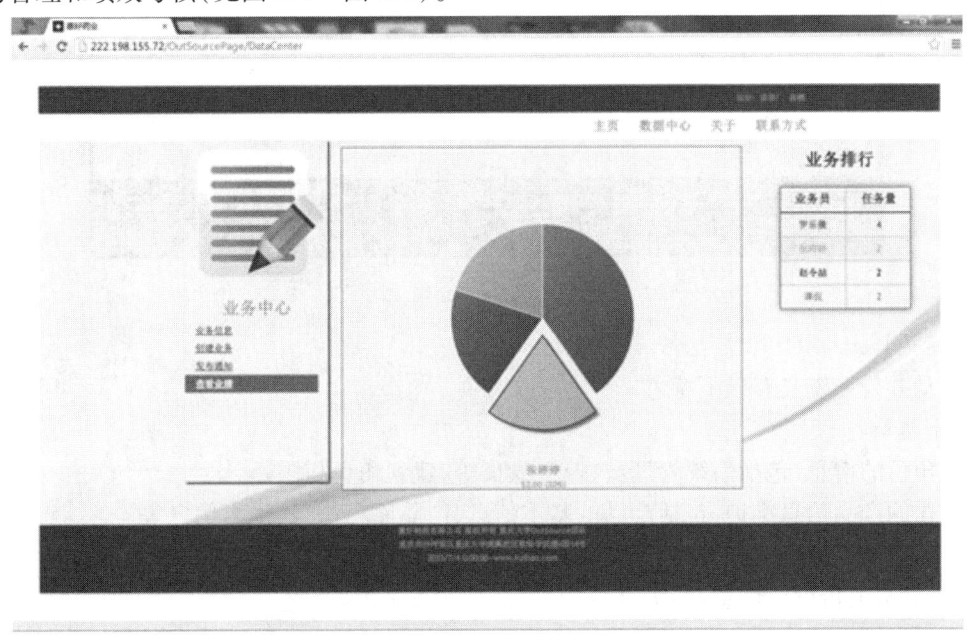

图 5.1

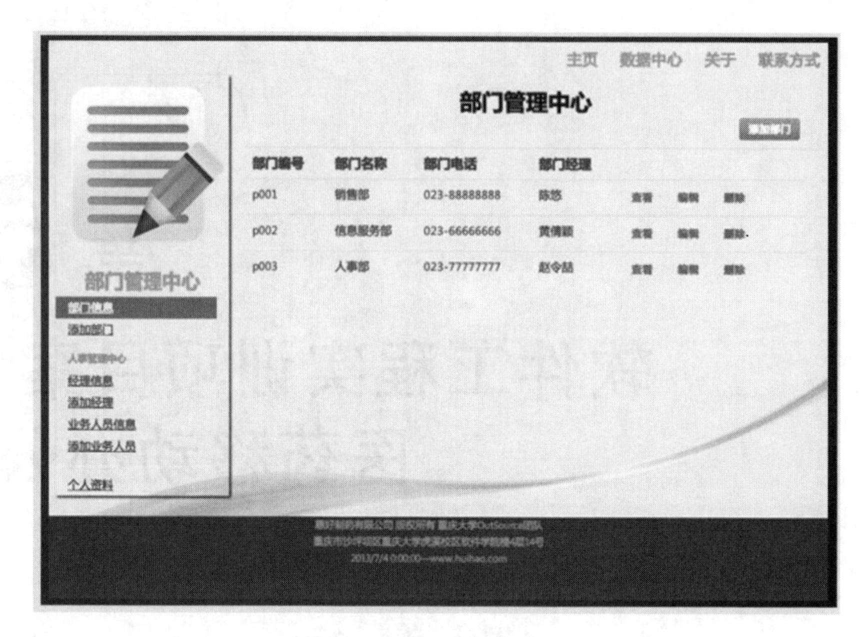

图 5.2

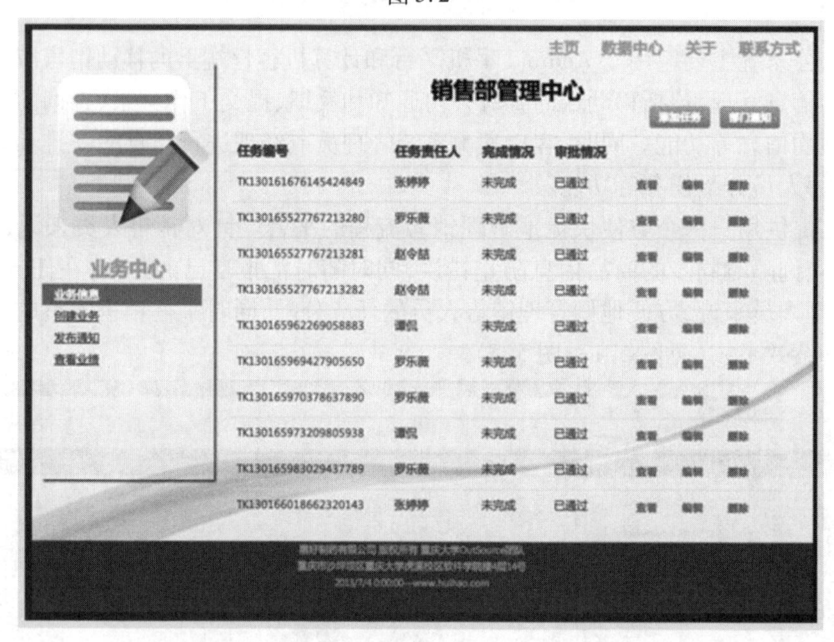

图 5.3

【项目特色】

医药移动办公系统具有以下特色：

(1)服务器端

可维护角色的信息，包括系统管理员、业务人员等，建立角色权限。

进行公司的产品信息维护，包括产品的基本信息、产品库存信息、优惠信息等。

对已签约的经销商信息维护，记录业务人员拜访信息、预购信息等。对于未签约的药品销售企业拜访，由移动终端上传商业信息、拜访目的，等等。

可向客户端推送给业务人员的通知，接收移动终端的拜访信息，经销商预购信息，等等。

根据已有的数据，汇总分析一段时间内业务人员对本人负责经销商的拜访率、覆盖率。

图5.4

图5.5

(2)移动客户端

用户可以登录、下载、修改密码等。

对于已签约经销商和未签约的药品销售企业的拜访记录,并上传服务器。对于公司通知的反馈。

按条件搜索公司的产品信息、库存信息。实时的产品优惠信息查看。经销商预购信息的提交。

【项目技术】

医药移动办公系统是一款C/B/S软件,客户端主要是基于Android平台的基础开发的应用,采用Android SDK开发框架,服务终端采用ASP. Net/Java开发,开发工具为Eclipse。根据项目技术特色,开发人员可学到一些基于安卓项目的C/B/S开发经验,如Webservices服务技术、XML解析、Jason数据解析技术、文件存储、SQLite数据存储、MySQL、SQLServer数据库的应用。经过此项目,开发人员可获得一个基本完备的项目开发经验,了解大概的软件开发概念,得到基本的Android平台开发的知识储备。

5.1 项目立项报告

1 **项目提出**(Project Proposal)

项目 ID(Project ID)	项目名称(Project Name)
V7.5866.1403.1	医药移动办公系统

1.1 项目简介

本作品是主要应用于 Android 手机平台和计算机客户端上的移动销售应用业务,主要实现销售过程中的信息管理,包括移动端的查看公司通知和反馈、提交工作记录、查询商品的优惠信息、提交经销商的预购信息等功能。同时,客户端由系统管理员或经理进行信息的安排和管理,包括发布通知、向相应销售人员分配任务等功能。

1.2 项目目标

本系统旨在提供用户一个方便快捷地管理销售流程的平台。针对销售人员来说,可随时掌握自己的工作进度,查询随时同步的商品信息防止错误,同时随时汇报自己的工作,在任务完成时提交预购信息;针对管理人员来说,方便他们管理销售人员的任务分配,同时掌握销售人员的工作进度,方便对他们的管理和绩效考核。

1.3 系统边界

(1)服务器端角色管理

在服务器端维护角色的信息包括系统管理员、业务人员等,建立角色权限。

(2)服务器端用户管理

在服务器端维护系统使用者的信息、角色分配等。

(3)服务器端产品管理

公司的产品信息维护包括产品的基本信息、产品库存信息、优惠信息等。

(4)服务器端经销商管理

对已签约的经销商信息由服务器端维护,并记录业务人员拜访信息、预购信息等。对于未签约的药品销售企业拜访,由移动终端上传商业信息、拜访目的,等等。

(5)服务器端信息推送

向客户端推送给业务人员的通知。

(6)服务器端信息接收

接收移动终端的拜访信息、经销商预购信息等。

(7)服务器端信息分析

根据已有的数据,汇总分析一段时间内业务人员对本人负责经销商的拜访率、覆盖率。定期输出经销商预订信息,用于公司原有销售系统的预购和实际采购的比较。

(8)移动客户端登录

移动客户端的下载、登录、修改密码、退出功能。

(9)移动客户端工作记录

移动客户端对于已签约经销商和未签约的药品销售企业的拜访记录,并上传服务器。对于公司通知的反馈。

(10)移动客户端产品管理

根据条件搜索公司的产品信息、库存信息。实时的产品优惠信息查看。经销商预购信息的提交。

1.4　工作量估计

模　块	子模块	工作量估计/人天	说　明
移动端个人模块	系统登录、用户注册、修改密码、主人变更	2	软件使用前提
移动端任务模块	查询查看任务、签到、提交工作记录、处理预购信息	5	增强软件安全性
移动端通信录模块	销售人员常用的经销商电话的查询、插入、删除	1	用于手机找回
移动端消息模块	查看后台推送消息	1	防盗措施
移动端提交信息	销售人员掌握的潜在客户信息的上传	1	防止信息外泄
移动端药品模块	查询药品信息	1	防止信息外泄
移动端业绩排行模块	查询销售部门的整体业绩排行和个人业绩情况	1	防止信息外泄
服务器端人员管理模块	角色管理、用户管理、产品管理、经销商管理	3	防止信息外泄
服务器端信息管理模块	信息推送、信息接收、信息分析	3	防止信息外泄
系统设置		2	增强用户使用方便性
总工作量/人天	20		

注:“人天”即1个人工作8 h的量就是1人天

2　开发团队组成和计划时间(Team Building and Schedule)

2.1　开发团队(Project Team)

团队成员(Team)	姓名(Name)	人员来源(Source of Staff)
项目总监(Chief Project Manager)	* * *	软酷网络科技有限公司
项目经理(Project Manager)	***	软酷网络科技有限公司
项目成员(Project Team Member Number)	***,***,***,***	重庆大学软件学院

2.2　计划时间(Project Plan)

项目计划:2013-06-17—2013-07-06(计1个月)。

3　项目预计支出(Budget)

支出项(Budget Item)	费用(Fee)	说明(Remark)
设备、场地占用费 (Cost on Facilities and Office)	无 (None)	4台计算机　重庆大学2号卓越实验室 (None)
本地人员工资(管理费) (Local Staff Salary)	无 (None)	(平均工资+管理费)×人员数目×月份 [(Average Salary + Management Fee) × Number of Staff × Months]
外协人员工资(Supporting Staff Salary)	无 (None)	无 (None)

续表

支出项(Budget Item)	费用(Fee)	说明(Remark)
加班费(Call-back Pay)	无 (None)	无 (None)
交通费(Traffic Fee)	无 (None)	无 (None)
住宿费(Accommodation Fee)	无 (None)	无 (None)
其他费用(如业务交往、招待、办公等)(Other Fees)	无 (None)	无 (None)
总计(Total)	无 (None)	无 (None)

4　**风险评估和规避**(Risks Evaluating and Mitigating)

4.1　技术风险(Technical Risks)

①移动端与服务端的通信。

②数据加密的算法实现。

解决(Resolution):

①使用Json数据格式实现服务器与手机端的数据交互。

②本系统采用的数据加密算法是AES加密算法,AES即高级加密算法,是对DES加密算法的进一步加强。

4.2　管理风险(Management Risks)

①缺乏必要的规范,导致工作失误与重复工作。

②非技术的第三方工作(预算批准、设备采购批准、法律方面的审查、安全保证等)时间比预期延长。

解决(Resolution):

制订必要的规范,且尽量避免变更。

4.3　其他风险(Other Risks)

客户风险。

解决(Resolution):

明确需求,防止客户不满意最终交付的产品。

5.2　软件项目计划

1　**项目简介**(Introduction)

1.1　目的(Purpose)

本系统旨在提供用户一个方便快捷地管理销售流程的平台。针对销售人员来说,可随时掌握自己的工作进度,查询随时同步的商品信息防止错误,同时随时汇报自己的工作,在任务完成时提交预购信息;针对管理人员来说,方便他们管理销售人员的任务分配,同时掌握销售人员的工作进度,方便对他们的管理和绩效考核。

项目人力资源分配:

*** 主要负责服务器端后台管理功能的实现。

*** 主要负责服务器端与移动端之间的接口 AIP。

*** 主要负责移动端功能的实现。

*** 主要负责文档的编写及移动端部门界面的制作。

1.2　范围(Scope)

项目计划主要包含以下内容:

项目特定软件过程。

项目的交付件及验收标准。

工作产品及其审批。

WBS。

角色和职责。

招聘与培训计划。

相关方参与计划。

规模、工作量的估计。

关键计算机资源。

里程碑及进度计划。

风险管理计划。

配置管理计划。

产品集成策略。

项目监控计划。

项目知识库管理。

标准与约定。

1.3　术语和缩略(Abbreviations, Acronyms and Terms)

缩略语 (Abbreviations)	英文全名(Full Spelling)	中文解释 (Chinese Explanation)
SOW	Statement of Work	工作说明书
PPL	Project Plan	项目计划
WBS	Work Breakdown Structure	项目进度表
CMP	Configuration Management Plan	软件配置管理计划
RMP	Risk Management Plan	风险管理计划
QAP	Quality Assurance Plan	质量保证计划
TSP	Test Strategy Plan	测试策略计划
SRS	Software Requestment Specification	软件需求文档
HLD	High Level Design	软件概要设计
LLD	Low Level Design	软件详细设计
STP	System Test Plan	系统测试计划
ITP	Integrate Test Plan	集成测试计划

续表

缩略语(Abbreviations)	英文全名(Full Spelling)	中文解释(Chinese Explanation)
UTP	Unit Test Plan	单元测试计划
ST	System Test	系统测试
IT	Integrate Test	集成测试
UT	Unit Test	单元测试
UAT	User Acceptance Test	用户验收测试

1.4 参考资料(References)

参考资料编号(Doc ID)	参考资料名称(Name of the Referred Document)
1	SPP 项目计划过程
2	RSKM 风险管理过程
3	SPTO 项目监控过程
4	SCM 配置管理过程
5	SQA 质量保证过程
6	M&A 度量与分析过程

2 项目特定的软件过程(Project Specific Software Processes)

2.1 项目类别(Project Type)

开发一个新的应用项目(Development of New Application)。

2.2 项目范围(Project Scope)

序 号	工作包	工作量/人天	前置任务	任务易难度	负责人
1	需求分析	2	无	中	***,***
2	系统设计	5	需求分析	中	***,***
3	软件编程	51	系统设计	难	***,***,***
4	软件测试	4	软件编程	中	***
5	软件维护	2	软件完成	易	***
6	用户验收	1	软件完成	易	***,***,***,***
工作量总计/人天:65					

2.3 生命周期描述(Life Cycle Description)

本系统的开发采用瀑布模型:

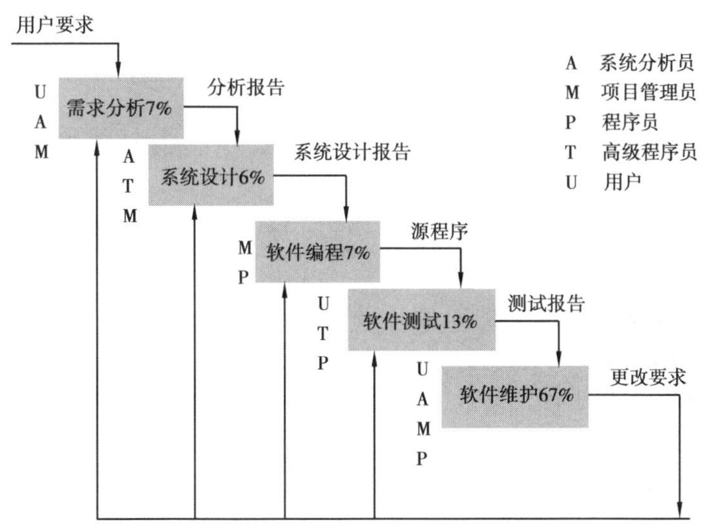

瀑布模型核心思想是按工序将问题化简,将功能的实现与设计分开,便于分工协作,即采用结构化的分析与设计方法将逻辑实现与物理实现分开。将软件生命周期划分为制订计划、需求分析、软件设计、程序编写、软件测试及运行维护 6 个基本活动,并且规定了它们自上而下、相互衔接的固定次序,如同瀑布流水逐级下落。从本质来讲,它是一个软件开发架构,开发过程是通过一系列阶段顺序展开的,从系统需求分析开始直到产品发布和维护,每个阶段都会产生循环反馈。因此,如果有信息未被覆盖或者发现了问题,那么,最好"返回"上一个阶段并进行适当的修改,开发进程从一个阶段"流动"到下一个阶段。

2.4 过程裁剪(Process Tailoring)

活动	子活动	活动执行属性	项目评审		输出产品	文档化属性	活动执行属性裁剪指南	项目评审裁剪指南	文档化属性裁剪指南
			管理评审级别	技术评审级别					
立项建议	立项建议及评审		审批		《项目建议书》		执行：需要进一步市场或技术可行性调研和分析的项目执行此过程； 省略：无须进行市场和技术调研，直接可以立项的项目不执行该过程。		省略：执行属性为"省略"时； 不能裁剪：执行属性为"执行"时；
可行性分析	可行性分析及评审			省略	《项目可行性分析报告》 《可行性分析报告附表》 《项目可行性分析评审检查单》及评审记录		执行：需要进行可行性调研后再立项的项目执行此过程； 省略：不需要进行可行性调研的项目省略该阶段。	技术评审会议：团队规模为大、中或项目规模为大、中的项目必须使用技术评审会议的形式。 组内评审：非上述情况可采取组内评审。 省略：执行属性为"省略"时。	省略，执行属性为"省略"时； 不能裁剪：执行属性为"执行"时；
立项申请	立项申请及评审	不能裁减	审批		《立项申请表》/《项目实施申请表》 《立项评审检查单》及评审记录	不能裁剪		审批：已通过可行性分析评审的产品开发类、产品研发类和合同开发类项目采用"审批"评审方式； 会签：中、小规模的合同开发类、产品研发类、产品开发类项目采用"会签"评审方式； 会议：大规模的合同开发类、产品研发类、产品开发类项目采用"会议"评审方式。	
立项公告	立项公告	不能裁减			《项目立项公告》	不能裁剪			
	项目组组建	不能裁减			《项目章程》				省略：立项公告中对项目要求、资源等已做详细说明； 准备文档：立项公告中对项目要求、资源等说明不详细或有变动时；
项目过程裁剪	识别项目特征信息	不能裁减			《项目过程定义裁剪表》				
	项目裁剪及评审	不能裁减	审批		《项目过程定义裁剪表》	不能裁剪			
工作结构分解	工作结构分解及评审	不能裁减	审批		《WBS》	不能裁剪			
项目估算		不能裁减			《项目估算记录》	不能裁剪			
编制项目计划	编制《项目总体计划》	不能裁减			《项目总体计划》	不能裁剪			
	编制项目支持计划				《项目风险管理报告》《项目测量计划》《质量保证计划》《配置管理计划》《总体测试计划》		执行：《项目总体计划》未包含项目支持计划时； 合并：项目支持计划和《项目总体计划》合并时，不单独出具文档。		准备文档：支持计划未与《项目总体计划》合并时； 省略：支持计划与《项目总体计划》合并时；

2.5 需求管理(Requirements Management)

2.5.1 需求的来源(Source of Requirements)

某制药公司是一家药品生产厂商,其业务人员经常在外与经销商沟通。该公司希望通过信息化的管理手段,能够加强对业务人员和销售情况的管理。

公司业务人员经常不在办公室,在经销商处推广公司的产品,不便于管理。由于笔记本较为沉重,并且上网需要借用经销商的网络,因此一般使用手机上网的方式了解公司的实时信息。系统将分为服务器端和移动客户端,移动客户端在移动手机中安装,并由公司业务人员使用。

需求是由客户提供的。

2.5.2　挖掘需求(Elicitation of Requirements)

在开发过程中,小组内部讨论及对类似产品功能的借鉴和补充变更需求。

2.5.3　评审需求(Review of Requirements)

需求评审在保证完成客户提供的基本需求文档的前提下,经小组全体成员评审同意,受控入库。

2.5.4　需求变更控制(Change Control)

及时与客户交流并反映当前软件进度,双方共同反映对需求的理解,得到客户对软件需求的变更,并编写软件需求变更通知书。

将变更前和变更后的结果进行分析来估计变更带来的影响,通过技术评审、评价对工期的影响、估算人数和工作量的增加。

3　交付件与验收标准(Deliverables and Acceptance Criteria)

类　型	产品项	功　能	是否需要给用户
软件	源代码	软件功能的编码	否
	可执行文件	用于执行软件功能	是
	作品简介表	提供项目简单介绍	否
	用户帮助手册	提供软件使用方法	是
媒体	演示视频	向用户演示软件的使用流程	是

4　工作产品及其审批(Work Products Approval)

工作产品 (Work Product)	批准者(名字和角色) [Approver(Name&Role)]	签发者(名字和角色) [Authorizer(Name&Role)]
SOW	***	***
PTF	***	***
PPL	***	***
WBS	***	***
CMP	***	***
RMP	***	***
QAP	***	***
TSP	***	***
SRS,HLD,LLD,STP,ITP,UTP,Code	***	***

5　WBS 工作任务分解

序号	工作包	工作量/人天	前置任务	任务易难度	负责人
1	项目计划	1		易	***
2	需求调研分析	2		难	***,***
3	概要设计	1		易	***
4	详细设计	2		中	***,***
5	前台开发设计	15		难	***
6	数据库开发设计	20		难	***
7	模块1实现及测试	15		难	***
8	模块2实现及测试	2		中	***
9	⋮	2			
10	模块 n 实现及测试	3		难	***
11	单元测试	2		中	***
12	集成测试	1		易	***
13	系统测试	2		难	***
14	用户验收	1		易	***
工作量总计/人天:65					

6　角色和职责(Roles and Responsibilities)

序号 (No.)	角色 (Role)	姓名 (Name)	职责 (Responsible)	向谁报告 (Reporting To)
1	客户代表(Customer Representative)	***	客户代表	
2	项目顾问[Project Consultant(s)]	***	项目顾问	
3	CPM(项目总监)(Chief Project Manager)	***	项目总监	
4	PM(项目经理)(Project Manager)	***	项目经理	
5	QA(质量保证工程师)	***	质量保证工程师	
6	MC(度量协调员)(Metrics Coordinator)	***	度量协调员	
7	TC(测试协调员)(Test Coordinator)	***	测试协调员	
8	配置管理员(Configuration Librarian)	***	配置管理员	
9	项目组成员(Team Members)	***,***,***,***	项目组成员	
10	技术评审人员(Technical Review Members)	***	技术评审人员	

7 相关方参与计划(Stakeholder Involvement Plan)

7.1 外部接口(External Interfaces)

序号(No.)	阶段(Phase)	沟通活动(Communication Activities)
1	项目准备阶段 (Project Initiation Phase)	熟悉项目业务需求(Understand Business Requirement)
2	项目计划阶段 (Project Planning Phase)	确认项目的范围(Confirm the Scope of the Project from the Customer)
3	需求调研阶段 (Requirements Analysis Phase)	确认项目需求(Confirm Requirements)
4	概要设计阶段 (High Level Design Phase)	确认系统接口及系统的应用环境(Confirm the Interfaces of the System and the Application Environment with the Customer)
5	系统测试阶段 (System Testing Phase)	参加测试(Invite the Customer to Attend System Test)

7.2 内部支持小组(Internal Support Groups)

序号(S. No.)	(Group)	(Coordination Required for)
1	HR(人力资源)	获取人力资源(Obtaining Required Human Resources)
2	培训(Training)	针对项目的培训(Organizing Project Specific Training)
3	系统管理员(System Administration)	软硬件的需求(Hardware and Software Requirements) 网络需求(Networking Requirements) 链接需求(Link Requirements)
4	QA(质量保证)	评审(Reviews etc.)
5	测试部门(Testing Dept)	系统测试(System Test)
6	SEPG	组织标准过程的使用(Usage of OSSP)

7.3 沟通/合作问题与解决(Coordinate and Collaboration Issues and Resolutions)

组内出现沟通合作问题是大家共同讨论解决问题。

8 规模、工作量的估计(Estimated Size and Effort)

阶段(Phase)	工作量(Effort)/人天
1. 项目立项阶段	2
2. 项目计划阶段	4
3. 需求分析阶段	8
4. 系统设计阶段	26
5. 实现阶段	30
6. 验收阶段	4
合计/人天	74

9　相关资源(Relatively Resources)

9.1　软件资源(Software Resources)

软件名称	单　位	数　量	责任人	跟踪人	到位时间
Eclipse, VS2010,SQLserver	台	4	***	***	2013-06-17

9.2　硬件资源(Hardware Resources)

硬件名称	单　位	数　量	责任人	跟踪人	到位时间
笔记本电脑	台	4	***	***	2013-06-17

9.3　人力资源(Human Resources)

角色	名　单	主要活动	责任人	跟踪人	到位时间
学生	***,***,***,***	设计,编码,验收	***	***	2013-06-17

10　里程碑及进度计划(Milestones and Schedule Plan)

阶段 (Phase)	估计开始日期 (Estimated Start Date)	估计结束日期 (Estimated Finish Date)	责任人 (Responsibility)
软件计划阶段(Project Planning)	2013-06-17	2013-06-18	***
软件需求阶段(Requirement Analysis)	2013-06-18	2013-06-19	***
SD(系统设计阶段)	2013-06-19	2013-06-21	***
PI(系统实现阶段)	2013-06-21	2013-07-02	***
UAT(用户验收阶段)	2013-07-02	2013-07-04	***
结项阶段(Project Closure)	2013-07-04	2013-07-06	***

注:如果发生重估计,则应在表中添加重估计后的起始日期和结束日期,并保留以前的日期。

11　风险管理计划(Risk Management Plan)

风　险	解决策略
成员的技术不足	及时进行培训学习,必要时向经理求助
成员工作时间不足	必要时进行加班
组员间交流不充分	组长及时协调组员间沟通,必要时请求经理协调

12　配置管理计划(Configuration Management Plan)

12.1　网络(Network)

项目需设置 web 服务器及数据库服务器,学员的机器能互访,并能高速访问因特网。

12.2　学员机器配置(PC Configuration)

PC 机	内存 2 G,硬盘 160 G
操作系统	Microsoft Windows 7 Professional 版本
开发环境	eclipse

SQL Server 2008(数据库)

Visual Studio 2012

IIS(WEB 服务器)

开发平台 eclipse 安卓开发

PowerDesigner12.0(数据库设计工具)

版本控制 SVN(项目版本控制工具)

12.3 应用服务平台配置方案建议(Server Configuration)

建议技术服务以 PC 服务器来构成应用服务平台,并且为保证安全,至少要有两台应用服务器,以防主服务器出现问题时可以启动备用服务器,PC 服务器与学员使用的 PC 机配置相同,且要保证两台机器上的文件同是最新的。

13 项目监控计划(Monitoring and Control Plan)

为了保证项目按计划、按进度地往前推进,为了能在第一时间协调项目中所发生的问题,为了监督具体事务招待者是否按计划、按规范地完成各项工作,需要对项目进行监控。项目的监察是分级的。每一级的人员分别监控其下一级人员的工作情况。

开发组组长、开发/设计经理、项目经理需要关注每日工作汇报和项目同跟踪,保证每日下达的工作任务能够按质按量地完成,确保每周工作能按计划完成,确保每个小时间段内任务的完成,意味着总体任务能按时按质按量地完成,并对未能及时完成工作任务的情况采取措施。

开发组组长、开发/设计经理、项目经理还需要关注项目迭代总结,确保每一个周期对系统都是一个提升,确保产生的结果能够条例用户的需要。同时,还对下一个项目迭代做出相应的决定与计划。

项目阶段里程碑评审是项目的重大事件。总部项目领导、项目经理、开发/设计经理都要参加评审。在里程碑评审中,总部项目领导可通过相关人员的汇报了解项目的进展情况,了解项目中的一些优劣情况。通过里程碑评审,在一定程度上也可保证计划在大的柜架内是满足项目整体目标的。

总部项目领导、项目经理、开发/设计经理也是项目风险及问题跟踪的关注者。总部项目领导听取或审阅项目经理或开发/设计经理的项目风险及问题跟踪报告,就相关的重大议题做出相应的裁决。项目经理与开发/设计经理需要定期识别项目风险与问题,决定和采取相关的风险规避策略与问题解决方案。

13.1 项目会议(Project Meetings)

序号 (No.)	会议 (Meeting)	频度 (Frequency)	参加人 (Attendees)
1	项目开工会(Kick-off Meeting)	项目启动时	***,***,***,***
2	项目周例会(Project Weekly Meeting)	每周(Weekly)	***,***,***,***
3	阶段开工会议(可无) [Phase Start Meeting (Optional)]	阶段开始 (Start of A Phase)	***,***,***,***
4	阶段结束会议 (Phase End Meeting)	阶段结束 (End of A Phase)	***,***,***,***
5	项目关闭会议 (Project Closure Meeting)	项目结束 (End of Project)	***,***,***,***
6	项目例外会 (Project Exception Meeting)	当发现例外时 (When Exception Happen)	***,***,***,***

13.2　项目报告(Project Reports)

序号 (No.)	报告 (Report)	准备人 (Prepared by)	频度 (Frequency)	向谁汇报 (Recipients)
1	项目周报 (Project Weekly Report)	PM	每周 (Weekly)	CPM,QA
2	阶段报告	PM	每阶段结束 (End of Phase)	CPM,QA,QAM
3	阶段评估报告	PM	每阶段结束 (End of Phase)	CPM, QAM
4	项目关闭报告 (Closure of Project Report & MTS)	PM	项目结束 (End of Project)	CPM, QA, QAM
5	项目例外报告 (Project Exception Report)	PM	当发现例外时 (When Exception Happen)	CPM,QA, QAM
6	QA 状态报告 (QA Status Report)	QA	每阶段结束 (End of Phase)	CPM,PM,QAM

13.3　度量与分析计划(Measurement and Analysis Plan)

13.3.1　度量数据的收集和存储机制(Metrics Collection and Storage Mechanism)

度量数据由数据库原始储存数据和用户注册后填写的相应数据来得到。

13.3.2　度量数据的分析与报告(Metrics Analysis and Report)

通过对数据进行整理(如排序、分类等),绘制成个钟图形。通过对这些图形的观察给出直观的结论。

14　**标准与约定**(Standards and Conventions)

符合 COE 内部文档规范。

15　**项目计划的修订**(Project Plan Revisions)

在发生如下事件时,小组成员修订项目计划:

到达某里程碑,在每个阶段结束后如果必要的话修订项目计划。

项目的范围发生变化。

当风险成为现实时采取了相应的行动。

当进度、工作量、规模超出控制的范围并需要采取纠正行动时。

内部或外部审计导致的纠正活动。

对修订后的项目计划按照项目管理规程来批准和签发。

5.3　软件需求规格说明书

关键词(Keywords):移动终端、销售管理、办公系统

摘要(Abstract):基于移动终端技术的销售管理系统建设的总体目标是:以充分利用公司信息资源为核心,以移动通信网络为依托,建立信息移动应用系统,以多种方式为销售一线人员和公司决策

管理层提供需要的信息服务,提高各级销售部门和销售人员的工作效率以及反馈和决策速度。

缩略语清单(List of Abbreviations)如下:

缩略语(Abbreviations)	英文全名(Full Spelling)	中文解释(Chinese Explanation)
APK	Android Package	Android 安装包
SDK	Software Development Kit	软件开发套件
API	Application Programming Interface	应用程序编程接口
Sqlite DB	Sqlite Database	Sqlite 数据库

1　**简介**(Introduction)

1.1　目的(Purpose)

本文档编写目的主要有以下 3 个:

①采用标准的格式描述需求,进一步明确目标系统的边界、目标与功能细节。

②为系统下一步的设计、开发、部署、维护提供依据。

③作为系统验收的依据之一;是系统推广培训时作为用户了解系统的参考资料。

1.2　范围(Scope)

本文主要分析了对目前企业市场销售和经营管理上的人力管控和决策支持情况,并结合目前企业销售管理现状分析了移动销售管理应用的市场需求,另外具体分析了市场运行方式和可行性来判断该系统投入市场的可能性和定位方式。

2　**总体概述**(General Description)

2.1　软件概述(Software Perspective)

2.1.1　项目介绍(About the Project)

待开发的系统名称:医药移动办公系统。

项目的开发者:重庆大学 Aegis 团队。

系统的应用领域:企业销售管理领域。

系统面向的使用对象:企业单位(依照大赛题目,这里主要针对制药公司)的销售业务员、服务人员、业务主管、企业高管、系统内部技术人员以及管理员。

2.1.2　产品环境介绍(Environment of Product)

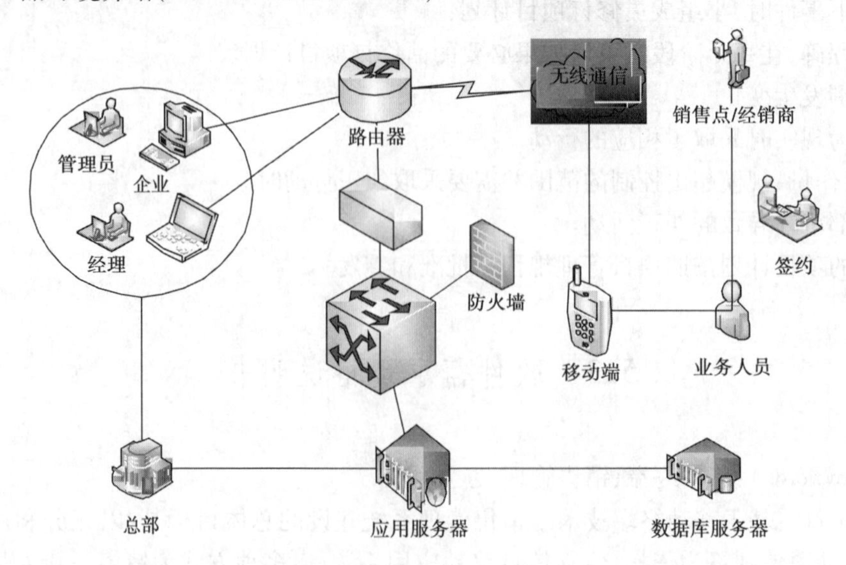

2.2　软件功能(Software Function)

惠好制药有限公司移动应用系统

数据传输
智能分析、数据挖掘
数据管理

服务器端信息推送
移动客户端反馈通知
移动客户端经销商拜访记录的上传
移动客户端经销商预购信息的提交
移动端实时的产品优惠信息查看
业务员对本人负责的经销商的拜访率
定期输出经销商预订信息
预购与实际采购的比较
角色与权限的分配
系统使用者信息
产品基本信息、库存和优惠信息
维护经销商信息和预购信息
业务人员拜访信息

2.3　角色(Actors)

主要有以下3种角色:

(1)管理员

管理人员主要是指系统中的数据库访问权限分配者,也是数据库数据和系统正常运行维护者。登录到系统中,可在系统内进行公告发布,依照系统使用者在企业中的职位进行系统的角色分配,同时建立各角色对应的权限。

(2)业务人员

业务人员主要是指系统中产品信息的查看者和拜访记录上传者和预购信息提交者。登录到系统中,进行数据的读和写,输入附属信息以及处理上级分配的业务任务(通知回馈)等。

(3)高管人员

高管人员主要是指系统中预购、经销商签约数据前的审核工作和向也业务人员推送业务通知的操作者。登录到系统中,高管人员可进行产品信息、经销商及预购、业务人员拜访目的和记录等数据的查看,审核提交的业务报告以及添加通知新业务的指示信息等。

2.4　假设和依赖关系(Assumptions & Dependencies)

依赖的运行环境指定为:基于Android平台的智能操作系统的手机,或者是基于Android平台的智能操作系统的手机模拟器。

本系统依赖Android系统架构进行开发。

3 功能需求(Functional Requirements)

3.1 用例图(Use Case Diagram)

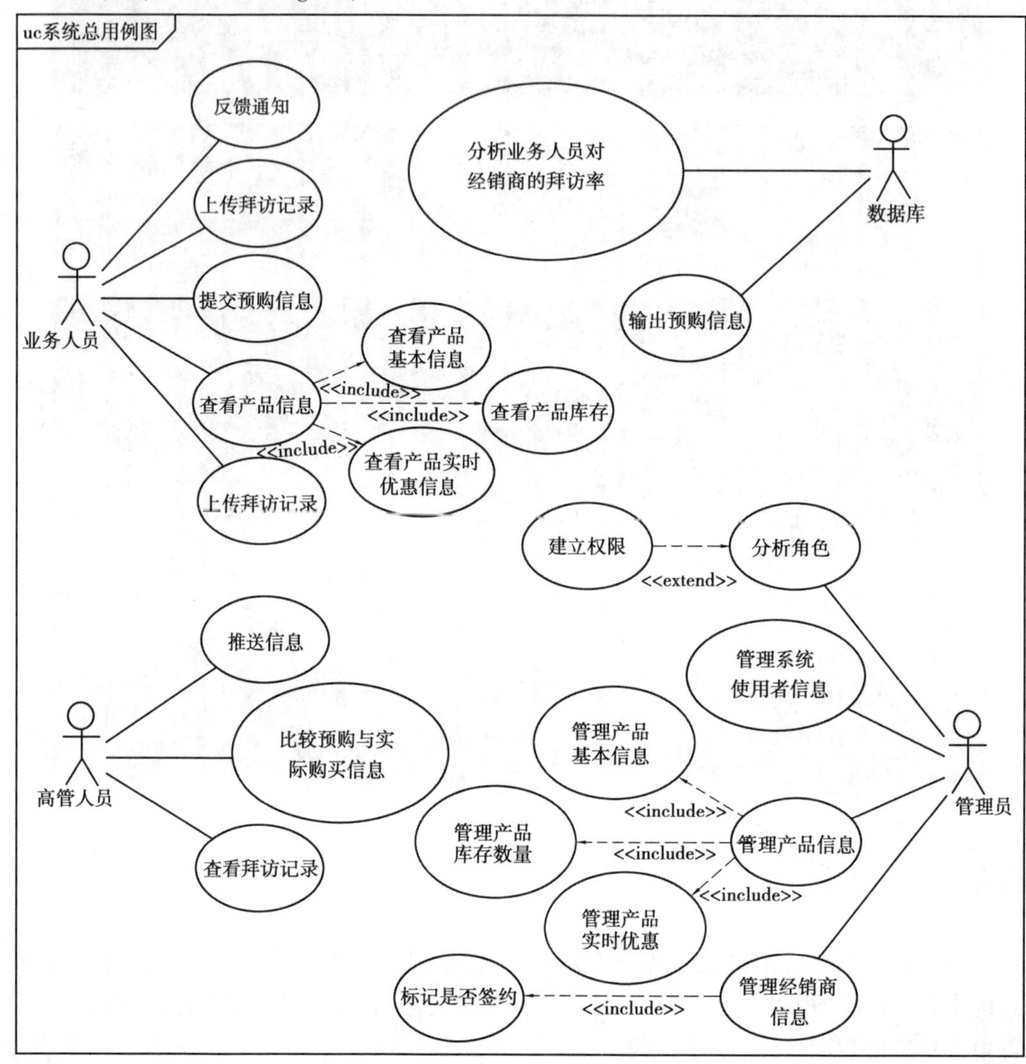

服务器端用例模型如下：

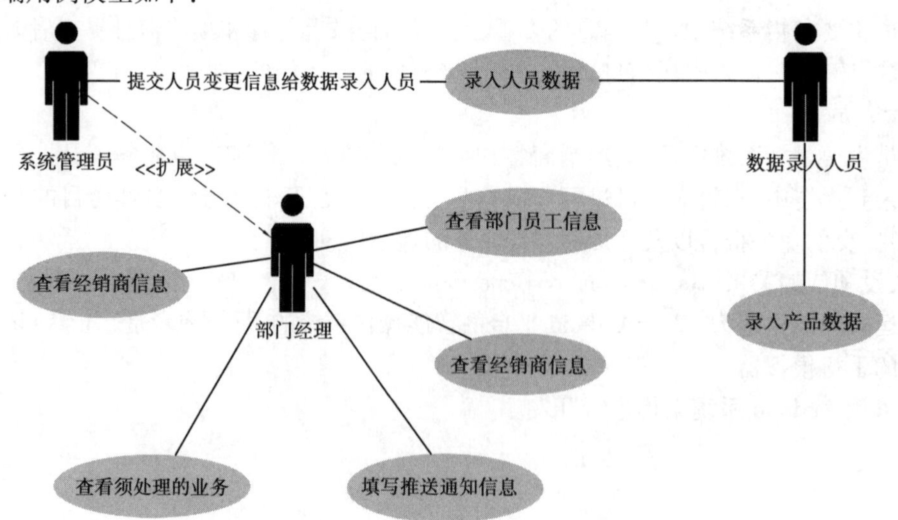

3.1.1　信息推送

(1)简要说明(Goal in Context)

推送服务器端信息。

(2)前置条件(Preconditions)

高管人员登录应用服务器端。

(3)后置条件(End Condition)

1)成功场景

高管人员将通知传达给移动客户端。

2)失败场景

因硬件设备故障或高管人员个人意愿,导致通知信息未被推送。

(4)角色(Actors)

高管人员。

3.1.2　通知反馈

(1)简要说明(Goal in Context)

业务人员反馈上级通知。

(2)前置条件(Preconditions)

业务人员登录移动客户端。

(3)后置条件(End Condition)

1)成功场景

业务人员对高管下达的任务通知反馈表示任务已接收。

2)失败场景

因硬件设备故障或业务人员个人意愿,导致通知信息未被反馈。

(4)角色(Actors)

业务人员。

3.1.3　拜访记录上传

(1)简要说明(Goal in Context)

移动客户端上传经销商拜访记录。

(2)前置条件(Preconditions)

业务人员登录移动客户端。

(3)后置条件(End Condition)

1)成功场景

业务人员将对经销商拜访时重要内容进行详细记录并上传服务器端。

2)失败场景

因移动设备故障或业务人员个人意愿,导致拜访记录未被上传。

(4)角色(Actors)

业务人员。

3.1.4　预购信息提交

(1)简要说明(Goal in Context)

移动客户端提交已签约经销商的预购信息。

(2)前置条件(Preconditions)

业务人员登录移动客户端。

(3)后置条件(End Condition)

1)成功场景

业务人员将已签约的经销商预购买药品信息提交给高管人员。

2)失败场景

因移动设备故障或业务人员个人意愿,导致预购信息未被上传。

(4)角色(Actors)

业务人员。

3.1.5 产品信息查看

(1)简要说明(Goal in Context)

移动客户端查看药品的实时优惠信息和库存。

(2)前置条件(Preconditions)

业务人员登录移动客户端。

(3)后置条件(End Condition)

1)成功场景

业务人员在与经销商洽谈药品价格和购买量期间,可向经销商展现实时优惠和库存信息。

2)失败场景

因移动设备故障或服务器端信息未及时更新或业务人员个人意愿,导致优惠信息未被查询。

(4)角色(Actors)

业务人员。

3.1.6 拜访率分析

(1)简要说明(Goal in Context)

服务器端分析业务人员对本人负责的经销商的拜访率。

(2)前置条件(Preconditions)

无。

(3)后置条件(End Condition)

1)成功场景

数据库定期对业务人员所负责经销商业务的拜访率进行分析结果。

2)失败场景

由于设备故障或数据库信息录入不齐全,导致拜访率无法输出或者输出有误。

(4)角色(Actors)

数据库服务器。

3.1.7 预购信息输出

(1)简要说明(Goal in Context)

服务器端定期输出经销商预购信息。

(2)前置条件(Preconditions)

无。

(3)后置条件(End Condition)

1)成功场景

数据库对经销商预购买药品的信息进行定期输出。

2)失败场景

由于设备故障或数据库信息录入不齐全,导致预购信息无法输出或者输出有误。

(4)角色(Actors)

数据库服务器。

3.1.8 预购信息比较

(1)简要说明(Goal in Context)

高管人员对预购和实际购买信息进行比较。
(2)前置条件(Preconditions)
无。
(3)后置条件(End Condition)
1)成功场景
高管人员对服务器端输出的预购信息进行比较。
2)失败场景
由于设备故障或数据库信息录入不齐全,导致预购信息无法输出或者输出有误。
(4)角色(Actors)
高管人员。

3.1.9　角色权限分配

(1)简要说明(Goal in Context)
管理员在服务器端分配角色并为各角色建立相应权限。
(2)前置条件(Preconditions)
管理员登录服务器端。
(3)后置条件(End Condition)
1)成功场景
管理员为系统使用者分配角色并建立对应权限。
2)失败场景
由于设备故障或操作失误,导致角色分配错误或者权限建立错误。
(4)角色(Actors)
管理员。

3.1.10　系统使用者信息管理

(1)简要说明(Goal in Context)
数据库管理系统使用者信息。
(2)前置条件(Preconditions)
无。
(3)后置条件(End Condition)
1)成功场景
数据库存储系统使用者信息,管理员进行更新。
2)失败场景
因数据库设备故障或更新不及时,导致系统使用者信息错误或者无效。
(4)角色(Actors)
数据库、管理员。

3.1.11　产品信息管理

(1)简要说明(Goal in Context)
数据库管理药品信息及其实时优惠和库存。
(2)前置条件(Preconditions)
无。
(3)后置条件(End Condition)
1)成功场景
数据库实时更新产品基本信息及库存数量和实施优惠信息。
2)失败场景

因设备故障或更新不及时，导致产品信息无效或错误。

(4)角色(Actors)

数据库、管理员。

3.1.12　经销商信息管理

(1)简要说明(Goal in Context)

数据库管理经销商信息。

(2)前置条件(Preconditions)

无。

(3)后置条件(End Condition)

1)成功场景

管理员录入经销商的基本情况，高管人员对经销商是否签约，预购药品种类和预购量、经销商最终实际购买情况进行录入或者更新。

2)失败场景

因设备故障或更新不及时，导致经销商信息无效或错误。

(4)角色(Actors)

管理员、高管人员。

3.1.13　拜访信息管理

(1)简要说明(Goal in Context)

业务人员上传拜访信息管理。

(2)前置条件(Preconditions)

无。

(3)后置条件(End Condition)

1)成功场景

数据库记录业务人员上传的经销商拜访记录。

2)失败场景

因于东设备故障或数据库更新不及时，导致记录信息无效或未上传。

(4)角色(Actors)

数据库、高管人员。

4　**性能需求**(Performance Requirements)

4.1　时间特性的需求

网络接通情况良好时搜索返回给用户时间控制在1 s内，网络情况差的时候依照具体情况而定。

平均搜索时间在1 s以内。

4.2　系统容量的需求

同时使用用户50人以上。

5　**接口需求**(Interface Requirements)

5.1　用户接口(User Interface)

本系统提供给用户的操作界面主要有管理主界面，能在1 024×768的分辨率下很好地显示，并自动适应其他分辨率的显示。

5.2　软件接口(Software Interface)

本系统采用的数据库为新浪接口所提供的数据库，本系统主要运行在Android操作系统下。

5.3　通信接口(Communication Interface)

Internet接入协议：Http协议。

6　**总体设计约束**(Overall Design Constraints)

6.1　标准符合性(Standards Compliance)

本软件产品应严格遵循设计,编码规范及用户界面的友好性。

6.2　硬件约束(Hardware Limitations)

客户端约束:能访问本系统主界面。

服务器端约束:客户通过用户交互界面提交一项请求,要求必须在1 s之内作出响应,不能给用户有迟滞的感觉。

6.3　技术限制(Technology Limitations)

数据库:软件产品设计应与数据库无关,本系统使用新浪提供的接口数据库为主。

接口:符合本系统的接口标准。

并行操作:同时允许50个以上客户端同时运行,保证数据的正确性和完备性。

编程规范:用Android实现,由开发方提供一套编程规范,甲方审查认定。

7　**软件质量特性**(Software Quality Attributes)

7.1　可靠性(Reliability)

容错性:用户输入非法的数据或不合理的操作,不会造成系统崩溃或引起数据的不完整。客户端在不同的操作系统下或不同的硬件配置下都能正常工作,也不会因为用户在系统装了不同的软件,造成本产品的工作不正常。

可靠性:提交给用户的最终产品在6个月的运行期间,不能有致命错误,严重错误不超过5次,一般错误不超过15次。

可恢复性:当系统出现故障或机器硬件出现断电等情况,系统应该能自动恢复数据和安全性等方面的功能。

7.2　易用性(Usability)

易懂性:用户能够容易的理解该系统的功能及其适用性。

易操作性:具备良好的用户交互界面,使用户容易操作。阻止用户输入非法数据或进行非法操作。

8　**其他需求**(Other Requirements)

8.1　数据库(Database)

Table ID	Table Name	Table Comment
SWTABLE_01	Product	药品信息
SWTABLE_02	Order	预购买信息
SWTABLE_03	Type	药品分类
SWTABLE_04	Role	高管人员的职能角色
SWTABLE_05	Manager	经理/高管人员信息
SWTABLE_06	Task	业务详情
SWTABLE_07	User	业务人员信息
SWTABLE_08	Agency	经销商信息
SWTABLE_09	Record	拜访记录信息
SWTABLE_10	Department	部门类别
SWTABLE_11	Message	推送的通知详情

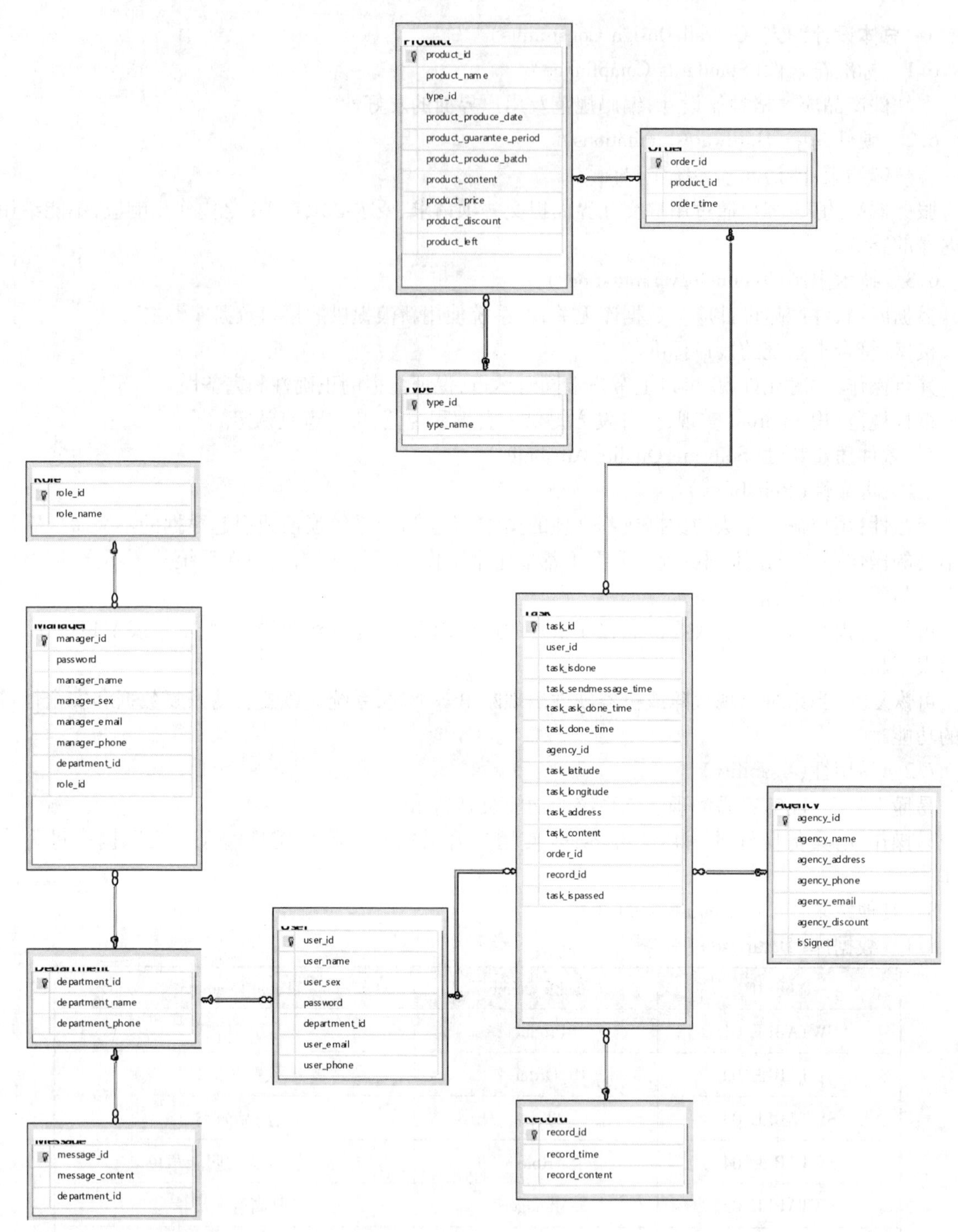

8.2　操作(Operations)

没有特殊的操作。

8.3　本地化(Localization)

支持中文与英语。

9　**待确定问题**(Issues To Be Determined)

需求 ID (Requirement ID)	问题描述 (Description)	影响 (Effect) (H/M/L)	风险 (Risk)	责任人 (Responsibility)	解决日期 (Resolving Date)	状态 (Status) (Open/Close)

10　**附录**(Appendix)

10.1　可行性分析结果(Feasibility Study Results)

本系统在初级实现阶段功能实现比较简单,根据开发人员自身知识掌握水平和开发环境估计,本系统开发能按时按量完成。

5.4　软件设计说明书

1　**简介**(Introduction)

1.1　目的(Purpose)

本文档是根据需求调研对医药公司移动应用系统的整体设计,目的是为了描述系统的层级结构和系统功能模块的设计,定义了开发的标准和限制。为程序的实现提供了明确指导。

1.2　范围(Scope)

1.2.1　软件名称(Name)

医药移动办公系统。

1.2.2　软件功能(Functions)

信息推送:推送服务器端信息。

通知反馈:业务人员反馈上级通知。

拜访记录上传:移动客户端上传经销商拜访记录。

预购信息提交:移动客户端提交已签约经销商的预购信息。

产品信息查看:移动客户端查看药品的实时优惠信息和库存。

拜访率分析:服务器端分析业务人员对本人负责的经销商的拜访率。

预购信息输出:服务器端定期输出经销商预购信息。

预购信息比较:高管人员对预购和实际购买信息进行比较。

角色权限分配:管理员在服务器端分配角色并为各角色建立相应权限。

系统使用者信息管理:数据库管理系统使用者信息。

产品信息管理:数据库管理药品信息及其实时优惠和库存。

经销商信息管理:数据库管理经销商信息。

拜访信息管理:业务人员上传拜访信息管理。

2　**第0层设计描述**(Level 0 Design Description)

2.1　软件系统上下文定义(Software System Context Definition)

医药移动系统就在当前销售管理体制亟待改革的大背景和众多企业对科学便捷的销售管理的大需求下应运而生。该服务系统应用于众多企业的营销管理。销售管理系统的关键环节是,为实现企业内信息、过程集成到最终的企业间集成奠定基础,体现数据合作共享、敏捷响应的理念。该系统定位为集综合化、精确化、定性化、智能化为一身的移动销售管理系统,以传递企业销售活动的计划、执行及控制,为达到企业的销售目标工作起着支撑和服务作用。

2.2 设计思路(Design Considerations)

2.2.1 设计可选方案(Design Alternatives)

本系统采用 C/B/S 的设计架构模式设计。

2.2.2 设计约束(Design Constraints)

(1)遵循标准(Standards Compliance)

本系统的开发遵循瀑布模型的开发模式标准。

本系统的文档遵循软酷卓越实验室的文档标准。

本系统的开发语言遵循 java 国际标准。

(2)硬件限制(Hardware Limitations)

本系统需要在 1 G 内存、奔腾Ⅳ以上的处理器以上 Windows XP 系统平台上开发。

(3)技术限制(Technology Limitations)

本系统必须遵守 TCP/IP 协议规则。

本系统的开发环境是集成 Android 模拟器的 Eclips。

(4)系统架构图(System Architecture Picture)

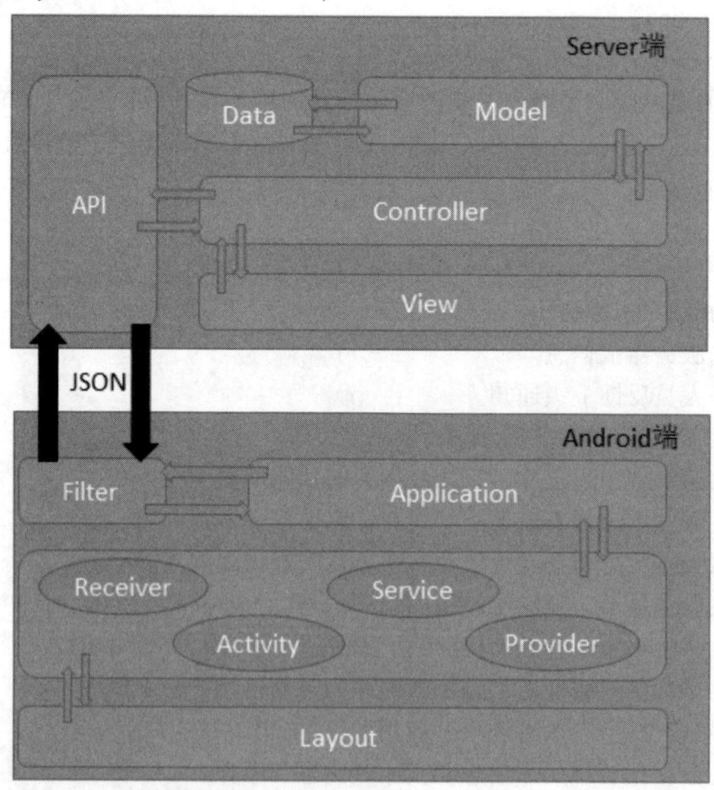

3 **第一层设计描述**(Level 1 Design Description)

3.1 系统结构(System Architecture)

3.1.1 系统结构描述(Description of the Architecture)

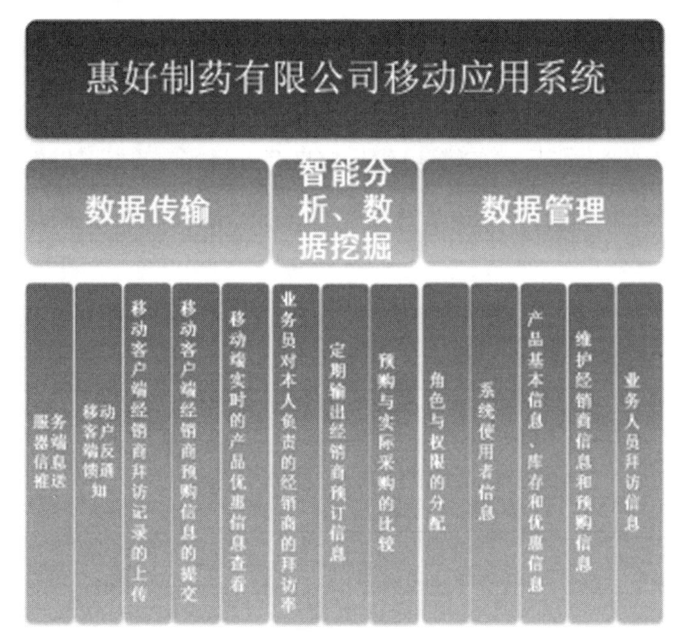

3.1.2　业务流程说明(Representation of the Business Flow)

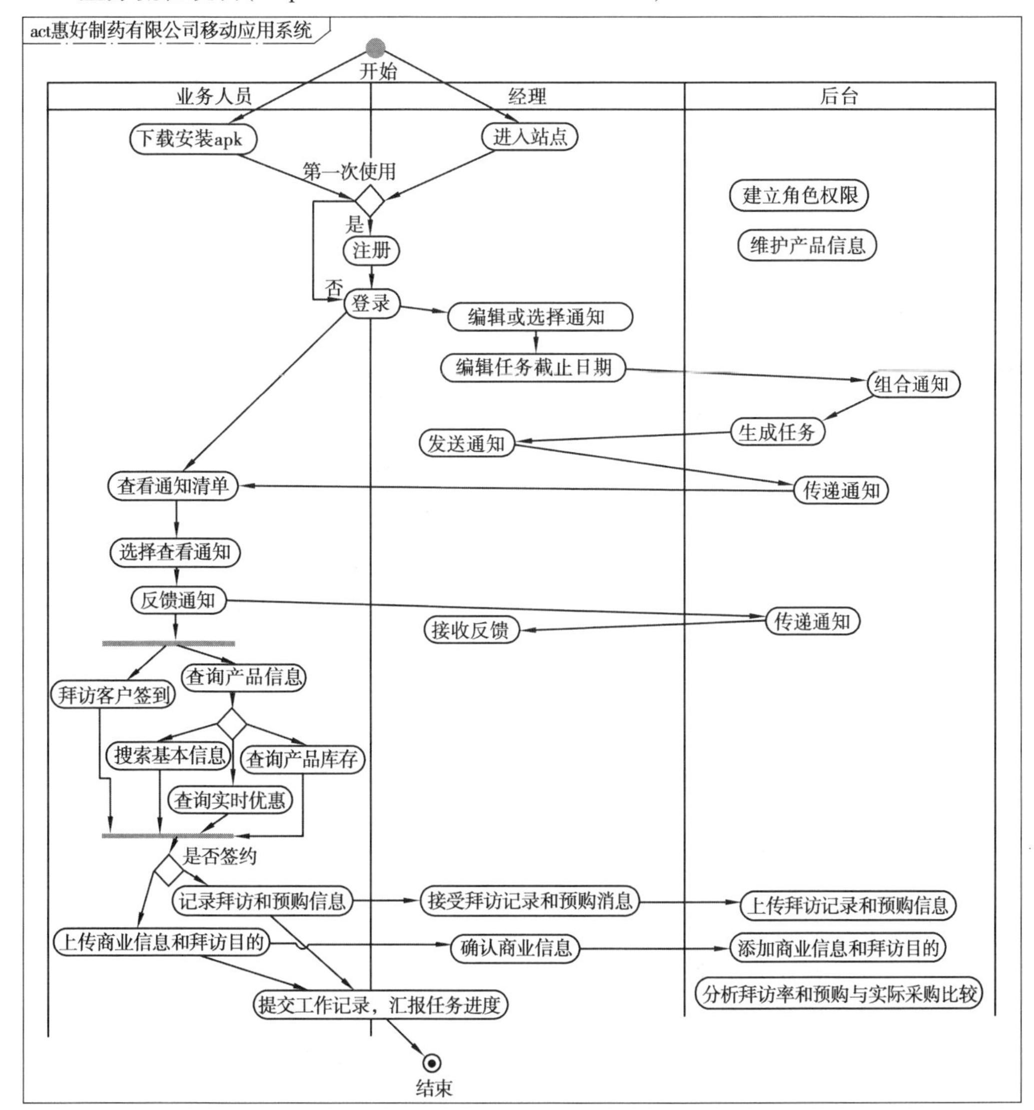

(1)系统管理员系统维护和权限分配

系统管理员不仅要维护系统正常运行及网络稳定性,而且在服务器端维护角色的信息,包括系统管理员、业务人员等,建立角色权限,维护系统使用者的信息,角色分配等。并且对公司的产品信息进行维护,包括产品的基本信息、产品库存信息、优惠信息等进行实时更新,以保证实时信息准确无误。

查询信息流程图如下:

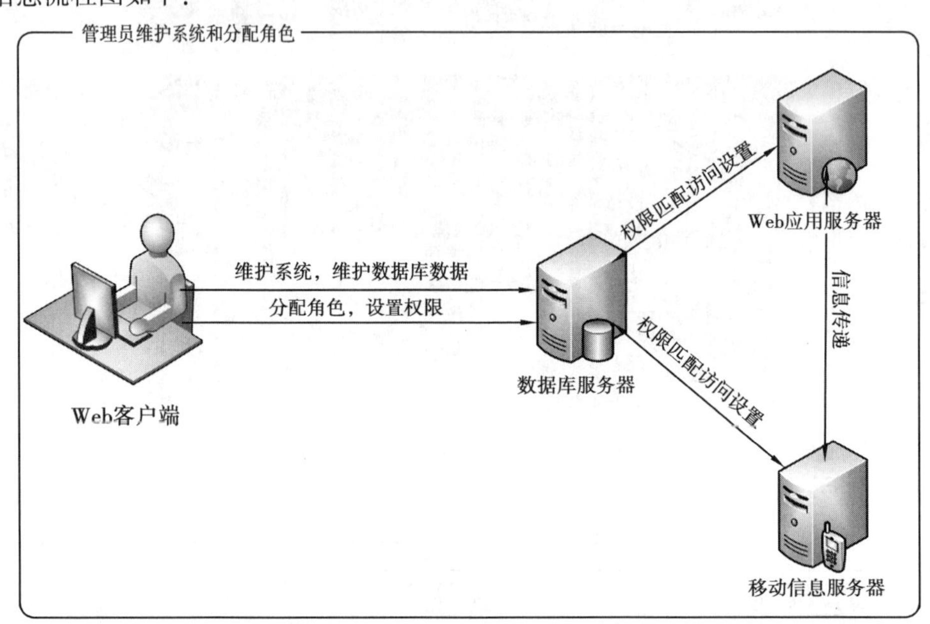

(2)上级发布通知,业务人员通知查询反馈的流程说明

首先上级编辑业务信息并通过浏览器端发送给业务人员的移动终端,业务人员用移动端登录系统后,可打开查看上级指派的通知信息清单。然后在通知信息清单中,选择在查询页面输入关键字后可查看销售相关通知,同时可以选择查看接收到的通知,并在一定时间内给予各条通知相应的反馈,以达到让上级知道已接收通知并开始执行业务的目的。

查询信息流程图如下:

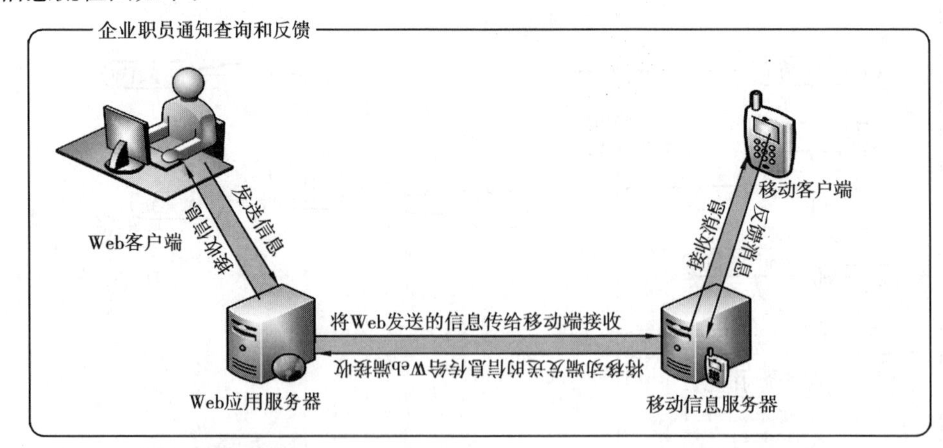

(3)信息管理与查询及分析

管理员和高管人员对已签约的经销商信息有服务器端维护并记录业务人员拜访信息、预购信息等。对于未签约的药品销售企业拜访,业务人员由移动终端上传商业信息、拜访目的等。

在业务人员于与经销商洽谈交流期间,依照经销商对产品的了解需求条件,业务人员可根据条件搜索公司的产品信息、库存信息。实时的产品优惠信息查看。当业务人员与经销商洽谈成功,经销商需预购药品,业务人员可立即通过移动端将预购信息进行提交。移动客户端对于已签约经销商和未签约的药品销售企业的拜访记录,并上传服务器。

数据库根据已存储的数据,可智能化汇总分析一段时间内业务人员对本人负责经销商的拜访率、覆盖率;定期输出经销商预定信息,用于公司原有的销售系统的预购和实际采购的比较。

查询信息流程图如下:

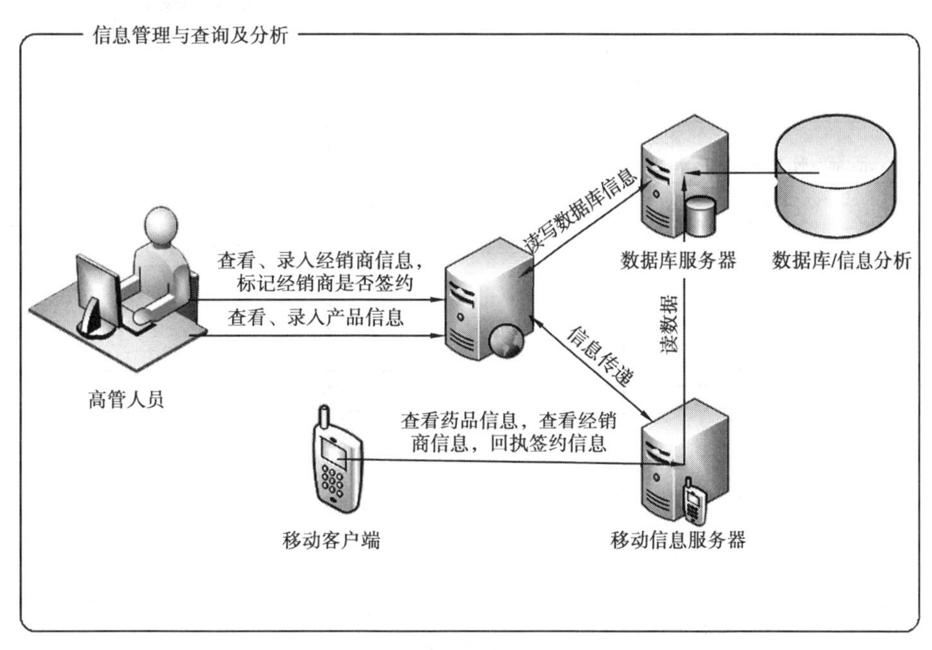

(4)待审核报告的处理

业务人员需要将跑业务期间捕捉的临时业务情况及时反馈给企业高管人员,如未签约企业需要签约,提交的经销商预购信息变动,经销商信息变动等。由于业务人员没有多项更新数据的权限,这些权限都是由高管人员来掌握和执行,因此需要业务人员写简短报告,并将其提交给高级管理人员,并由高管进行审批和决定是否属实以及更新数据,同时数据库数据得到更新。

查询信息流程图如下:

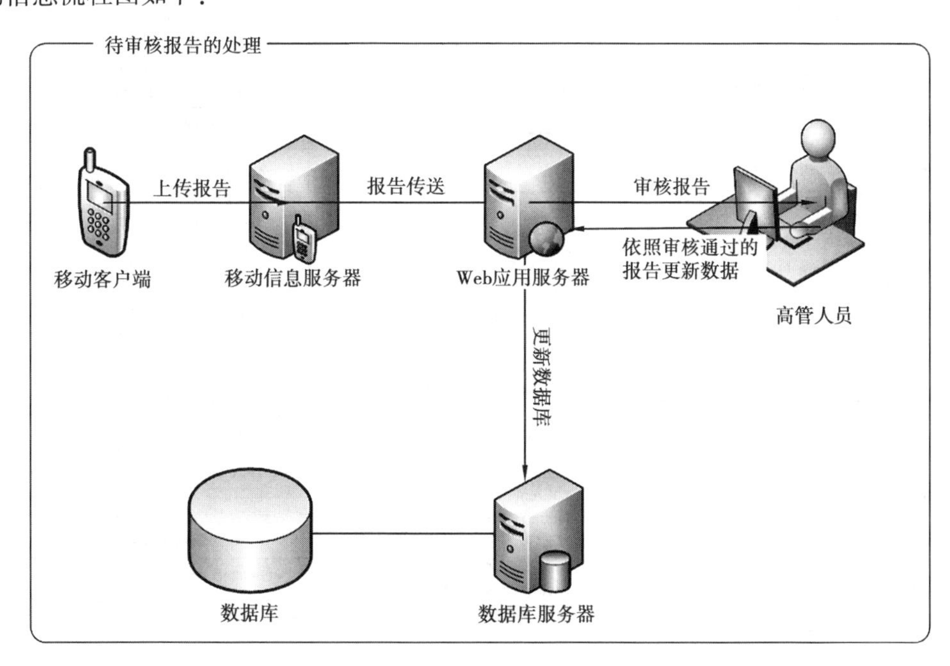

4　第二层设计描述(Level 2 Design Description)

4.1　移动客户端类图

4.1.1　bizplus 包类图设计

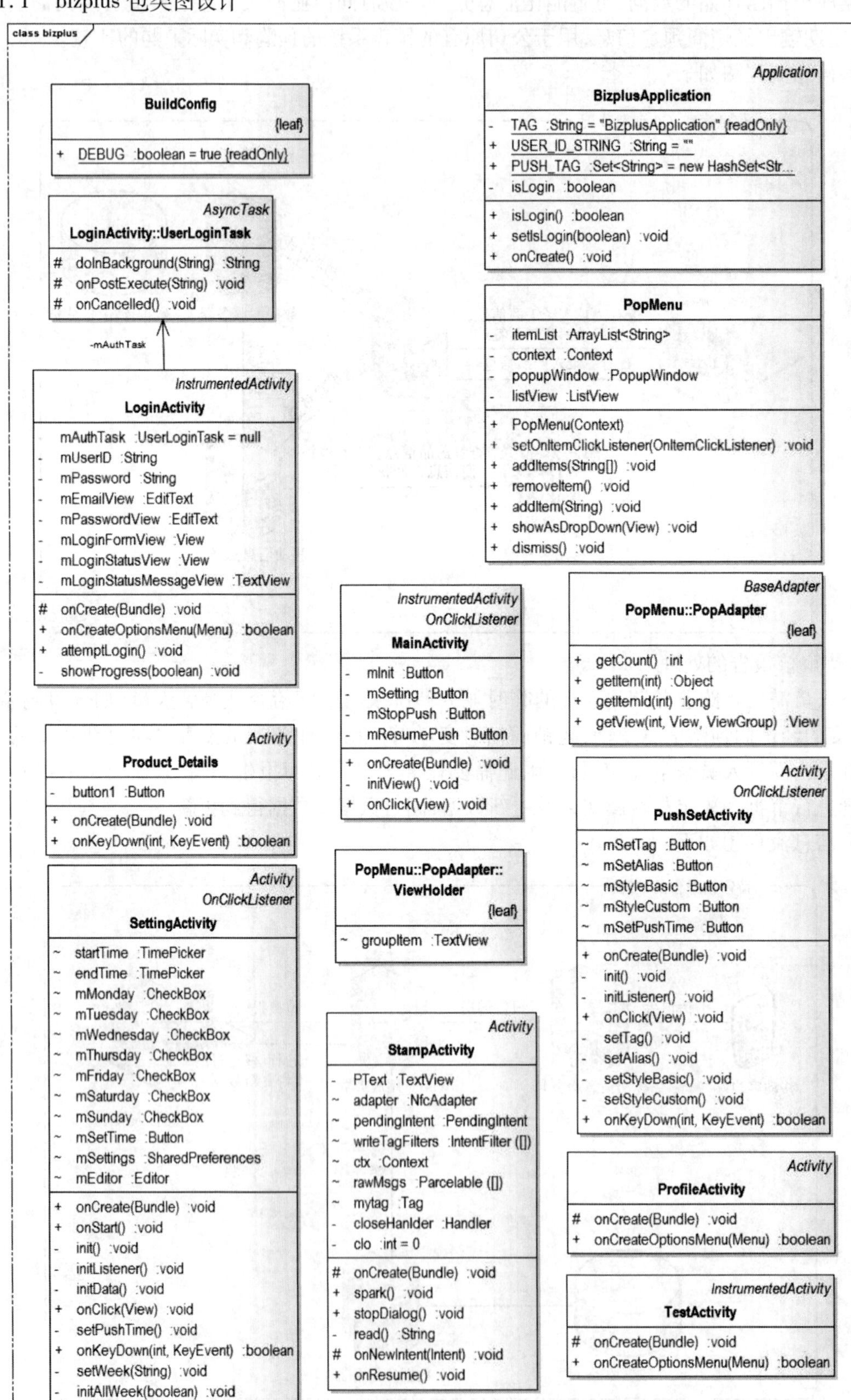

4.1.2　fragment 包类图设计

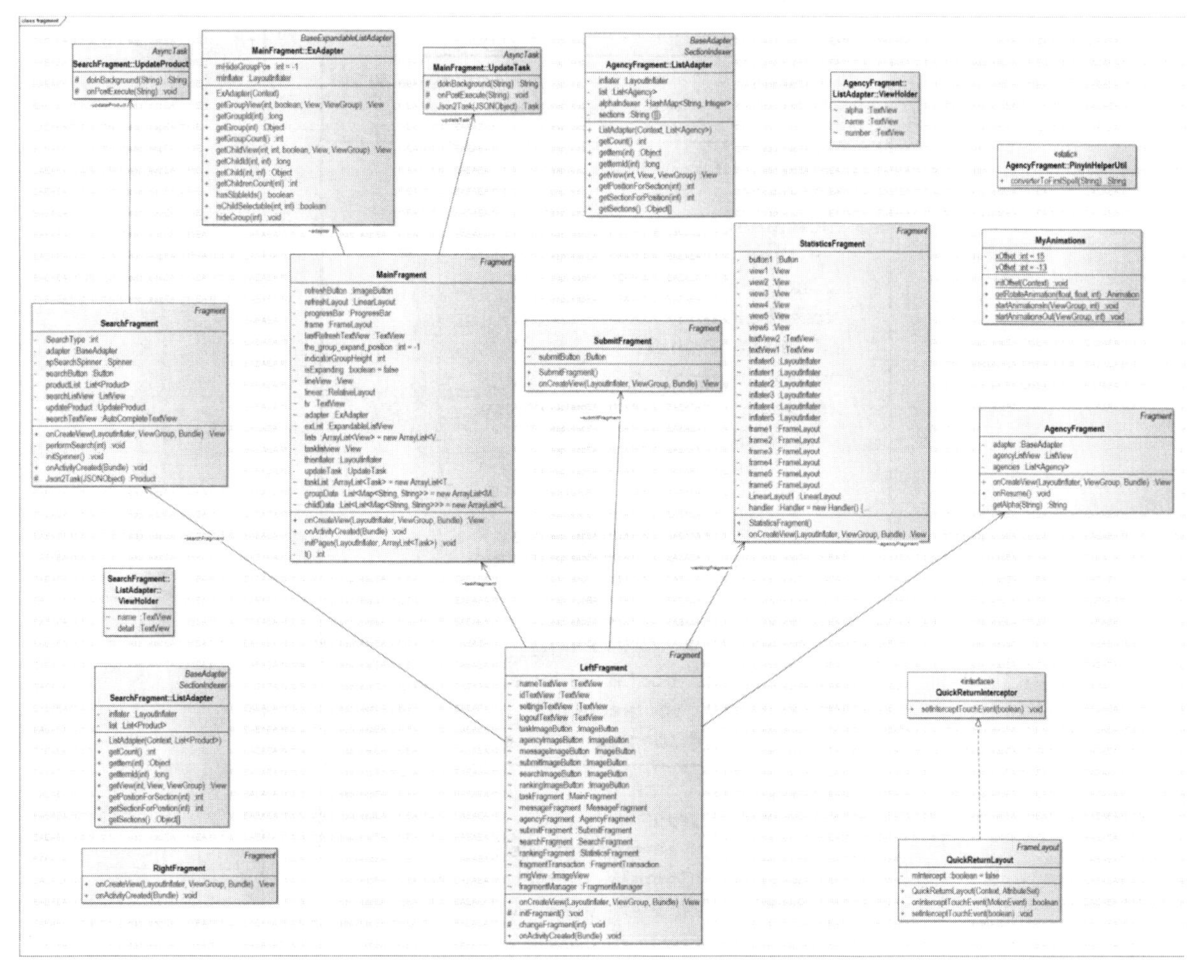

4.1.3　service 包类图设计

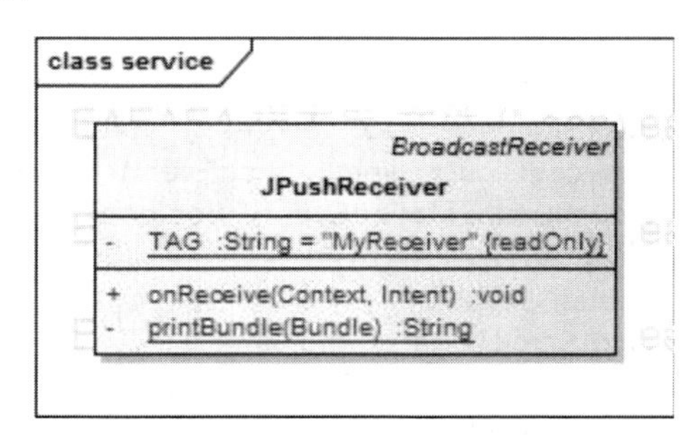

4.1.4　view 包类图设计

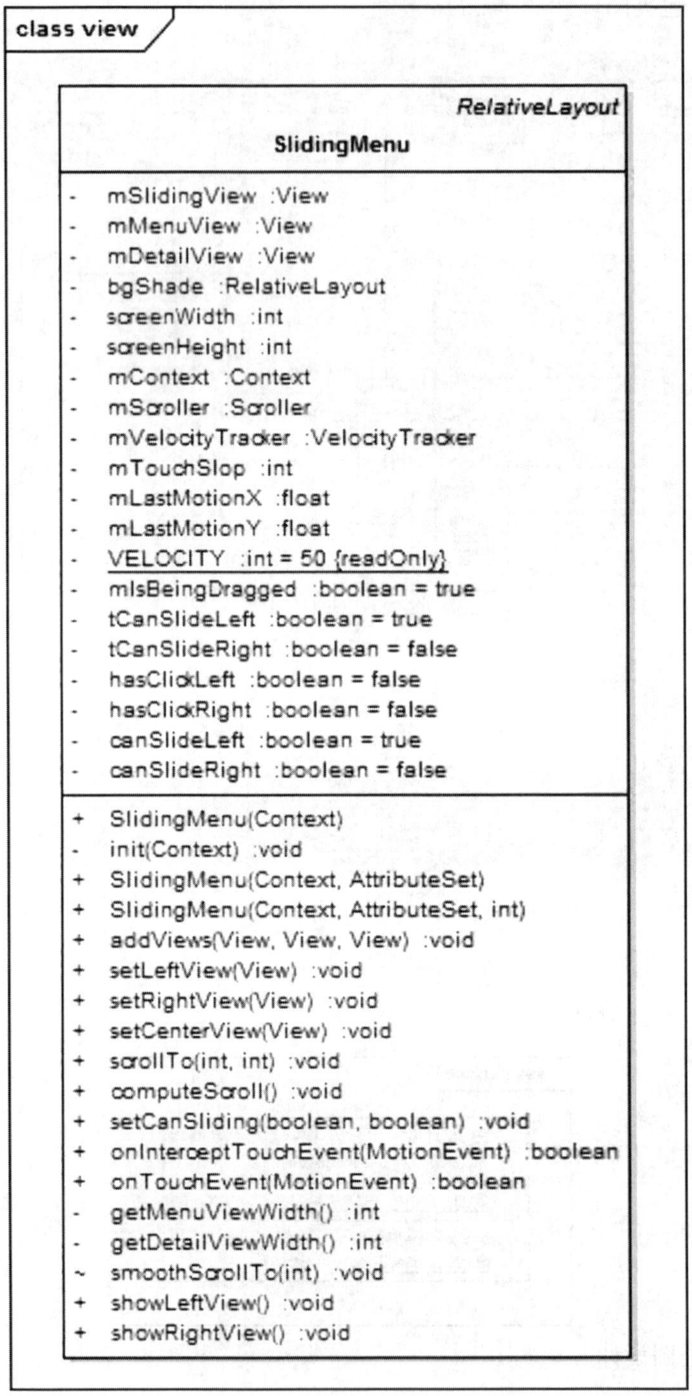

```
class view

                                   RelativeLayout
SlidingMenu

-  mSlidingView :View
-  mMenuView :View
-  mDetailView :View
-  bgShade :RelativeLayout
-  screenWidth :int
-  screenHeight :int
-  mContext :Context
-  mScroller :Scroller
-  mVelocityTracker :VelocityTracker
-  mTouchSlop :int
-  mLastMotionX :float
-  mLastMotionY :float
-  VELOCITY :int = 50 {readOnly}
-  mIsBeingDragged :boolean = true
-  tCanSlideLeft :boolean = true
-  tCanSlideRight :boolean = false
-  hasClickLeft :boolean = false
-  hasClickRight :boolean = false
-  canSlideLeft :boolean = true
-  canSlideRight :boolean = false

+  SlidingMenu(Context)
-  init(Context) :void
+  SlidingMenu(Context, AttributeSet)
+  SlidingMenu(Context, AttributeSet, int)
+  addViews(View, View, View) :void
+  setLeftView(View) :void
+  setRightView(View) :void
+  setCenterView(View) :void
+  scrollTo(int, int) :void
+  computeScroll() :void
+  setCanSliding(boolean, boolean) :void
+  onInterceptTouchEvent(MotionEvent) :boolean
+  onTouchEvent(MotionEvent) :boolean
-  getMenuViewWidth() :int
-  getDetailViewWidth() :int
~  smoothScrollTo(int) :void
+  showLeftView() :void
+  showRightView() :void
```

4.1.5 model 包类图设计

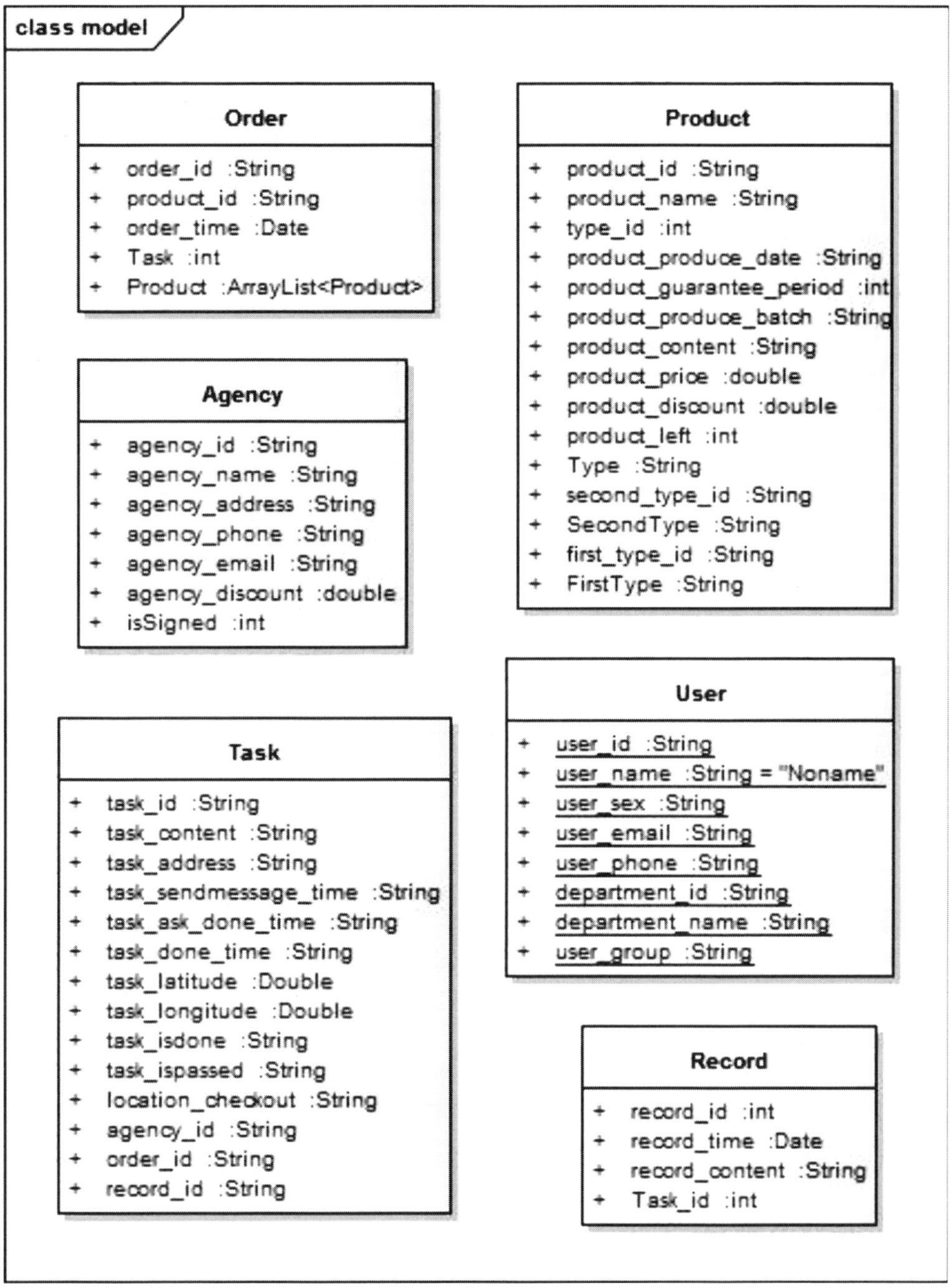

class model

Order

+ order_id :String
+ product_id :String
+ order_time :Date
+ Task :int
+ Product :ArrayList<Product>

Agency

+ agency_id :String
+ agency_name :String
+ agency_address :String
+ agency_phone :String
+ agency_email :String
+ agency_discount :double
+ isSigned :int

Task

+ task_id :String
+ task_content :String
+ task_address :String
+ task_sendmessage_time :String
+ task_ask_done_time :String
+ task_done_time :String
+ task_latitude :Double
+ task_longitude :Double
+ task_isdone :String
+ task_ispassed :String
+ location_checkout :String
+ agency_id :String
+ order_id :String
+ record_id :String

Product

+ product_id :String
+ product_name :String
+ type_id :int
+ product_produce_date :String
+ product_guarantee_period :int
+ product_produce_batch :String
+ product_content :String
+ product_price :double
+ product_discount :double
+ product_left :int
+ Type :String
+ second_type_id :String
+ SecondType :String
+ first_type_id :String
+ FirstType :String

User

+ user_id :String
+ user_name :String = "Noname"
+ user_sex :String
+ user_email :String
+ user_phone :String
+ department_id :String
+ department_name :String
+ user_group :String

Record

+ record_id :int
+ record_time :Date
+ record_content :String
+ Task_id :int

4.1.6 utility 包类图设计

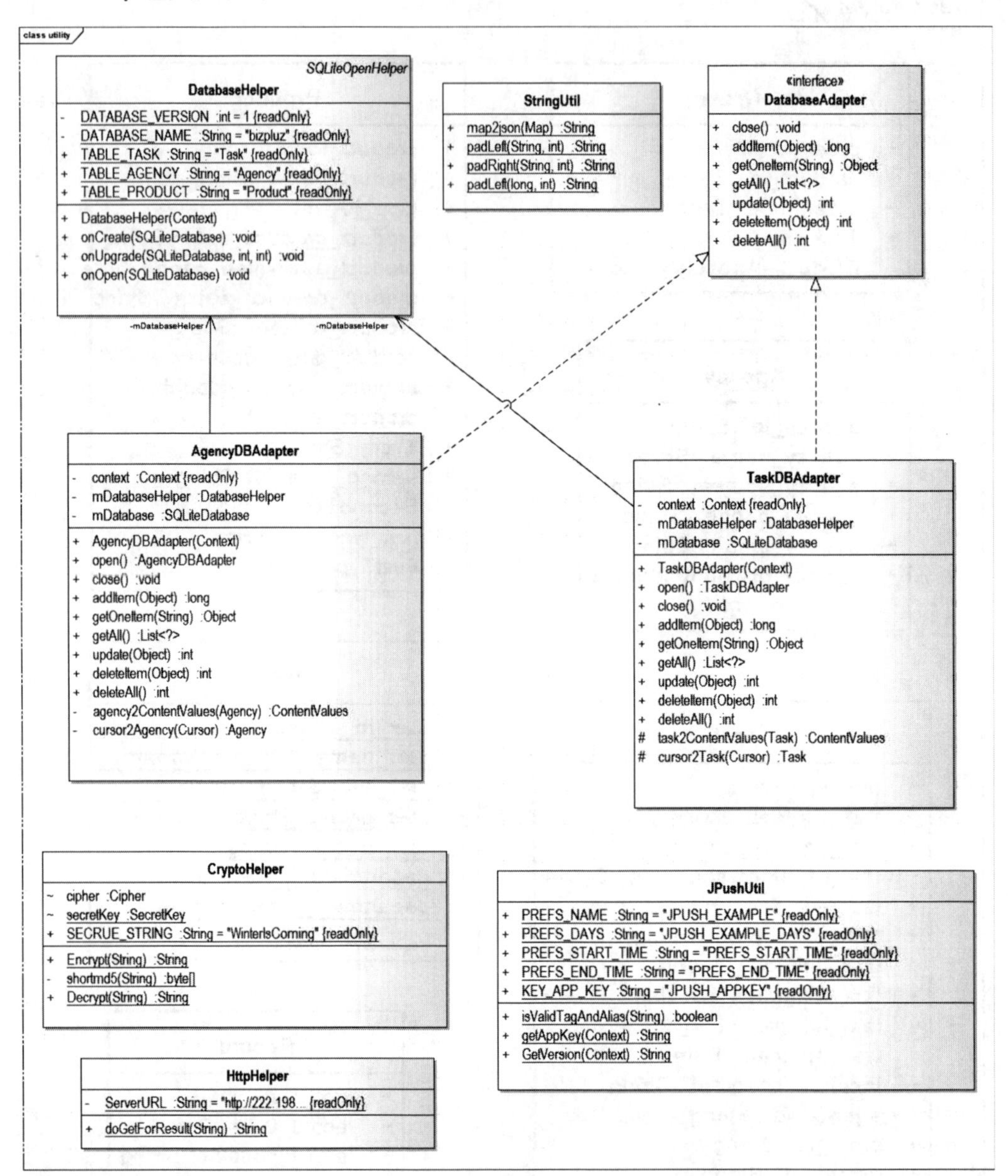

4.2 信息推送模块

4.2.1 模块设计描述(Design Description)

(1)类名(Class name)

MessageModels。

1)标识(Class Identification)

SERVER_Domain_ Message。

2)简介(Overview)

映射 Message 表。

3)类定义(Definition)

(2)类名(Class name)

User。

1)标识(Class Identification)

SERVER_Domain_ User。

2)简介(Overview)

映射 User 表。

3)类定义(Definition)

User

+ user_id :String
+ user_name :String = "Noname"
+ user_sex :String
+ user_email :String
+ user_phone :String
+ department_id :String
+ department_name :String
+ user_group :String

(3)类名(Class name)

TaskModels。

1)标识(Class Identification)

SERVER_Domain_ Task。

2)简介(Overview)

映射 Task 表。

3)类定义(Definition)

Task

+ task_id :String
+ task_content :String
+ task_address :String
+ task_sendmessage_time :String
+ task_ask_done_time :String
+ task_done_time :String
+ task_latitude :Double
+ task_longitude :Double
+ task_isdone :String
+ task_ispassed :String
+ location_checkout :String
+ agency_id :String
+ order_id :String
+ record_id :String

4.3　拜访记录上传

4.3.1　模块设计描述(Design Description)

(1)类名(Class name)

Record。

1)标识(Class Identification)

SERVER_Domain_ Record。

2)简介(Overview)

映射 Record 表。

3)类定义(Definition)

```
Record
+ record_id :int
+ record_time :Date
+ record_content :String
+ Task_id :int
```

4.4 预购信息提交模块

4.4.1 模块设计描述(Design Description)

(1)类名(Class name)

Order。

1)标识(CIass Identification)

SERVER_Domain_ Order。

2)简介(Overview)

映射 Order 表。

3)类定义(Definition)

```
Order
+ order_id :String
+ product_id :String
+ order_time :Date
+ Task :int
+ Product :ArrayList<Product>
```

4.5 产品信息查看模块

4.5.1 模块设计描述(Design Description)

(1)类名(Class name)

Product。

1)标识(CIass Identification)

SERVER_Domain_ Product。

2)简介(Overview)

映射 Product 表。

3)类定义(Definition)

```
Product
+ product_id :String
+ product_name :String
+ type_id :int
+ product_produce_date :String
+ product_guarantee_period :int
+ product_produce_batch :String
+ product_content :String
+ product_price :double
+ product_discount :double
+ product_left :int
+ Type :String
+ second_type_id :String
+ SecondType :String
+ first_type_id :String
+ FirstType :String
```

4.6　拜访率分析模块

4.6.1　模块设计描述(Design Description)

(1)类名(Class name)

AgencyModels。

1)标识(Class Identification)

SERVER_Domain_ AgencyModels。

2)简介(Overview)

映射 Agency 表。

3)类定义(Definition)

Agency
+ agency_id :String + agency_name :String + agency_address :String + agency_phone :String + agency_email :String + agency_discount :double + isSigned :int

4.7　角色权限分配模块

4.7.1　模块设计描述(Design Description)

(1)类名(Class name)

Department。

1)标识(Class Identification)

SERVER_ShowBalance_ Department。

2)简介(Overview)

映射 Department 表。

3)类定义(Definition)

(2)类名(Class name)

Role。

1)标识(Class Identification)

SERVER_Process_ Role。

2)简介(Overview)

映射 Role 表。

3)类定义(Definition)

4.8　产品信息管理模块

4.8.1　模块设计描述(Design Description)

(1)类名(Class name)

Product。

1)标识(Class Identification)

SERVER_Domain_ Product。

2)简介(Overview)

映射 Product 表。

3)类定义(Definition)

Product
+ product_id :String
+ product_name :String
+ type_id :int
+ product_produce_date :String
+ product_guarantee_period :int
+ product_produce_batch :String
+ product_content :String
+ product_price :double
+ product_discount :double
+ product_left :int
+ Type :String
+ second_type_id :String
+ SecondType :String
+ first_type_id :String
+ FirstType :String

4.9 经销商信息管理模块

4.9.1 模块设计描述(Design Description)

(1) 类名(Class name)

AgencyModels。

1)标识(CIass Identification)

SERVER_Domain_ AgencyModels。

2)简介(Overview)

映射 Agency 表。

3)类定义(Definition)

Agency
+ agency_id :String
+ agency_name :String
+ agency_address :String
+ agency_phone :String
+ agency_email :String
+ agency_discount :double
+ isSigned :int

5 数据库设计(Database Design)

5.1 实体定义(Entities Definition)

Table ID	Table Name	Table Comment
SWTABLE_01	Product	药品信息
SWTABLE_02	Order	预购买信息
SWTABLE_03	Type	药品分类
SWTABLE_04	Role	高管人员的职能角色
SWTABLE_05	Manager	经理/高管人员信息
SWTABLE_06	Task	业务详情
SWTABLE_07	User	业务人员信息
SWTABLE_08	Agency	经销商信息
SWTABLE_09	Record	拜访记录信息
SWTABLE_10	Department	部门类别
SWTABLE_11	Message	推送的通知详情

5.1.1　分解描述(Decomposition Description)

(1)药品信息(Product)

	列名	数据类型	允许为 null
🔑	product_id	nvarchar(50)	☐
	product_name	nvarchar(50)	☐
	type_second_id	nvarchar(50)	☐
	product_produce_date	datetime	☐
	product_guarantee_pe...	int	☐
	product_produce_batch	nvarchar(50)	☐
	product_content	nvarchar(MAX)	☐
	product_price	float	☐
	product_discount	float	☐
	product_left	bigint	☐

(2)预购买信息(Order)

	列名	数据类型	允许为 null
🔑	order_id	nvarchar(50)	☐
	order_time	datetime	☐
	task_id	nvarchar(50)	☑

(3)药品分类(Type)

	列名	数据类型	允许为 null
🔑	type_first_id	nvarchar(50)	☐
	type_name	nvarchar(50)	☐

(4)高管人员的职能角色(Role)

	列名	数据类型	允许为 null
🔑	record_id	nvarchar(50)	☐
	record_time	datetime	☐
	record_content	nvarchar(MAX)	☑

(5)经理/高管人员信息(Manager)

	列名	数据类型	允许为 null
🔑	manager_id	nvarchar(50)	☐
	password	nvarchar(50)	☐
	manager_name	nvarchar(50)	☐
	manager_sex	nvarchar(50)	☐
	manager_email	nvarchar(50)	☑
	manager_phone	nvarchar(50)	☑
	role_id	nvarchar(50)	☐

(6)业务详情(Task)

	列名	数据类型	允许为 null
🔑	task_id	nvarchar(50)	☐
	user_id	nvarchar(50)	☐
	task_isdone	bit	☐
	task_sendmessage_time	datetime	☐
	task_ask_done_time	datetime	☐
	task_done_time	datetime	☑
	agency_id	nvarchar(50)	☑
	task_latitude	float	☑
	task_longitude	float	☑
	task_address	nvarchar(50)	☑
	task_content	nvarchar(MAX)	☑
	record_id	nvarchar(50)	☑
	task_ispassed	bit	☐

(7)业务人员信息(User)

	列名	数据类型	允许为 null
🔑	user_id	nvarchar(50)	☐
	user_name	nvarchar(50)	☐
	user_sex	nvarchar(50)	☐
	password	nvarchar(50)	☐
	department_id	nvarchar(50)	☑
	group_id	nvarchar(50)	☑
	user_email	nvarchar(50)	☑
	user_phone	nvarchar(50)	☑

(8)经销商信息(Agency)

	列名	数据类型	允许为 null
🔑	agency_id	nvarchar(50)	☐
	agency_name	nvarchar(50)	☐
	agency_address	nvarchar(50)	☑
	agency_phone	nvarchar(50)	☐
	agency_email	nvarchar(50)	☑
	agency_discount	float	☐
	isSigned	bit	☐

(9)拜访记录信息(Record)

	列名	数据类型	允许为 null
🔑	record_id	nvarchar(50)	☐
	record_time	datetime	☐
	record_content	nvarchar(MAX)	☑

(10)部门类别(Department)

	列名	数据类型	允许为 null
🔑	department_id	nvarchar(50)	☐
	department_name	nvarchar(50)	☐
	department_phone	nvarchar(50)	☐
	manager_id	nvarchar(50)	☑

(11)推送的通知详情(Message)

	列名	数据类型	允许为 null
🔑	manager_id	nvarchar(50)	☐
	password	nvarchar(50)	☐
	manager_name	nvarchar(50)	☐
	manager_sex	nvarchar(50)	☐
	manager_email	nvarchar(50)	☑
	manager_phone	nvarchar(50)	☑
	role_id	nvarchar(50)	☐

5.5　系统测试计划

关键词(Keywords):医药移动办公系统。

摘要(Abstract):基于移动终端技术的销售管理系统建设的总体目标是:以充分利用公司信息资源为核心,以移动通信网络为依托,建立信息移动应用系统,以多种方式为销售一线人员和公司决策管理层提供需要的信息服务,提高各级销售部门和销售人员的工作效率以及反馈和决策速度。

缩略语清单(List of Abbreviations)如下:

缩略语(Abbreviations)	英文全名(Full Spelling)	中文解释(Chinese Explanation)
APK	Android Package	Android 安装包
SDK	Software Development Kit	软件开发套件
API	Application Programming Interface	应用程序编程接口
Sqlite DB	Sqlite Database	Sqlite 数据库

1　**简介**(Introduction)

1.1　目的(Purpose)

本测试计划文档作为指导此测试项目循序渐进的基础,帮助我们安排合适的资源和进度,避免可能的风险。本文档有助于实现以下目标:

确定现有项目的信息和相应测试的软件构件。

列出推荐的测试需求(高级需求)。

推荐可采用的测试策略,并对这些策略加以详细说明。

确定所需的资源,并对测试的工作量进行估计。

列出测试目的可交付元素,包括用例以及测试报告等。

1.2　范围(Scope)

由于活动的相互影响和制约,系统的设计完成中可能存在某些错误,软件测试主要是对电子化仓储管理系统进行全面的检查,及时发现系统中的逻辑错误,以保证产品的正确性和可靠性。

具体结合到操作,基本应该测试以下内容:

易用性:即人机交互。

性能:即检查快速载入和导出数据、检查系统响应等。

功能:即用户在系统中可以进行的各种操作。

业务规则:即检查对业务流程的描述是否准确、考虑与目标用户的业务环境是否契合等。

事务准确性:即保证事务正确完成、确保被取消的事务回滚正确等。

数据有效性与完整性:即检查数据的格式是否正确、确保字符集适当等。

2　**测试计划**(Test Plan)

2.1　资源需求(Resource Requirements)

2.1.1　软件需求(Software Requirements)

资源(Resource)	描述(Description)	数量(Qty)
操作系统	Windows XP,Android2.2	2
数据库	SQL Server 2005	1
编译器	Eclipse	1
测试工具	JUnit(单元测试)	2

2.1.2　硬件需求(Hardware Requirements)

资源(Resource)	描述(Description)	数量(Qty)
计算机	模拟 Android 环境	1
Android 手机	实际测试系统的功能	1

2.1.3　其他设备(Other Materials)

无。

2.1.4　人员需求(Personnel Requirements)

资源 (Resource)	技能级别 (Skill Level)	数量 (Qty)	到位时间 (Date)	工作期间 (Duration)
单元测试工程师	高级	1		
集成测试工程师	中级	1		
系统测试工程师	中级	1		
功能测试工程师	中级	2		
UI 测试工程师	中级	2		

2.2　过程条件(Process Criteria)

2.2.1　启动条件(Entry Criteria)

需求规格说明书完成以后。

2.2.2　结束条件(Exit Criteria)

各项测试完成,项目交付。

2.2.3　挂起条件(Suspend Criteria)

①项目进度出现问题,程序不能按时完成,无法进行相关测试。

②测试人员缺乏相关测试技术,不能很快完成测试工作。

2.2.4　恢复条件(Resume Criteria)

①要求开发人员加快开发速度,按时完成程序。

②进行相关测试培训,提高测试人员的技能。

2.3　测试目标(Objectives)

程序能正常运行,实现了需求中的各项功能,人机交互良好,程序健壮,经过测试,系统无严重缺陷,设计的测试用例90%执行,确定的所有缺陷都已得到了商定的解决结果,而且没有发现新的缺陷。

2.4　导向/培训计划(Orientation/Training Plan)

培训可包括用户指引、操作指引、维护控制组指引测试人员学习测试规格说明书。

对测试人员进行相关测试培训。

2.5　回归测试策略(Strategy of Regression Test)

在下一轮测试中,对本轮测试发现的所有缺陷对应的用例进行回归,确认所有缺陷都已经过修改。

3　**测试用例**(Test Cases)

需求功能名称	测试用例名称	作　者	应交付日期
信息推送	信息推送测试用例	***	2013-06-28
通知反馈	通知反馈测试用例	***	2013-06-28
拜访记录上传	拜访记录上传测试用例	***	2013-06-28
预购信息提交	预购信息提交测试用例	***	2013-06-28
产品信息查看	产品信息查看测试用例	***	2013-06-28

续表

需求功能名称	测试用例名称	作者	应交付日期
拜访率分析	拜访率分析测试用例	***	2013-06-28
预购信息输出	预购信息输出测试用例	***	2013-06-28
预购信息比较	预购信息比较测试用例	***	2013-06-28
角色权限分配	角色权限分配测试用例	***	2013-06-28
系统使用者信息管理	系统使用者信息管理测试用例	***	2013-06-28
产品信息管理	产品信息管理测试用例	***	2013-06-28
经销商信息管理	经销商信息管理测试用例	***	2013-06-28
拜访信息管理	拜访信息管理测试用例	***	2013-06-28

4 **工作交付件**(Deliverables)

名称(Name)	作者(Author)	应交付日期(Delivery Date)
测试计划评审报告	***	2013-06-28
测试计划	***	2013-06-28
测试用例说明书	***	2013-06-28

5.6 系统测试设计

1 **简介**(Introduction)

1.1 目的(Purpose)

系统测试设计规划项目中所有的测试方法和必要条件。包括单元测试脚本、功能测试测试用例、压力测试策略、安装/反安装测试策略、回归测试策略。

文档的预期读者为项目经理、测试经理、测试人员、验收客户。

1.2 范围(Scope)

测试测试设计包括:

测试类型设计。

功能测试用例。

回归测试设计。

压力测试设计。

安全测试设计。

安装/反安装测试设计。

2 **测试类型设计**(Test Design)

项目测试过程中会用的测试方法:

功能测试用例。

回归测试设计。

压力测试设计。

安全测试设计。

安装/反安装测试设计。

3　功能测试设计(Function Test)

3.1　用户注册测试用例

Description:测试注册正常数据是否成功。

Creation Date: 2013-06-20。

Type: MANUAL/AUTO。

Description:测试注册正常数据是否成功。

Execution Status: Passed。

Steps:

<table>
<tr><td>测试用例</td><td colspan="2">testcase-001</td><td colspan="2">测试案例名称</td><td colspan="4">注册</td></tr>
<tr><td>测试目的</td><td colspan="8">测试注册正常数据是否成功</td></tr>
<tr><td>测试角色</td><td colspan="8">游客</td></tr>
<tr><td>测试条件</td><td colspan="8">可显示主界面</td></tr>
<tr><td>设计人</td><td>* * *</td><td>设计时间</td><td>2013-06-20</td><td>测试人</td><td>* * *</td><td>测试时间</td><td colspan="2">2013-06-20</td></tr>
<tr><td colspan="9">备注:</td></tr>
<tr><td rowspan="2">测试流程名或者界面名称</td><td rowspan="2">步骤</td><td colspan="3" rowspan="2">测试规程</td><td colspan="2" rowspan="2">预期结果</td><td colspan="2">实际结果</td></tr>
<tr><td>通　过</td><td>问题等级</td></tr>
<tr><td>注册</td><td>1</td><td colspan="3">1. 输入用户名:“xiaoming”;姓名:“小明”;密码:“123456”;重复密码:“123456”;邮箱:“xiaoming@ 163. com”
2. 单击“注册”按钮</td><td colspan="2">用户注册成功</td><td>是</td><td></td></tr>
<tr><td>注册</td><td>2</td><td colspan="3">1. 输入用户名:“xiaoming”;姓名:“小明”;密码:“123456”;重复密码:“654321”;邮箱:“xiaoming163. com”
2. 单击“注册”按钮</td><td colspan="2">提示2次密码不一致,邮箱格式错误</td><td>是</td><td></td></tr>
<tr><td colspan="9">测试结果复查/监督:
通过</td></tr>
<tr><td colspan="9">注:问题等级:
1—严重错误,整个系统无法运行。
2—主要错误,对系统有很主要的影响,且严重影响系统运行。
3——般错误,影响到系统的部分部件,但不影响系统正常操作流程的执行。
4—微小错误,仅对系统造成不重要的影响。</td></tr>
</table>

3.2　用户登录测试用例

Description:测试登录正常数据是否成功。

Creation Date: 2013-06-20。

Type: MANUAL/AUTO。

Description:测试登录正常数据是否成功。

Execution Status：Passed。

Steps：

测试用例	testcase-002		测试案例名称		登录		
测试目的	测试登录是否成功						
测试角色	用户						
测试条件	可显示主界面						
设计人	***	设计时间	2013-06-20	测试人	***	测试时间	2013-06-20
备注：							

测试流程名或者界面名称	步骤	测试规程	预期结果	实际结果	
				通　过	问题等级
登录	1	输入用户名和密码，并单击“登录”按钮 username：xiaoming PW：123456	登录成功	是	
登录	2	输入用户名和密码，并单击“登录”按钮 username：xiaoming PW：11111	提示用户名密码错误	是	
测试结果复查/监督： 通过					
注：问题等级： 1—严重错误，整个系统无法运行。 2—主要错误，对系统有很主要的影响，且严重影响系统运行。 3——般错误，影响到系统的部分部件，但不影响系统正常操作流程的执行。 4—微小错误，仅对系统造成不重要的影响。					

3.3　消息推送测试用例

Description：测试消息是否推送成功。

Creation Date：2013-06-20。

Type：MANUAL/AUTO。

Description：测试是否成功。

Execution Status：Passed。

测试用例	testcase-003		测试案例名称		消息推送		
测试目的	测试消息是否推送成功						
测试角色	用户						
测试条件	可显示主界面						
设计人	***	设计时间	2013-06-20	测试人	***	测试时间	2013-06-20

续表

备注:					
测试流程名或者界面名称	步骤	测试规程	预期结果	实际结果	
				通　过	问题等级
消息推送	1	单击“查询”按钮	业务人员收到相关消息	是	
消息推送	2	输入:消息内容	成功接收	是	
测试结果复查/监督: 通过					
注:问题等级: 1—严重错误,整个系统无法运行。 2—主要错误,对系统有很主要的影响,且严重影响系统运行。 3——般错误,影响到系统的部分部件,但不影响系统正常操作流程的执行。 4—微小错误,仅对系统造成不重要的影响。					

3.4　预购信息提交用例

Description:测试预购信息提交。

Creation Date: 2013-06-20。

Type: MANUAL/AUTO。

Description:测试预购是否成功。

Execution Status: Passed。

Steps:

测试用例	testcase-004		测试案例名称		预购信息提交		
测试目的	测试 BMI 计算数据是否成功						
测试角色	游客						
测试条件	可显示主界面						
设计人	***	设计时间	2013-06-20	测试人	***	测试时间	2013-06-20

备注:					
测试流程名或者界面名称	步骤	测试规程	预期结果	实际结果	
				通　过	问题等级
预购信息提交	1	输入: 身高:180 体重:75 kg 录入的身高体重信息	显示:标准	是	
预购信息提交	2	摄像头获取用户心率信息单击按钮	健康状况良好	是	
测试结果复查/监督: 通过					
注:问题等级: 1—严重错误,整个系统无法运行。 2—主要错误,对系统有很主要的影响,且严重影响系统运行。 3——般错误,影响到系统的部分部件,但不影响系统正常操作流程的执行。 4—微小错误,仅对系统造成不重要的影响。					

3.5 经销商信息管理测试用例

Description:测试经销商信息是否成功增加、修改、删除。

Creation Date: 2013-06-20。

Type: MANUAL/AUTO。

Description:测试经销商信息是否成功增加、修改、删除。

Execution Status: Passed。

Steps:

<table>
<tr><td>测试用例</td><td colspan="2">testcase-005</td><td>测试案例名称</td><td colspan="4">经销商信息管理</td></tr>
<tr><td>测试目的</td><td colspan="7">测试健康饮食正常数据是否成功</td></tr>
<tr><td>测试角色</td><td colspan="7">游客</td></tr>
<tr><td>测试条件</td><td colspan="7">可显示主界面</td></tr>
<tr><td>设计人</td><td>***</td><td>设计时间</td><td>2013-06-20</td><td>测试人</td><td>***</td><td>测试时间</td><td>2013-06-20</td></tr>
<tr><td colspan="8">备注:</td></tr>
<tr><td rowspan="2">测试流程名或者界面名称</td><td rowspan="2">步骤</td><td rowspan="2" colspan="2">测试规程</td><td rowspan="2" colspan="2">预期结果</td><td colspan="2">实际结果</td></tr>
<tr><td>通 过</td><td>问题等级</td></tr>
<tr><td>经销商信息管理</td><td>1</td><td colspan="2">对经销商信息进行录入</td><td colspan="2">成功录入经销商信息</td><td>是</td><td></td></tr>
<tr><td>经销商信息管理</td><td>2</td><td colspan="2">对经销商信息进行修改、删除</td><td colspan="2">经销商信息更新删除成功</td><td>是</td><td></td></tr>
<tr><td colspan="8">测试结果复查/监督:
通过</td></tr>
<tr><td colspan="8">注:问题等级:
1—严重错误,整个系统无法运行。
2—主要错误,对系统有很主要的影响,且严重影响系统运行。
3—一般错误,影响到系统的部分部件,但不影响系统正常操作流程的执行。
4—微小错误,仅对系统造成不重要的影响。</td></tr>
</table>

4 回归测试

回归测试策略:在测试修改 BUG 后,下一轮测试中,对本轮测试发现的所有缺陷对应的用例进行回归,确认所有缺陷都已经过修改。测试被修复的 BUG 时要求测试与其相关的模块和接口。重新执行该模块的测试用例。

基于风险选择测试:基于一定的风险标准来从基线测试用例库中选择回归测试包。首先运行最重要的、关键的和可疑的测试,而跳过那些非关键的、优先级别低的或者高稳定的测试用例,这些用例即便可能测试到缺陷,这些缺陷的严重性也仅有 3 级或 4 级。

5 部署测试

执行以下环境的安装与反安装测试:

(1)测试环境一

应用配置:小米 2 手机。

操作系统:Android 3.5。

(2)测试环境二

应用配置:三星 Note2。

操作系统:Android 3.5。

6　**工作交付件**(Deliverables)

名称(Name)	作者(Author)	应交付日期(Delivery Date)
测试计划	***	2013-06-20
测试设计	***	2013-06-20
测试报告	***	2013-06-20

5.7　系统测试报告

1　**概述**(Overview)

本文档为系统测试报告,具体描述了系统在测试期间的执行情况和软件质量,统计系统存在的缺陷,分析缺陷产生原因并追踪缺陷解决情况。

2　**测试时间、地点及人员**(Test Date, Address and Tester)

测试模块	天数/d	开始时间	结束时间	人　员
信息推送	1	2013-06-20	2013-07-03	***
通知反馈	1	2013-06-20	2013-07-03	***
拜访记录上传	1	2013-06-20	2013-07-03	***
预购信息提交	1	2013-06-20	2013-07-03	***
产品信息查看	1	2013-06-20	2013-07-03	***
拜访率分析	1	2013-06-20	2013-07-03	***
预购信息输出	1	2013-06-20	2013-07-03	***
预购信息比较	1	2013-06-20	2013-07-03	***
角色权限分配	1	2013-06-20	2013-07-03	***
系统使用者信息管理	1	2013-06-20	2013-07-03	***
产品信息管理	1	2013-06-20	2013-07-03	***
经销商信息管理	1	2013-06-20	2013-07-03	***
拜访信息管理	1	2013-06-20	2013-07-03	***

3　**环境描述**(Test Environment)

应用服务器配置:

CPU:Inter Cel430。

ROM:1 G。

OS:Windows XP SP4。

DB:Sql Server 2000。

客户端:Android 3.5。

4 **测试概要**(Test Overview)

4.1 对测试计划的评价(Test Plan Evaluation)

测试案例设计评价:测试框架设计清晰,测试案例书写较全面,设计较合理,并满足功能需求覆盖的要求。业务流程案例覆盖系统主要流程。

执行进度安排:测试进度安排比较合理。根据项目情况分为二次提交测试。第一次提交主要功能部分,第二次后台部分。根据项目提交内容,分别安排编写测试案例和实测,符合测试计划定义的测试过程。

执行情况:安排功能点测试、业务流程测试、并发性测试和回归测试、二次回归测试。功能测试相对充分彻底。

4.2 测试进度控制(Test Progress Control)

测试人员的测试效率:达到预期要求,按时保质完成实测工作的执行,并保证BUG的顺利修改与跟踪。

开发人员的修改效率:达到预期要求,按时保质完成程序代码的修改,并保证BUG的顺利修改与跟踪。

在原定测试计划时间内顺利完成功能符合性测试和部分系统测试,对软件实现的功能进行全面系统地测试。并对软件的安全性、易用性、健壮性各个方面进行选择性测试。达到测试计划的测试类型要求。

测试的具体实施情况如下:

编号	任务描述	时　间	负责人	任务状态
1	需求获取和测试计划	2013-06-20	***	完成
2	案例设计、评审、修改	2013-06-23	***	完成
3	功能点、业务流程、并发性测试	2013-06-26	***	完成
4	回归测试	2013-06-29	***	完成
5	用户测试	2013-07-03	***	完成

5 **缺陷统计**(Defect Statistics)

5.1 测试结果统计(Test Result Statistics)

Bug修复率:第一、二、三级问题报告单的状态为close和Rejected状态。

Bug密度分布统计:项目共发现Bug总数25个,其中有效bug数目为25个,Rejected和重复提交的bug数目为0个。

按问题类型分类的bug分布图如下(包括状态为Rejected和Pending的bug):

问题类型	问题个数
代码问题	15
数据库问题	5
易用性问题	2
安全性问题	
健壮性问题	
功能性错误	

续表

问题类型	问题个数
测试问题	3
测试环境问题	
界面问题	
特殊情况	
交互问题	
规范问题	

按级别的 bug 分布如下(不包括 Cancel):

严重程度	1 级	2 级	3 级	4 级	5 级
问题个数		7	8	5	5

按模块以及严重程度的 bug 分布统计如下(不包括 Cancel):

模　块	1-Urgent	2-Very High	3-High	4-Medium	5-Low	Total
信息推送				1		1
通知反馈		1			1	2
拜访记录上传			1	1		2
预购信息提交		1	1			2
产品信息查看		1		1		2
拜访率分析		1				1
预购信息输出			1			1
预购信息比较		1			1	2
角色权限分配			1			1
系统使用者信息管理		2		1	1	4
产品信息管理			1		1	2
经销商信息管理			3		1	4
拜访信息管理				1		1
Total		7	8	5	5	25

5.2　测试用例执行情况(Situation of Conducting Test Cases)

需求功能名称	测试用例名称	执行情况	是否通过
信息推送	信息推送测试用例	Y	Y
通知反馈	通知反馈测试用例	Y	Y
拜访记录上传	拜访记录上传测试用例	Y	Y
预购信息提交	预购信息提交测试用例	Y	Y

续表

需求功能名称	测试用例名称	执行情况	是否通过
产品信息查看	产品信息查看测试用例	Y	Y
拜访率分析	拜访率分析测试用例	Y	Y
预购信息输出	预购信息输出测试用例	Y	Y
预购信息比较	预购信息比较测试用例	Y	Y
角色权限分配	角色权限分配测试用例	Y	Y
系统使用者信息管理	系统使用者信息管理测试用例	Y	Y
产品信息管理	产品信息管理测试用例	Y	Y
经销商信息管理	经销商信息管理测试用例	Y	Y
拜访信息管理	拜访信息管理测试用例	Y	Y

6 **测试活动评估**(Evaluation of Test)

对项目提交的缺陷进行分类统计,测试组提出的有价值的缺陷总个数25个。以下是归纳缺陷的结果:

按照问题原因归纳缺陷:

问题原因包括需求问题、设计问题、开发问题、测试环境问题、交互问题、测试问题。

开发问题 Development 15个。

典型1:发布信息失败,没有显示推送信息内容。

分析:代码问题,webService接口规格错误。

典型2:产品信息添加,修改失败。

分析:代码问题,数据库字段类型不匹配。

7 **覆盖率统计**(Test Cover Rate Statistics)

需求功能名称	覆盖率/%
信息推送	100
通知反馈	100
拜访记录上传	100
预购信息提交	100
产品信息查看	100
拜访率分析	100
预购信息输出	100
预购信息比较	100
角色权限分配	100
系统使用者信息管理	100
产品信息管理	100
经销商信息管理	100
拜访信息管理	100
整体覆盖率	100

8　**测试对象评估**(Evaluation of the Test Target)

医药移动办公系统安装简单,系统功能上满足客户需求,性能稳定,支持多客户端。界面设计简洁、易用度高。系统功能满足需求规格说明书,无偏差点。

由于环境条件限制,没有测试在Android最新版操作系统的操作系统上运行的情况。

该版本的质量评价:功能满足需求、性能稳定、操作简单易用。

9　**测试设计评估及改进**(Evaluation of Test Design and Improvement Suggestion)

本次测试过程活动安排合理,执行过程标准。

10　**规避措施**(Mitigation Measures)

使用Android各个版本均确保软件的正常运行、版本可用。

11　**遗留问题列表**(List of Bequeathal Problems)

	问题总数(Number of Problem)	致命问题(Fatal)	严重问题(Serious)	一般问题(General)	提示问题(Suggestion)	其他统计项(Others)
数目(Number)	0	0	0	0	0	0
百分比(Percent)	0	0	0	0	0	

问题单号(No.)	无
问题简述(Overview)	
问题描述(Description)	
问题级别(Priority)	
问题分析与对策(Analysis and Actions)	
避免措施(Mitigation)	
备注(Remark)	

12　**附件**(Annex)

无。

12.1　交付的测试工作产品(Deliveries of the Test)

本测试完成后交付的测试文档、测试代码及测试工具等测试工作产品:

①测试计划(Test Plan)。

②测试用例(Test Cases)。

③测试报告(Test Report)。

12.2　修改、添加的测试方案或测试用例(List of Test Schemes and Cases Need to Modify and Add)

无。

12.3　其他附件(Others)(如PC-LINT检查记录、代码覆盖率分析报告等)

无。

5.8 系统验收报告

1 项目介绍

该移动销售管理系统就在当前销售管理体制亟待改革的大背景和我国对科学便捷的销售管理的大需求下应运而生。销售管理系统的关键环节是为实现企业内信息、过程集成到最终的企业间集成奠定基础,体现数据合作共享、敏捷响应的理念。该服务系统应用于众多企业营销管理方面。该系统定位为集综合化、精确化、定性化、智能化为一体的移动销售管理系统,以传递企业销售活动的计划、执行及控制,为达到企业的销售目标工作起着支撑和服务作用。

2 项目验收原则

审查项目实施进度的情况。

审查项目项目管理情况,是否符合过程规范。

审查提供验收的各类文档的正确性、完整性和统一性,审查文档是否齐全、合理。

审查项目功能是否达到了合同规定的要求。

对项目的技术水平做出评价,并得出项目的验收结论。

3 项目验收计划

审查项目进度。

审查项目管理过程。

应用系统验收测试。

项目文档验收。

4 项目验收情况

4.1 项目进度

序号	阶段名称	计划起止时间	实际起止时间	交付物列表	备注
1	项目立项	2013-06-17—2013-06-17	2013-06-17—2013-06-17	01 项目立项	
2	项目计划	2013-06-18—2013-06-18	2013-06-18—2013-06-18	02 软件项目计划书	
3	业务需求分析	2013-06-18—2013-06-24	2013-06-18—2013-06-24	03 需求分析	
4	系统设计	2013-06-24—2013-07-02	2013-06-24—2013-07-02	04 系统设计说明书	
5	编码及测试	2013-07-02—2013-07-03	2013-07-02—2013-07-03	05 测试说明书	
6	验收	2013-07-03—2013-07-04	2013-07-03—2013-07-04	06 项目验收报告 项目关闭总结报告	

4.2 项目管理过程

序号	过程名称	是否符合过程规范	存在的问题
1	项目立项	是	
2	项目计划	是	
3	需求分析	是	
4	详细设计	是	
5	系统实现	是	

4.3 应用系统

序号	需求功能	验收内容	是否符合代码规范	验收结果
1	登录/注册	是否能正常登录/注册	是	通过
2	网页版信息推送	是否能正常推送信息	是	通过
3	移动端通知接收、反馈	是否能正常接收和反馈通知	是	通过
4	移动端上传拜访记录	是否能正常上传拜访记录	是	通过
5	移动端提交经销商预购信息	是否能正常提交经销商预购信息	是	通过
6	移动端查看优惠信息	是否能正常查看优惠信息	是	通过
7	管理员权限角色分配	是否能正常分配权限和角色	是	通过
8	网页版查看经销商及其预购信息	是否能正常查看经销商和其预购信息	是	通过
9	网页版查看系统使用者信息	是否能正常查看系统使用者信息	是	通过

4.4 文档

过 程		需提交的文档	是否提交(√)	备 注
01-Begin		01 项目立项	√	
02-Initialization	01-Business Requirement	02 软件项目计划书	√	
03-Plan		02 软件项目计划书	√	
04-RA	01-SRS	03 需求分析	√	
	02-STP	03 需求分析	√	
05-System Design		04 系统设计说明书	√	
06-Implement	01-Coding	05 测试说明书	√	
	02-System Test Report	05 测试说明书	√	
07-Accepting	01-User Accepting Test Report	项目验收报告	√	
	02-Final Products			
	03-User Handbook	使用手册	√	
08-End				
09-SPTO	01-Project Weekly Report			
	02-Personal Weekly Report	个人周报	√	
	03-Exception Report			
	04-Project Closure Report	项目关闭报告	√	
10- Meeting Record	01-Project kick-off Meeting Record	项目启动会议	√	
	02-Weekly Meeting Record			

4.5 项目验收情况汇总表

<table>
<tr><th>验收项</th><th>验收意见</th><th>备　注</th></tr>
<tr><td>应用系统</td><td>通过</td><td></td></tr>
<tr><td>文档</td><td>通过</td><td></td></tr>
<tr><td>项目过程</td><td>通过</td><td></td></tr>
<tr><td colspan="3">总体意见：
通过
项目验收负责人(签字)：
项目总监(签字)：</td></tr>
<tr><td colspan="3">未通过理由：
项目验收负责人(签字)：</td></tr>
</table>

5 项目验收附件

[1] v7.5866.1403.1_Project Start Report_V1.0.doc.
[2] v7.5866.1403.1_Software Project Planning_V1.0.doc.
[3] v7.5866.1403.1_Software Requirements Specification_(OO)_V1.0.doc.
[4] v7.5866.1403.1_SD_(OO)_V1.0.doc.
[5] v7.5866.1403.1_System Test Plan_V1.0.doc.
[6] v7.5866.1403.1_System Test Design_V1.0.doc.
[7] v7.5866.1403.1_Project Acceptance Report_V1.0.doc.
[8] v7.5866.1403.1 _Project Closure Summary Report_V1.0.

5.9 项目关闭报告

1 项目基本情况

<table>
<tr><td>-项目名称</td><td>-医药移动办公系统</td><td>-项目类别</td><td>-　　移动应用</td></tr>
<tr><td>项目编号</td><td>V7.5866.1403.1</td><td>采用技术</td><td></td></tr>
<tr><td>开发环境</td><td>Android 操作系统、Java、SQL Server2008、WindowsServer2008、IIS 服务器</td><td>运行平台</td><td>Android 移动终端
Windows Server 2008 服务器</td></tr>
<tr><td>项目起止时间</td><td>2013-06-17—2013-07-05</td><td>项目地点</td><td>DS1503</td></tr>
<tr><td>项目经理</td><td colspan="3">***</td></tr>
<tr><td>项目组成员</td><td colspan="3">*** ,*** *** ,***</td></tr>
<tr><td>项目描述</td><td colspan="3"></td></tr>
</table>

2 项目的完成情况

项目总体顺利完成。各个模块也全部完成。

3　任务及其工作量总结

姓　名	职　责	负责模块	代码行数/注释行数	文档页数
***	编写代码	服务器端	6 000	16
***	编写代码	服务器端	6 000	16
***	编写代码	移动客户端	6 000	16
***	设计测试文档撰写	移动客户端,文档	2 000	75
合计				

4　项目进度

项目阶段	计　划		实　际		项目进度偏移/d
	开始日期	结束日期	开始日期	结束日期	
立项	2013-06-17	2013-06-17	2013-06-17	2013-06-17	0
计划	2013-06-18	2013-06-18	2013-06-18	2013-06-18	0
需求	2013-06-18	2013-06-24	2013-06-18	2013-06-24	0
设计	2013-06-24	2013-07-02	2013-06-24	2013-07-02	0
编码	2013-07-02	2013-07-03	2013-07-02	2013-07-03	0
测试	2013-07-03	2013-07-04	2013-07-03	2013-07-04	0

5　经验教训及改进建议

5.1　经验

(1)设计方面

项目的设计使用UML,对项目的开发起到了很好的指导作用。对于编码人员,在系统的分析与设计阶段,尽可能地让其参与,保证开发目的明确。

(2)技术方面

技术方面我们采用十分成熟的系统语言,保证技术先进性、通用性、扩展性,随着技术发展,可给系统持续不断地进行升级改造,在技术层面始终文件信息传输系统保持安全和稳定。

5.2　教训

通过这次实训,我们的编程能力有了更大的进步,学习了UML建模的方法,并且进一步提高了合作编程的能力,对自己的发展和进步很有促进。

对业务流程和需求了解得不够清晰,还有部分技术细节了解得不够。当然,作为软件工程专业的学生,应该有作为编码人员而超越编码人员的觉悟,在此次项目中,我们更多地运用了软件工程以及项目管理的思想,将整个项目的进展控制在既定的规划上。并且,软件开发已然不是纯粹的编程,提供解决问题的思路才是工程的目标。

参考文献

[1] 埃史尔 . Think in java:中文版[M]. 4 版. 北京:机械工业出版社,2007.

[2] 余志龙,郑明杰,等. Android SDK 开发范例大全[M]. 北京:人民邮电出版社,2009.

[3] 孙卫琴. Java 面向对象编程[M]. 北京:电子工业出版社,2006.

[4] 薛超英. 数据结构[M]. 武汉:华中科技大学出版社,2002.

[5] 张素琴,吕映芝,蒋维杜,等. 编译原理[M]. 北京:清华大学出版社,2008.

[6] 王少锋. UML 面向对象技术教程[M]. 北京:清华大学出版社,2008.

[7] 李刚. 疯狂 Android 讲义[M]. 北京:电子工业出版社,2011.

[8] 周陟. UI 进化论[M]. 北京:清华大学出版社,2010.

[9] 张凌浩. 基于智能系统的手机软件界面设计方法探讨[J]. 包装工程,2010,31(24).`